湖北省社科基金一般项目（后期资助项目）成果

检索力

打破信息差的科学方法

龚芙蓉 

上海交通大學出版社
SHANGHAI JIAO TONG UNIVERSITY PRESS

内容提要

本书围绕“检索力”这一技能，帮助科研人员、青年学子、职场人士以及广大读者在信息过载的时代把握“逆风而行”的搜索主动权。信息素养的训练过程是塑造一个人情趣盎然、对新事物永远抱有探究精神的过程，这其中包含着认知、情感、行为以及元认知的交叉融合。作者根据自身二十多年的搜索体验，结合人文学科和诺贝尔奖的科学案例，以平实的语言将枯燥而繁琐的技能工具演化为有趣的检索故事，让读者在轻松的阅读中学会利用、创造和交流信息，提升信息素养，并逐渐拥有走出“信息茧房”的勇气与能力。

图书在版编目(CIP)数据

检索力:打破信息差的科学方法/龚芙蓉著. —上海:上海交通大学出版社,2024. 4(2024. 12 重印)

ISBN 978 - 7 - 313 - 29671 - 9

Ⅰ. ①检…　Ⅱ. ①龚…　Ⅲ. ①网络检索—研究　Ⅳ. ①G354. 4

中国国家版本馆 CIP 数据核字(2023)第 201223 号

检索力:打破信息差的科学方法
JIANSUOLI: DAPO XINXICHA DE KEXUE FANGFA

著　　者: 龚芙蓉
出版发行: 上海交通大学出版社　　地　　址: 上海市番禺路 951 号
邮政编码: 200030　　电　　话: 021 - 64071208
印　　制: 上海盛通时代印刷有限公司　　经　　销: 全国新华书店
开　　本: 710mm×1000mm　1/16　　印　　张: 18. 5
字　　数: 257 千字
版　　次: 2024 年 4 月第 1 版　　印　　次: 2024 年 12 月第 4 次印刷
书　　号: ISBN 978 - 7 - 313 - 29671 - 9
定　　价: 78. 00 元

人们的信息领域往往只限于自己选择的、让自己愉悦的事物，久而久之，便会让生活局限于像蚕茧一般的“茧房”中。

——凯斯·R. 桑斯坦 《信息乌托邦》作者、哈佛大学教授

搜索引擎已经成为人类记忆的替代品。

——温顿·瑟夫　图灵奖得主

欲穷千里目，更上一层楼。

——王之涣　唐朝诗人

前言

“检索力”是近年来网络平台上年轻人用得比较多的一个词，通俗地讲，是指具备信息检索的相关知识，拥有获取、评价和利用信息的能力。“信息差”的概念最早出现在经济学领域，它描述了不同市场参与者之间在信息不对称的情况下所面临的挑战。后来慢慢发展到信息科学、心理学以及传媒等各个领域，泛指公众在获取信息、理解信息和处理信息等方面存在的差异。

众所周知，我们现在处在被大数据和人工智能包围的数智时代，算法推送、智能工具让信息获取便利的同时，也带来了信息过载、信息不对称、信息茧房等特有的“信息差”现象。所以，从一个检索教师的角度来看，我认为数智时代“检索力”的核心是“把握信息主动权的能力”：如果你在获取信息的时候没有质疑系统、多方验证、独立思考的认知，没有多维信息源的积累以及评价分析信息的能力，那么你看到的世界，就只能是搜索引擎和智能工具推送给你的世界。

但这样的“检索力”，正是如今大众所缺乏的，尤其是年轻的学子，他们往往能很快搜索到自己需要的信息，而疏于考量获得的信息是否足够好。

正是基于对这一问题的忧虑和思考，2021 年 7 月的一个下午，上海交通大学出版社两位年轻的女编辑专程从上海飞到武汉，希望我能用大众化的语言和人文化的理念撰写一本关于“信息检索”的通俗读物，让公众都能感受一些系统规范的信息素养。之所以选中我是因为看见了我的 MOOC 课程中令人“耳目一新”的课程目录。看得出来，年轻的女孩们对自己的工作充满了激情,我们在教室谈了很久,她们眼里的光一如夏日午后炽热的太阳。

只是彼时的我正处于刚出版教材的倦怠期,接下这个活儿,基本上注定了两年之内必须接受“吃力不讨好”的结果。但这样的“任务”是如此吸引我,对于在大学教通识课的我来说,课讲得“有料、有用、有趣”一直是最终理想,而最后的这个“有趣”便是难度极高而对主流学术评价无用的存在,它在一定程度上具备“学术大众化”的理念,却容易背负“学术被降维”的误解。

终归,我是一个理想主义者,我想起了某一年工科校区学生的期末视频,严谨的诺奖分析报告的背景音乐居然夹杂着叽叽喳喳的鸟叫,让看作业看到眼酸头疼的我不觉莞尔;我还想起了一位人文学科的学生在课程感言中说:“比起了解一些实用的工具,我更要感谢这门课带给我对科研的整体认识。”

也许这样的理想偶尔会受到一些嘲笑,但多年下来终归也是有所收获,在真正“成人”的教育中,自然学科和人文学科的结合应该是最好的图景,我对自己付出和收获的一切都充满感激。

于是,我开始认真地思考这本书的表达:

- 这本书应该解答在数字时代被“算法投喂”的年轻人为何要把握“逆风而行”的搜索主动权,掌控信息而不是被信息掌控,但最好不要说教。
- 这本书想让埋头做研究的学子们抬头看天,体味信息素养的训练过程是塑造一个人情趣盎然,对新事物永远抱有探究精神的过程,但最好不要矫情。
- 这本书想传递作者几十年的搜索体验,将枯燥而繁琐的技能工具演化为故事中的元素,但最好不要陈旧而啰嗦。
- 这本书应该让读者了解搜索的流程、方法以及思维方式,但最好不要给读者过高期望,而要让他们了解“创新基于规则,熟练源于实践”。

在写作的过程中，我偶然间看到了《三联生活周刊》创建的一个阅读理念："三联中读"。它倡导一种快慢之间的"中阅读"。中读对自己的定位是"建立新的知识服务生态"，核心理念是满足不同维度、不同场景下的知识需求。这仿佛与我正在做的事情十分契合。

其实最近一年来我自己也有很多困惑，数字社会的发展已然迅速到等不及我把这本书写完，信息素养教育的热点就又发生了变化。但我希望在热点、流量和影响力的演化博弈中，自己是那个有限理性的个体，坚守一些"无用"的知识，让搜索稍微慢一点。

此书在撰写过程中参考了国内外相关研究成果，在此，谨向这些文献的作者致以诚挚的敬意和衷心的感谢。此外，方小利老师为本书第八章第二节、第九章第二节，胡琳老师为本书第七章作出了重要贡献，特此感谢。

2023 年 9 月 3 日

于武汉

目　录

第一章

序曲：数智时代的信息素养

“

信息素养是一个动态、多元的概念，作为社会发展对人的发展的必然要求，其内涵和外延随着信息环境日益复杂化和个体自主学习能力的变化而不断被赋予新的要求。

”

| 第一节 |
信息素养的“哲学三问”

·信息素养即“搜商”？·为什么会自动忽略“我认为”？·建立自己的知识管理体系

每学期的开学第一课，照例会有一个师生见面互相唠嗑的“绪论”，老师们戏称需要解决著名的哲学三问：“我是谁？我从哪里来？我到哪里去？”映射到所教的课程上便是让学生明白：“课程讲什么？课程从哪里发源？课程将把我带向何处？”特别是类似《信息素养与实践》这种从字面上看不出跟学术有任何关联且极其不具象化的课程，对彼时刚刚脱离紧张的高中生活还沉浸在社团、交友、网络及二次元的低年级大学生来说，选课目的茫然是常见的现象。

一、我是谁？

于是，首先需要明确第一个问题：什么是信息素养(Information literacy)？

几乎在问题提出的同时，学生们已经把搜索出的答案投射在了屏幕上。这一互动至少说明，伴着互联网长大的这群孩子，搜索意识已然根深蒂固。但遗憾的是，这些答案几乎千篇一律，没有人会进一步溯源或者考量是否还有不同的答案。

实际上，信息素养是一个动态、多元的概念。吴军在《信息传》的开头谈道：“不同于农耕时代的谷物，或者是工业时代的钢铁，信息看得见却摸不着……我们虽然人人生活在信息时代，却很少有人能道得清、说得明信息是什么，它又是如何决定和影响我们的生活的。”同理，作为社会发展对人的发展的必然要求，信息素养的内涵和外延也随着信息环境日益复杂化和个体自主学习能力的变化而不断被赋予新的要求。

如果我们去追溯信息素养的定义，从1974年泽考斯基(Paul Zurkowski)的“人们利用大量的信息工具及主要信息源使问题得到解答的技能"到2015年美国大学与研究图书馆协会（Association of College and Research Libraries, ACRL）颁布的"对信息的反思性发现，对信息如何产生和评价的理解，以及利用信息创造新知识并合理参与学习团体的一组综合能力"[①]，其间经历了很多次的变化，如果不是做相关的学术研究，应该没有必要考据和专门学习。只是这个小测试却正好暴露了学生们"对信息的反思性发现"的缺失。搜索引擎推给他们什么，他们就接受什么，久而久之便丧失了对信息的思考与判断。因此，如何拒绝被算法绑架便成为互联网时代信息素养要解决的最基本问题。

信息素养到底是一组怎样的综合能力呢？通俗的分解步骤如下：

（1）如果小宇打算考研，首先要想到找资料，这就是**信息意识**。

（2）考研需要找招生简章，找考试大纲，找历年考题，找各科的视频教程，这是把遇到的问题转化为具体的**信息需求**。

（3）找招生简章→可以选择相关高校研究生院官方网站；找复习资料→可以选择高校图书馆或微信公众号；找考研视频教程→可以选择MOOC平台、资源类短视频平台、考试类数据库等，这是**信息检索**。

（4）信息本身的真伪，查找到的资源的优劣，需要判断和取舍，这是**信息筛选和评价**。

（5）对筛选后的信息进行分类、存储、编辑，这是**信息管理**。

（6）根据招生简章选专业、选导师，看考研视频、做模拟试题，最后顺利完成考研，这是**信息利用**。

（7）在搜集考研信息的过程中，知道哪些信息可以免费使用，哪些资源存在知识产权问题，比如不要盗取别人的账号，不能恶意下载等，这是**信息伦理**。

这是故事的前半段，因为它只站在信息消费者的角度窥见了信息素养的冰山一角。实际上，身处信息时代的我们应该扮演三重角色：信息消费者、信息生产者和信息协作者（分享、交流、协作）。如果我们来续写一下这

① 韩丽风，王茜，李津，等．高等教育信息素养框架[J]．大学图书馆学报，2015，33(06)：118－126.

个故事,应该是这样的:

(8) 顺利完成考研后,小宇将自己考研成功的经历和心得整理成文,并附带上资源信息及出处,这是**信息再生产**。

(9) 挑选了几个重要的网络学习社区上传自己的文章,并在社区中与同伴进行讨论交流,这是**信息分享与交流**。

故事的续集看似短暂,但包含了信息素养中最艰难也是与个体其他素养交融最多的信息再生产部分。所以我对学生这样强调,信息素养那一长串能力中,"对信息的反思性发现"是基础,它包含了信息意识、信息需求分类与表达、信息检索、信息筛选,具备浓郁的批判性思维特质;"利用信息创造新知识"是关键,它包含了信息融合、创新思想、分享交流,是信息素养的最高标准。

二、我从哪里来?

接下来的第二个问题是"课程从哪里来",这一问题的关键在于辨析搜索和信息素养的关系,也在一定程度上反映了信息素养的核心竞争力。

从上面的小测试可以看出,学生们大多会认为"信息素养即搜商"。原因依然在于信息的铺天盖地和不可捉摸,他们把这种"信息迷失"归咎于搜商缺失,实际上就算他们会搜索,但要准确筛选出符合需求的信息,并把它们整合在一起再输出也是一项艰苦卓绝的劳动,他们会被其他能力(比如分析、阅读、写作、发表等)困扰而忘记其实自己一直都在和信息打交道。所以,信息素养远不止搜商那么简单。

反过来讲,虽然信息素养不等于搜索,但搜索肯定是信息素养的源头和核心,我个人一直不太同意信息素养教育中轻搜索重分析的现象。信息素养概念原本就是从图书馆的书目指导业务中提炼而来的,具有强烈的文献搜索和溯源色彩。英国国立及高校图书馆协会(The Society of Colleges, National and University Libraries, SCONUL)提出的信息素养七要素标准中,将信息素养按照由低到高分为五个层次,信息搜索能力处在"竞争力级”,在模型中起着承上启下的核心作用。作为人类探究信息并满足特定需求的源头,搜索一定是信息素养永恒的主题。

三、我到哪里去?

接下来是第三个问题:“你认为什么是学术(Academic)?”

吸取了第一阶段的经验,在我的提示下,屏幕上学生们提交的答案显示了内容和出处的不同:

(1) 学问。《旧唐书·杜暹传》:“素无学术,每当朝谈议,涉于浅近。”亦指较为专门、有系统的学问。如:学术论文;学术思想。——《辞海》(第七版)

(2) 学术是指有系统的、较专门的、理论性较强的学问。——《当代汉语词典》

(3) 学术是有系统的较专门的学问、道术。这里特指儒家学说。——《古文观止词典》

(4) academic, n. A member of a university or college, now spec. a senior member, a member of a university or college's teaching or research staff. Also in weakened sense: a person interested in or excelling at pursuits involving reading, thinking, and study...(大学或学院的教学或研究人员,广义指对涉及阅读、思考和学习的追求感兴趣或擅长的人。)——Oxford English Dictionary(牛津在线英语大辞典)

(5) 学术是指专门、系统的学问,是知识的一种,是对存在物及其规律的学科化。学术既是一种形态,也是一种过程。[①]

仿佛有点意思了,学生们至少意识到应该从不同途径了解“学术”的定义,并开始注重信息出处的权威性。

但仔细想想,我的提问是什么?学生们为什么会自动忽略“你认为”?

---

① 李佳恒.高等教育质量内涵建设中教学学术发展的校本途径的研究[J].教育教学论坛,2018(2):2.

这也许就是信息时代带给年轻人的思维惯性,搜索可以迅速填充认知世界的缺失,拉近和认知对象的差距,但它也让我们不再急于思考和输出知识,因为知识仿佛永远就在那里,搜索即可。

但你真的甘心让自己的世界只是搜索引擎和智能工具推送给你的世界吗?

当我们再回头重温信息素养的定义时,会发现它干巴巴的能力罗列背后其实蕴含着一套复杂的逻辑:敏锐的观察和提问能力、熟练地获取和筛选信息的能力、抽丝剥茧地理解和论证信息源的能力、化无形为有形的知识整合与创造能力、合乎道德地传播和分享能力。这些能力有助于把自主学习延伸到课堂之外,并有助于建立个人的知识管理体系,在学术研究、职场竞争以及智慧生活中得到体现。这才是我想要教给大家的。

所以,数智时代的信息素养,相当于我们和学术研究之间的一座桥,这座桥极大地拉近了我们与学术的距离。

| 第二节 |
这本书里有什么?

• 一把能够完成复杂任务的钥匙　• 先做加法,再做减法　• 先把书读厚,再把书读薄

该如何来读这本书呢?

一、把大象装进冰箱

信息素养不像阅读、写作等常见的能力,大多数人头脑中不太知晓其清晰的流程。试想当你面对一个搜索任务,一篇文献综述,一次数据分析时,你会从哪里入手? 是否能把复杂任务分解?

所以,本书会不断强调流程和步骤。有别于其他搜索书籍大多围绕信息类型和检索工具编写,本书的章节逻辑是从问题出发,按照信息利用生命

周期编写。从信息认知、分类、检索、评估到整合与再生,串起的是信息素养所必须训练的所有能力,其实也是你面对一个个或简单或复杂的信息任务(比如做项目、写论文、写商业计划书、做旅游攻略、寻医问药……)时的基本流程。我希望大家看完这本书,拿到的不是碎片化的知识点,而是真正能完成复杂任务的钥匙。

书中也随时会教大家一些具体的流程,比如第二章“破案”中“找一个”的“五步搜索法”;第三章“主题”中“找一批”的“八步检索策略”;第六章“演练”中解剖数据库的一般方法;第九章“整合与再生”中系统性文献综述和数据分析报告的撰写步骤。请熟记流程并经常练习,要知道创新永远基于规则,这句话的通俗说法是“熟能生巧”。

二、做一个优秀的“工具人”

系统地了解流程就可以解决问题了吗?

英国伦敦政治经济学院的图书馆员拉姆奇曾说:“意外收获在发掘有趣的相关资源中非常重要,这不断地向我们提出一个问题:资料检索到底是一门科学还是一项艺术?人们总是能在一定程度上理性而有条理,但是,因为情况总是不尽相同,所以人们并不能绝对地规范方法。研究者在一段时间中积累起来的经验和发散的思维(包括运气)都推动着资料检索的进展。”[①]

我特别“爱”这段话。长久以来,信息素养教育很少从论文、资料、工具、信息源这些常见关键词中抽离出来,强调对搜索方法和信息工具的认知和情感。所以,这本书中会用十几个或有趣或科学的案例来表达这些。比如第二章“破案”中的“一句张冠李戴的马克思名言”“飞在夜空的美丽数字”“最温暖的大数据”等搜索案例会一再告诉你,搜索是一个非线性的复杂迭代过程,你需要有足够的热情和耐心,一切将搜索视为可以一步到位找到所需信息的想法都是认知和情感不足的表现;再比如第五章“演练(上)”中“科

① 萨莉·拉姆奇.如何查找文献[M].北京大学出版社,2007.

学家的午餐会”“屠呦呦的礼物”等综合案例会告诉我们,信息检索与我们的专业知识结构和深度息息相关,绝不仅仅是掌握单纯的信息技能和方法,不然,一个检索词的提取就是最大的考验了。

三、信息源的“加法与减法”

信息源一直是搜索中让人又爱又恨的存在,不少人认为,只要拥有了足够的信息源,搜索任何资料将一往无前。但为什么提供信息源的教材、自媒体如此之多,却没有让我们的搜索轻车熟路、信手拈来?

还记得吗?小时候老师是不是经常会告诉我们,看书得先把书看“厚”,再把书看“薄”,意思是先了解知识的前世今生、细枝末节,然后抽离出来,内化输出,这样才能把知识真正变成自己的知识。而面对信息源也是如此。我在第四章“信源”中会手把手教大家如何先做“加法”,建立多维信息源的理念和渠道,再做“减法”,在铺天盖地的算法推送中突围,为自己挑选一些不同场景的靠谱信息源,然后根据任务迅速勾勒出对应的思维导图。

四、文末彩蛋

本书每一章的文末都将重点推荐信息源。首先,对每章所用到的检索工具做一个汇集和介绍,比如学术数据库、网络资源、纸质工具书、软件等,这也是一个将书读“厚”的极好办法;其次是给出一些综合性的习题,可以根据本书提供的简单的思路,一步步实践。

文末彩蛋

★检索工具[①]

1.《辞海》(https://www.cihai.com.cn/home)

这可能是大家从小到大都听说过的一本老祖宗辞典。现在有在线版本免费可查。所以,当需要查规范的定义或专业术语时,请首先不要想到搜索引擎,而是最好先去查字典、词典、百科全书类工具书。《辞海》是在中华书局主持下于1915年启动编纂的汉语工具书,是以字带词,兼有字典、语文词典和百科词典功能的中国最大的综合性辞典。第一版封面"辞海"二字源于陕西汉中的汉代摩崖石刻《石门颂》,取"海纳百川"之意。

2.《当代汉语词典》[②]

该词典由中华书局出版,收纳近三四十年来使用频率较高的词汇以及当代新创制并已经广泛运用的词语。

3.《古文观止词典》[③]

所收词目为《古文观止》中全部的词、短语,有字头音序和字头笔画索引。

4. Oxford English Dictionary(《牛津在线英语大辞典》)(https://www.oed.com)

查英语词汇请想到它。该辞典通过1 500多年英语语言历史发展过程中超过300万条来自多种资源的引文,对60多万条英文词汇的发展予以明确的记录。

5. 中国知网工具书库

大家可能只注意过中国知网的文献检索,其实它还有"知识元"检索,百科、词典等工具书就藏在"知识元"检索中。类型包括语文词典、双语词典、

---

① 如未注明网址,则属于需付费访问的学术数据库或者纸质检索工具,后续章节相同。

②《当代汉语词典》编委会. 当代汉语词典(单色缩印本)[M]. 北京:中华书局,2009.

③ 刘学林. 古文观止词典[M]. 西安:陕西人民出版社,1994.

专科辞典、百科全书、图录、表谱、传记、语录、手册等。

6. **术语在线**(https://www.termonline.cn)

这是全国科学技术名词审定委员会打造的术语知识公共服务平台。网站收纳了各领域专业术语(中英对照)，并提供了这些术语的出处。

★请查查看

自定一个有趣的破案式检索，比如寻找一张图、一句名言、一张照片、一个模型等的出处，体会在不同情境下提取检索词，确定信息源以及甄别信息的乐趣。

如果想不出找什么，可参考以下选题：

1. 杜甫诗句"窗含西岭千秋雪"指的是今天的四川"西岭"景区吗?
2. 张学良也听过周杰伦的歌?
3. 熬夜真的会掉头发吗?
4. 越担心的事越会发生?——墨菲定律起源
5. 武汉的空气质量近几年真的在变好吗(数据)?

我想，是否找到最终答案并不是最重要的，重要的是体验搜索的过程。

第二章

破案：从最小单元开始

“

欢迎进入信息素养最具魅力的部分：信息检索。

信息的流动性、时效性决定了它的不易捕捉。搜索对于我们的最大吸引力，是一种迷人的“探索情调”——反复受挫、复杂迭代、豁然开朗、意外惊喜。像一场抽丝剥茧的逻辑“苦旅”，然而充满魅力。

如何从层层迷雾中拨云见日？我们需要从精确信息检索开始。先学会“找一个”，再研究“找一批”。

”

| 第一节 |
穿过概念丛林

· 我们一直在搜索的是哪些信息？ · 搜索有范围吗？ · 纸质资源与数字资源的对比

在开始破案之前，我们需要了解一些关于信息检索的基础知识，包括信息检索的定义、"信息、情报、知识与文献"的关系以及信息资源的各种分类等，我把这些与文献线索一起称为"破案的最小单元"。这个时候，我只能请大家皱着眉头，领受一点信息检索的枯燥了。

一、"存进去"和"取出来"

信息检索不像信息素养，它的定义一直没什么变化。因为信息检索虽然也包含思维、情感、认知、方法和工具，但它有固定的工作原理。从普通人的角度看，就是将知识先存后取。存储的时候要辛勤地收集、选择、分析、标引，检索的时候要准确地提问、表达、筛选。只有这样宝藏才能展现在你的眼前。

信息检索的定义如下[①]：

信息检索(Information Retrieval)是查找信息的方法和手段。从广义上讲，信息检索包括存储和检索两个过程。存储是指将信息按一定的方式进行加工、整理、组织，使其系统化、有序化并按一定要求建成具有检索功能的工具或检索系统；检索是根据信息需求，采用一定的方法和策略，借助检索工具，从信息集合中找出所需要信息的查找过程(见图 2-1)。从狭义上讲信息检索只包括检索的过程。

① 黄如花. 信息检索(第三版)[M]. 武汉：武汉大学出版社，2020.

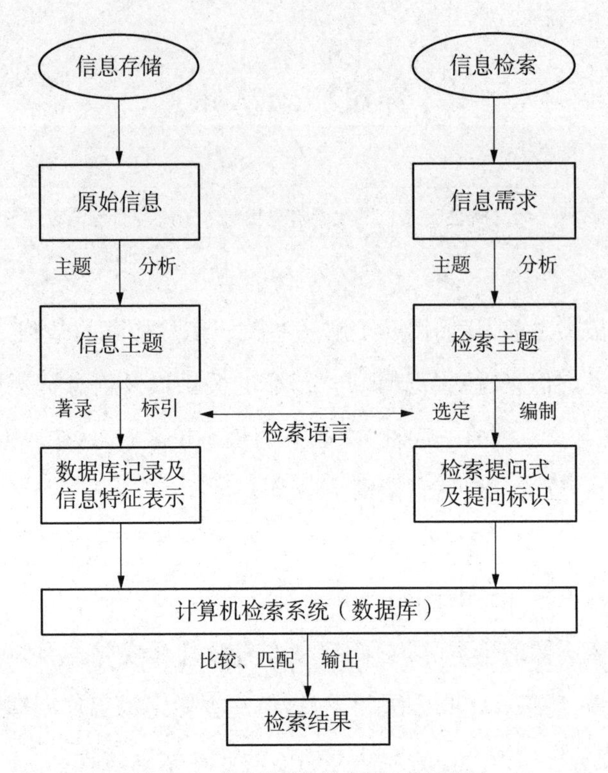

图 2-1　信息存储与检索的工作原理图

二、柏拉图与鸡毛信

古往今来,我们一直在搜索的是哪些信息？为什么技术越发达,人类反而越来越在信息中迷失？

遥远年代的烽火、驿站、鸡毛信等等,传递的是一种被称为“情报”的信息,这种信息难以获得,被政治、军事、商业机构争夺,成为被激活了的“信息”。而世界上大多数人需要利用和可以利用的,是一种被称为“知识”的信息。关于知识的定义,不同领域有不同解释。有一个经典的定义来自柏拉图:“一条信息能称得上是知识必须满足三个条件,它一定是被验证过的,正确的,而且是被人们相信的。”[①]知识是人类社会实践的总结,是文明的发展

① Plato (Stanford Encyclopedia of Philosophy) [EB/OL]. [2023-2-4]. https://plato.stanford.edu/entries/plato/.

方向,也是我们需要搜索的主要信息。

人类特别聪明,知道好的东西要先存起来,所以会将知识先存后取。而文献则是最重要的存储模式。文献一词最早见于《论语・八佾》:“夏礼吾能言之,杞不足徵也;殷礼吾能言之,宋不足徵也。文献不足故也。”国家标准《文献著录　第1部分　总则》(GB/T 3792.1－2009)将文献解释为:“记录有知识的一切载体。”①石头、陶片、甲骨、竹简、绢帛及至现代社会的胶片、磁带、光盘、数据库都成为文献的物理形态和呈现方式。

情报、知识和文献都是信息的组成部分。情报是特殊时空对特殊人群有用的“激活信息”,在普通人的生活中比较少见;知识是系统化了的、有价值的信息,是我们生活和学习中利用的主要部分;文献是知识的载体,从古到今经历了诸多物理形态的变化,但知识的内核始终如一。让我们迷失的,其实只是虚假或者无用的信息。

三、请苏东坡出场

纷繁复杂的信息资源存在一个分类丛林,比如按加工程度、载体类型、检索方式、出版类型等等分类。我们采取快刀斩乱麻的方式,斩断一些无关紧要的分类荆棘,留下对搜索最重要的两种分类。

第一种分类是按信息资源的加工程度,将信息分为一次信息、二次信息、三次信息。

此时,我们请出苏东坡同学。假设我们需要完成一篇综述论文《苏东坡民本思想研究成果综述》,需要去寻找某一段时间之内关于研究苏东坡民本思想的大量原始信息,并对其进行归纳、整理、提炼,这一步叫做“综”。

搜索到的这些原始信息、第一手资料,比如图书、期刊论文、会议论文、科技报告、专利文献等,这些就是一次信息。(当然,研究苏东坡不需要科技报告和专利文献。)

① 国家标准-全国标准信息公共服务平台[EB/OL].[2023－2－4]. https://std.samr.gov.cn/gb/search/gbDetailed?id=71F772D7D03FD3A7E05397BE0A0AB82A.

那么,怎样才能查到这些一次信息呢? 就得通过信息线索,比如目录、题录、文摘、索引等,这些就是二次信息。它们是把大量分散无序的一次信息按一定的方法和原则进行加工提炼、浓缩而成的信息,它们存在的目的就是有效地管理和利用一次信息,所以二次信息也叫检索工具(如各种国内外著名的文摘、索引数据库)。二次信息还有一个重要特征,就是其来源是经过筛选的。比如学术期刊是否被权威的文摘索引数据库收录是评价其重要性的指标之一。具体到苏东坡民本思想研究,如果希望查到国内核心期刊的研究成果,就可以先抛开知网这种以全取胜的全文数据库,直接查找中文社会科学引文索引(CSSCI),根据它所提供的高质量二次信息去获取原文(一次信息)。

最后是把我们找到的所有一次信息进行整合、分析,阐述自己的观点,这一步叫做“述”。我们此时创作出的这个作品便叫作“三次信息”。三次信息的一个关键特点是围绕一个特定主题获取大量一次信息,对其内容进行深度加工而成。综述是比较典型的三次信息,其他形式的三次信息还有百科全书、年鉴、指南、述评、进展报告以及指引利用二次信息的书目和文献指南(如《高影响力国际学术期刊投稿指南系统》等)。此外,在信息资源和需求越来越多样化的今天,三次信息还可以帮助我们找到各种“事实信息”和“数据”。

一次信息、二次信息、三次信息,构成了整个信息利用生命周期。它让信息变得有序,仿佛带领我们走进摆满抽屉的中药铺,一个抽屉装一种药,一张处方治一样病,方便又安心。

第二种分类基于信息资源的出版类型。这是基于互联网普及之前印刷型信息(文献)的一种分类方式。主要包括图书、期刊、报纸、学位论文、会议论文、科技报告、专利文献、标准文献、法律法条、百科全书、档案、地方志、预印本等,也是信息检索最常见的一种分类方式。

如今这些印刷型信息资源大多已经数字化,数字化信息极大地方便了搜索,但也让读者失去了许多闻到书香和认真思考的机会。所幸搜索还一直保留着老祖宗留下的纸本资源的分类体系,保留着目录、题录、文摘、索引这种卡片时代的信息线索,且在很长时间内不会变化。尤其是处于信息源顶端的学术数据库,其存储和检索方式依然以“检索即匹配”为底层逻辑,字段、算符、检索词依然是关键。纵然以ChatGPT为代表的人工智能工具可以解决大部分技术问题,但知识产权依然是目前无法穿透的壁垒。

为了清晰地表达信息资源在数字化时代的形态变化,也为了能在搜索中更好地利用多种文献,我提供了下面的表格(见表2-1)。在实际搜索中,我们也可以经常性地做这种文献类型与信息源对应的游戏。

表2-1 印刷型与数字型信息资源对比

印刷型信息资源	数字型信息资源	信息源举例
图书	电子书、电子书数据库、图书类APP	超星电子图书馆、读秀、京东读书
期刊	电子期刊、期刊论文数据库	中国知网期刊论文数据库
学位论文	学位论文数据库	PQDT博硕论文数据库
报纸	电子报纸	中国知网重要报纸库、人民日报网络版
会议论文	会议论文数据库	万方会议论文数据库
科技报告	电子版科技报告、科技报告检索系统	国家科技报告服务系统
标准	标准数据库(检索系统)	国家标准全文公开系统
专利	专利数据库(检索系统)	国家知识产权局专利检索及分析平台、innojoy专利搜索引擎
统计年鉴	电子版统计年鉴、开放数据平台	国家统计局数据查询平台、EPS统计数据库
百科全书	网络百科	维基百科、百度百科
字典、辞典	网络字典、网络词典	百度词典、有道词典
地图	网络地图	高德地图、百度地图
政府出版物	政府公开平台	中央国家机关政府公开信息查询中心
方志	方志数据库、地方志查询平台	万方地方志数据库、国家图书馆数字方志馆
档案文献	数字档案	湖北档案信息网

体会一下,我们是否已经穿过概念丛林,一步步接近了“破案”的最小单元。

| 第二节 |
学会分析线索

· 目录与题录的前世今生 · 一种钥匙开一把锁 · 没有钥匙怎么办?

一、线索长什么样

文献线索是除了文献全文以外的一切线索,包括目录、题录、文摘、索引等。最常见的是目录和题录。

目录在我国有着悠久的历史。最早可以追溯到西汉刘向、刘歆父子编撰的《七略》,以后各朝各代也都编有《艺文志》或《经籍志》著录该朝代的主要文献典籍,最为现代人熟悉的是清代纪昀等编纂的《四库全书总目》。这些目录曾经以木牍、竹简以及纸本的形式存在过。当然,在古巴比伦和埃及,还有雕刻的石板。

但我们最常见的却是一张张 3×5 英寸(1 英寸=2.54 厘米)的索引卡片。这种方便快捷的检索创举来自被誉为“现代分类学之父”的瑞典动植物学家卡尔·林奈(Carl Linnaeus),他最初的诉求是要将 12 000 多个动植物和矿物的信息进行整理,于是他把信息都写在纸上以便轻松搜索,最重要的是他可以随时增补新的信息到自己出版的 *Systema Naturae*(《自然分类》)新版本中。1791 年,在 *Systema Naturae* 出版 30 年后,林内采用了一种新方式来索引信息:将所有生物和矿物的信息都写在一张张扑克大小的卡片上,这些卡片仅用来进行分类和索引。

也是在 1791 年,卡片目录开始在图书馆使用。因为书本式的目录既不方便查阅同时又太占空间,法国图书馆最先使用纸牌分类,到 19 世纪,美国和欧洲的图书馆也开始使用索引卡分类。这种索引方式让搜索更便捷,每新增一本书,图书馆只需简单添加一张新卡片到总目录就可以了。但随之新的问题又出现了,最初的目录卡片虽然会标注书名、作者、图书位置等信息,编制标准却各不相同,便出现了文学作品与数学教材放在一起的混乱局面。

为了解决这一问题,1876年,麦尔威·杜威(Melvil Dewey)编制了《杜威十进分类法》,这个分类法建议按主题来编排图书,一个主题给予一个特定的字母,每本图书都分配唯一的编目号码。1899年,美国国会图书馆编制了《美国国会图书馆分类法》。新中国成立以后,我国政府也编制了《中国图书馆分类法》供大型图书馆分类使用。

进入计算机检索时代,又出现了另外一种文献线索:题录。目录和题录的主要区别在于著录对象不同,目录著录的对象是一个完整的出版物,即一种或者一册文献(如一本图书或一种期刊),而题录的著录对象是整册书中的一个独立知识单元,即单篇文献(如一篇论文抑或是书中的一个章节)。

2019年我访问重庆大学图书馆时,看到大厅里还整齐摆放着一排排目录柜,柜门上用娟秀的小楷写着目录的类别(见图2-2)。当然,它已经不再被赋予实际的使用功能了。但我想,如果没有林内发明的那些小卡片,没有

图2-2　重庆大学图书馆大厅摆放的目录柜(摄于2019年7月24日)

杜威的图书馆编目革命,互联网搜索的基本概念和框架可能需要更多的时间形成。

二、有钥匙的文献线索

学生经常被专业老师要求找原文阅读,老师给出的书单或者论文清单一般有以下三种情况:第一种本身就带有文献类型标识,查找时"按图索骥"即可(见示例[1][2]);第二种虽然不带文献类型标识,但著录的款目完整规范,也比较好找(见示例[3][4]);第三种最难,文献线索中会有缺失的款目需要补全(见示例[5][6])。

[1] Doyle C. Development of a model information literacy outcome measures within national education goals of 1990 [**D**]. Arizona: Northern Arizona University, 1992:94.

[2] Eisenberg M B, Berkowitz R E, Plotnick E. Helping with homework: a parent's guide to information problem-solving [**M**]. Syracuse, NY: ERIC Clearninghouse on Information and Technology, 1996:24 - 25.

[3] Lidar Observations of the Meteoric Deposition of Mesospheric Metals. Author(s): Timothy J. Kane and Chester S. Gardner. Source: Science, New Series, Vol.259, No.5099 (Feb.26, 1993), pp.1297 - 1300.

[4] Lai, J. K. (2013). Truthful and fair resource allocation (Order No. 3566963). Available from ProQuest Dissertations & Theses Global A&I: The Humanities and Social Sciences Collection. (1417069375).

[5] Sokell, E.; Wills, A.A.; Comer, J., J. Phys. B: At. Mol. Opt. Phys. 1996. 3417.

[6] Madagascar La nouvelle projection du service geographique de madagascar. J. laborde.

先来看第一种,带有文献类型标识的线索。它们整齐规范,著录的题名、作者、来源、年代等款目样样齐全,特别是其中[**D**]、[**M**]这样的符号,我们称之为“文献类型标识”,这是国内学术界著录参考文献(目录和题录)的统一标识,掌握这种标识便可以一眼看透这条线索为何种文献,就如同开锁的钥匙。

最早关于文献类型标识的标准是1983年颁布施行的《文献类型与文献载体代码(GB/T 3469－1983)》,其中规定了以单字母标识图书,期刊等十种常见的纸质文献类型,双字母标识数据库、计算机程序、电子公告三种电子文献类型。后来分别在1988年、2005年、2015年又重新修订和颁布了新的标准,现行的版本是2015年颁布的《信息与文献　参考文献著录规则(GB/T 7714－2015)》。

一种符号对应一种文献类型,几种符号组合对应文献类型和载体变化。掌握起来并不难。关于如何使用这些钥匙你可以自由选择,比如有人愿意将每把钥匙的样子牢牢记住,用的时候信手拈来,而有人愿意将钥匙贴上花花绿绿的标签,用的时候随时查找。如果不是特别在乎速度,两种用法皆可。当然,如果大家天天都用,那些钥匙的花纹和凹槽曲线会自然印在你脑子里。

现在,让我们来仔细看看这些钥匙(见表2－2、表2－3)。

表2－2　文献类型和标识代码

文献类型	标识代码
普通图书	M
会议录	C
汇编	G
报纸	N
期刊	J
学位论文	D
报告	R
标准	S

(续表)

文献类型	标识代码
专利	P
数据库	DB
计算机程序	CP
电子公告	EB
档案	A
舆图	CM
数据集	DS
其他	Z

表 2-3 电子资源载体和标识代码

电子资源的载体类型	标识
磁带(magnetic tape)	MT
磁盘(disk)	DK
光盘(CD-ROM)	CD
联机网络(online)	OL

参考文献著录规则示例:

图书

[1] 刘国钧,陈绍业.图书馆目录[**M**].北京:高等教育出版社,1957:15-18.

期刊

[2] 何龄修.读南明史[**J**].中国史研究,1998(3):167-173.

科技报告

[3] 中国机械工程学会.密相气力输送技术[**R**].北京:1996.

会议文献

[4] 郭宏,王熊,刘宗林.膜分离技术在大豆分离蛋白生产中综合利用的研究[**C**].余立新.第三届全国膜和膜过程学术报告会议论文集.北京:高等教育出版社,1999:421-425.

学位论文

[5] 陈金梅. 氟石膏生产早强快硬水泥的试验研究[**D**]. 西安：西安建筑科技大学，2000.

专利文献

[6] 李德仁，邵慧超，洪勇，张鹏. 基于 RTK/SINS 的高动态定位定姿系统及方法[**P**]. 湖北：CN106707322A，2017 - 05 - 24.

标准文献

[7] 全国信息与文献标准化技术委员会. 文献著录：第 4 部分 非书资料：GB/T 3792. 4—2009[**S**]. 北京：中国标准出版社，2010：3.

报纸

[8] 陈志平. 减灾设计研究新动态[**N**]. 科技日报，1997 - 12 - 12(5).

电子公告

[9] 王明亮. 关于中国学术期刊标准化数据库系统工程的进展[**EB/OL**]. http://www.cajcd.edu.cn/pub/wml.html，1998 - 08 - 16.

数据集

[10] 中国气象数据网. 中国高空规定层累年月值(1991—2010 年)[**DS/OL**]. 北京：中国气象信息中心，2015[2019 - 12 - 04]. https://data.cma.cn/data/cdc-detail/dataCode/B.0021.0002.html.

需要注意的是，在国内的参考文献著录规范中，外文文献的著录方式也是基于以上规则。比如：Hewitt J A. Technical services in 1983 [**J**]. Library Resource Services, 1984,28(3):205 218.

现在再看本节开头给出的两个示例，我们可以迅速判断出一篇为学位论文(由文献类型标识[D]判断)，另一篇为图书(由文献类型标识[M]判断)。当我们判断出文献类型后，就可以迅速进行类型与信息源的匹配。比如第一篇外文学位论文优选考虑全球博硕学位论文 PQDT，外文图书则优先考虑 Springer、Ebsco 和 Elsevier。

当然，开锁只是搜索的第一个步骤，在后面的“五步搜索法”中，我们会详细讲解开锁后的搜索方法。

三、不带钥匙的文献线索

在前文给出的例子中,第二种和第三种都是不带文献类型标识的线索。这些线索多数来自于外文数据库(国外出版物的参考文献著录方式),也有少数国内出版物的参考文献无标注。面对这样的线索,估计大家心里唯一的念头只有“复制粘贴”。当然,复制粘贴有可能误打误撞地找到一些原文,但我们需要更科学的解决方法,那么第一步依然是先判断文献类型。而且这次我们提高难度,不仅需要判断类型,还需要将线索中著录的每一部分款目都一一识别。

没有了明确的文献类型标识,我们就必须根据每条线索中的“识别项款目”来判断文献类型。在课堂上,我会把涉及的常用文献类型每一样找一些线索,包括规范的和特殊的,让学生自己找识别项。这样的训练比老师直接讲授的效果好很多。

为了便于识别,我将线索的每一部分都用序号和着重号进行了标注,在练习的时候,需要考虑到如果标注消失,自己的分析能力是否也会随之消失。

第一组:期刊论文

[1] Document Storage System. ①题名 P. Bray. ②作者 Which Comput. (UK). ③刊名缩写 **Vol.14, No 5, p.37 - 42(Sept.1989)**. ④年、卷、期 **ISSN O924 - 2715**. ⑤国际标准刊号

[2] Sokell, E.; Wills, A.A.; Comer, J. ①作者 **J. Phys. B: At. Mol. Opt. Phys.** ②刊名缩写 1996. ③出版年份 3417. ④页码

这一组是期刊论文,第一条线索非常齐全,论文题名、作者、来源、年卷期以及国际标准刊号一应俱全,可以看出最重要的识别项是国际标准刊号。但国际标准刊号在线索里经常不出现,这时候我们可以根据连续出版物的特点,把卷期(Vol. ,No)作为最显著的识别项。

第二条线索属于著录不完整的线索。要判断其为何种文献需要一定的

实践积累。比如我们知晓外文期刊的刊名一般比较长，所以在著录的时候，会用英文缩写来替代（一般都有约定俗成的缩写形式），于是第二条线索我们可以把刊名缩写作为识别项。在实际搜索中，我们最头疼的就是这种著录不全的线索，其涉及类型判断、内容分析以及补全信息等问题，这条线索的原文我将在本章第三节进行具体查找。

第二组：图书

[1] IPS international power systems. ①书名 R. G. Schwieger, T. C. Elliott, J. Reason, G. Paula, M. Leone (editor/s). ②编者 [**New York, USA: McGraw Hill 2001**]. ③出版项：出版地、出版社、出版年

[2] An annotated bibliography of OSI. ①单元或章节名称 B. C. Burrows. ②单元或章节作者 (Future Inf. Assoc., Milton Keynes, UK). ③作者国别 Open systems interconnection: state of the art report ④书名 B. C. Burrows, A. J. Mayne. ⑤编者 p311-326. ⑥章节起始页码 **Maidenhead, UK: Pergamon Infotech(2001)**. ⑦图书出版项

这一组展示的是图书以及图书中的一个章节。两条线索充分体现了目录和题录的区别。第一条线索相对简单，著录对象就是一本书，从图书的出版项（出版地、出版社、出版年）就可以确定；第二条线索的著录对象是书中的某一个单元或者章节。幸运的是，这条线索非常全，从图书出版项就可以轻松判定是一本图书，但最重要的是弄明白这条线索到底要找什么？从哪里入手去找？如果不明白到底著录的是何种文献，第二条线索便很容易被判断为某种期刊论文，那样便要走弯路了。

第三组：学位论文

[1] Guif of Maine sea Surface Topography from GEOSAT Altimery. ①论文题名 Lambert, Steven R. ②作者 **Ph.D** ③学位名称 **University of Maine.** ④授予学位的大学

[2] Lai, J. K. (2013). ①作者 Truthful and fair resource allocation (Order No. 3566963). ②论文题名 Available from **ProQuest Dissertations & Theses Global** A&I: The Humanities and Social Sciences Collection. (1417069375). ③来源数据库

这一组是学位论文。第一条线索依然比较常规,从论文题名到学位和大学名称整整齐齐,很容易识别。有时候题录里还会著录答辩委员会委员的姓名,让我们想起当初答辩时老师们板正严肃但毕业后却令人时时想念的面孔。

第二条线索却是不走常规路,初看既没有学位名称也没有大学名称。但它给出了一个著名的全球博硕士论文库 PQDT(ProQuest Dissertations & Theses Global),如果大家对这个数据库比较熟悉,那么一切便迎刃而解。如果实在不知道也不要紧,认得"Dissertations"和"Theses"这两个单词也就可以猜出来了。

第四组:科技报告、专利、标准、会议文献

[1] Some approaches to the design of high integrity software ①报告题名 D. J. Marttin, R.B. Smith. ②作者 (Combat Controls Div. GEC Avionics Ltd. Rochester, UK). ③作者机构,国别 **Report AGARD-TR 2584.** ④报告号 July 2001⑤报告日期

[2] SILVER HALIDE PHOTOGRAPHIC MATERIAL ①专利名称 Takeshi Habu, Japan ②专利申请人,国别 assignor to Konishiroku photo industry Co. Ltd., ③专利受让人和机构 May 15,1984,93. ④专利授权日 **U.S. Patent 4,581,327.** ⑤专利号

[3] American National **Standards** Institute Integrated services digital network (ISDN) basic access interface for use on metallic loops for application on the network side of the NT (Layer 1 specification). ①标准名称 **ANSI TI - 601 - 1988, Sept. 1988.** ②标准号

[4] Approximating Bounded 0 - 1 Integer Liner Programs. ①论文题名 D Peleg (Weizmann nst., Rehovot, Israel). ②作者及作者机构,国别 **Proceeding of the 2nd Isreal Symposium on Theory and Computing Systems(Cat. No. 93TH0520 - 7),** ③会议录名称 Natanya, Isreal, 7 - 9 June 1993. ④会议地址,时间(Los Alamitos, CA, USA: IEEE 1993),⑤会议录出版信息 P. 69 - 77 ⑥论文起始页码

这组文献实在有点看得让人头晕,但摆在一起却是有意为之。我个人的经验是当一堆同类物品难以辨别又不得不辨别时,摆在一起强行比较比

分开记忆的效果好。比如我记不住汽车的品牌和LOGO,我有个朋友记不住国内行政区划的简称,我们得承认自己有时候就是在某个脑回路里存在盲点,不必强求,天天摆在一起看一遍,自然就熟了。

先介绍一下不太常见的科技报告、专利和标准。定义会有些枯燥,如果确定生活和学习中不会遇到它们,可以略过。但如果需要它们,就需得忍受这种枯燥了。

科技报告是在科研活动的各个阶段,完整而真实地反映其所从事科研活动的技术内容和经验的特种文献。比如导师带领项目团队完成一个科研项目,项目研究过程中形成的开题报告、中期报告、结题报告等都可称为科技报告。它能反映最新的研究成果,但不易获得;专利文献是在专利申请、审查、批准过程中所产生的各种有关文献,包括专利说明书、专利公报、专利文摘等;标准文献是指经公认权威机构(主管机关)批准的一整套在特定范围(领域)内必须执行的规格、规则、技术要求等规范性文献。

前三条线索中我们应该特别注意的是报告号、专利号和标准号,三种类型号各有特点:

(1) 报告号"Report AGARD-TR 2584"由机构简称+报告类型+流水号组成。TR(Technical Report)表示技术报告,此外,还会有PR(Progress Report)进展报告、AR(Annual Report)年度报告、FR(Final Report)年终报告、CR(Contract Report)合同报告等。线索中也许还会出现美国四大报告的简称:PB(Publication Board)(民用工程:土木建筑、城市规划、环境保护);AD(ASTIA-Armed Services Technical Information Agency Document)(军事报告);NASA(National Aeronautics and Space Administration)(航空报告);DOE(Department of Energy)(能源部),如水能、电能、风能,这些都可以作为科技报告的识别项。

(2) 专利号"U. S. Patent 4,581,327"由国别+流水号构成,因为有"Patent"这个单词,所以我们可以很清楚地知道这是专利号。当然,专利号还有"CN083273(中国专利)""JP0178068(日本专利)""WOJP34121(世界知识产权组织专利)”等多种样式。

(3) 标准号“ANSI TI-601-1988(美国国家标准化协会标准)”由颁布机构+流水号+年代组成,同专利号一样,标准号也有不同国别和机构,如“BS CWA 13849-13-2000(英国标准学会标准)”“DIN EN 1992-1-1-2011(德国国家标准学会标准)”等。如果要找不同,那么,报告号有报告类型的区别,专利号和标准号有国别和机构的区别,而标准号还有一个比较特殊的组成便是年代,哪一年颁布实施对于标准很关键。

最后我们来看比较常见的会议论文。从第四条线索可以看出,一般会议文献的线索中有表达会议的单词,比如 congress(会议)、convention(大会)、symposium(专题讨论会)、workshop(专题学术讨论会)、seminar(学术研讨会)、conference(学术讨论会)、colloquium(学术讨论会)、proceedings(会议录),如果实在都没有,也许我们会遇到表示会议届次的序数词,比如“2nd”。

这些无须强行记忆,但在找信息的时候,它应该是放在手边参考的科学方法。

| 第三节 |
五步搜索法

· 查找学术文献的基本方法　　· 怎样才能不走弯路?　　· 记住流程就够了吗?

一、五步搜索法操作细则

虽然在各种场景中需要搜索的信息类型千姿百态,文献、数据、图片、视频等无所不有,但不可否认的是,所有类型中文献一定占绝大多数,尤其在学术场景,因此找文献这一部分需要多花一点力气。

“五步搜索法”是针对学术文献查找的方法,是我在几十年教学实践中总结出来的,当然,它的有些步骤(比如确定信息源)也适用于找其他类型的信息。

(1) 根据线索判断文献类型。

(2) 分析文献线索,找到最优化的线索款目。

(3) 如果文献线索不全,需要利用各种工具补全信息。

(4) 确定信息源。

(5) 根据最优化线索条目查找文献,并结合其他线索条目进行验证。

如果觉得上面的步骤过于抽象,可操作性不强,不着急,下面这个更详细的操作表格可以帮助你(见表 2-4)。

表 2-4　五步搜索法操作表格

序号	步骤	步骤解析	操作技巧
(1)	根据线索判断文献类型	数字时代的文献类型:图书、期刊、学位论文、科技报告、专利、标准、会议文献、报纸、方志、档案、舆图、电子公告……	每种类型对应的信息源各不相同,简单来说,如果你要找张三,就不能去李四家
(2)	分析文献线索,找到最优的线索款目	每一条线索中最优的款目到底是论文题名,还是来源出版物名称,抑或作者和机构,需要具体判断	找到最优化线索款目是提升效率的关键,这需要一定时间的实践
(3)	如文献线索不全,需利用各种工具补全信息	掌握一些基本的补全信息的工具。如补全刊名缩写的 CALIS 联合目录、全国期刊联合目录、期刊引证报告数据库(JCR)、搜索引擎等	有时候需要补全的往往是最关键的线索
(4)	确定信息源	确定信息源的效率原则: ① 优先选择学术数据库,尤其可以利用各高校图书馆主页上的学术搜索 ② 查找网络免费资源和开放存取的学术资源(Open Access) ③ 查找馆藏书刊系统(OPAC),看看是否可以获取纸本全文 ④ 利用文摘数据库中提供的作者信息(如电子邮箱)与作者沟通。如 Web of Science 平台便会提供作者的电子邮箱及机构地址 ⑤ 利用图书馆的馆际互借与原文传递服务	要即刻能反应出一些对应的信息源

(续表)

序号	步骤	步骤解析	操作技巧
(5)	根据最优线索款目查找文献,并结合其他线索款目进行验证	有时候认定的最优线索款目可能无法检索出结果,还需要及时调整,选用其他线索款目多次检索或者相互验证	遇到死胡同要知道转弯,不能完全确认时知道找其他目击者

二、简单案例查查看[①]

我们现在用两个简单的案例来体验“五步搜索法”,为了更清楚地展示解析过程,案例以表格形式呈现。

(一) 是专利还是标准?

线索: Beach House Group Limited(2021 - 12 - 15). GB2563146.

要求:根据线索查找文献原文

表 2-5　案例 1 解析过程

序号	步骤	步骤解析
(1)	判断文献类型: 根据“GB2563146.”,可判断要找的是一篇英国专利	为什么是专利呢? 首先回忆一下专利号、标准号和科技报告号的区别(详见第二节)。其次采用排除法:科技报告号一般带有报告类型,案例中没有,排除;标准号会包含标准颁发的年份,案例中没有,排除;专利号会带有“CN(中国)”“JP(日本)”“GB(英国)”“US(美国)”等国别代码,所以判定是专利号
(2)	确定最优线索款目:专利号	此线索著录的款目有:专利申请人,专利号。很显然最优的线索应该是专利号(专利号的唯一性)
(3)	补全线索	这条线索不需要补全
(4)	确定信息源: 中国知网海外专利或者欧洲专利局官网	① 中国知网专利数据库、万方专利数据库、智慧芽、大为 innojoy 专利数据库等商业数据库(需机构订购,适合高校或研究所的师生) ② 国家知识产权局专利检索数据库、中国知识产权网、中国专利信息网、Soopat 网站、欧洲专利局(门户网站和网络免费资源)

① 检索时间不同,检索系统呈现的结果均会有所不同。如需复盘,请注意灵活把握。

(续表)

序号	步骤	步骤解析
(5)	找到专利原文(见图2-3、图2-4)并用另一个线索款目(专利申请人)进行验证	根据专利号GB2563146,在中国知网专利数据库中可以很轻松地找到专利全文(见图2-3)。值得注意的是,数据库中提供了"申请号""公开号"两种字段的搜索,无需纠结,这时候直接用"蒙"的方式,两个字段都搜,总有一个会找到结果。也可以直接到欧洲专利局官网搜索,欧洲专利局官网界面非常友好(见图2-4)

图2-3　中国知网海外专利

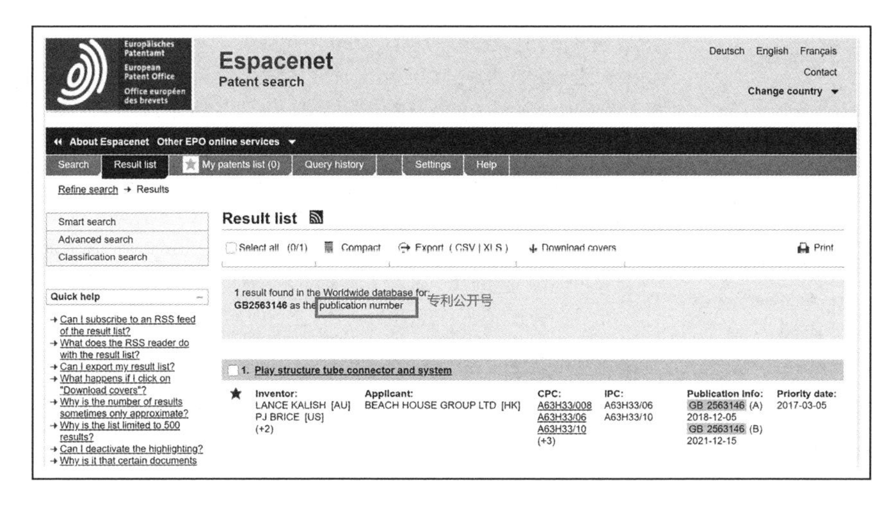

图2-4　欧洲专利局官网

案例的最后我想请大家思考的是,如果判断不出GB2563146是专利号,那么得走多少弯路呢?

(二) 没有标题的期刊论文

线索: Sokell, E.; Wills, A. A.; Comer, J., J. Phys. B: At. Mol. Opt. Phys. 1996.3417.

要求:根据线索查找文献原文

表 2-6 案例 2 解析过程

序号	步骤	步骤解析
(1)	判断文献类型:根据“J. Phys. B: At. Mol. Opt. Phys”刊名缩写可判断为期刊论文	线索难点在于缩写和符号太多,仔细分析会发现居然没有论文标题!前半部分“Sokell, E.; Wills, A.A.; Comer, J”是三个作者的姓名,(标点符号也很重要,特别不要把两个字母“J”混在一起),后半部分“J. Phys. B: At. Mol. Opt. Phys”是期刊刊名缩写。 为什么要找的是期刊论文而不是期刊本身呢?这很简单,因为有具体页码“3417”
(2)	确定最优线索款目:刊名缩写	此线索著录的款目有:作者、刊名缩写、年代、页码。通过分析我认为刊名缩写是最好的突破口。当然大家也可以从作者入手,但可能会走弯路
(3)	补全信息	补全刊名缩写。最简单的是利用搜索引擎,还可以利用 CALIS 联合目录、JCR 数据库等。刊名全称为“Journal of Physics B-atomic Molecular And Optical Physics”。 在这一步中,我们可以看出此期刊为物理学学科的期刊。这一点在后面的搜索中将起到很重要的作用。这就是流程化以外的观察和思考
(4)	确定信息源:各高校图书馆主页学术搜索,如果没有,再找网络免费资源	期刊论文的信息源太多了!怎么办?牢记利用信息源的优先原则。首先找学术数据库,如果是高校或研究所的师生,我建议可以利用图书馆主页的电子期刊搜索,这里汇集了所有图书馆购买的电子期刊,让它来指引我们,看看要找的期刊在哪些数据库有全文。 如果没有机构购买的数据库可用,也不用着急,去网络免费资源也能找到
(5)	找到了期刊论文原文	我们演示一下网络免费资源的搜索过程: ① 用期刊刊名全称在搜索引擎初步搜索(见图 2-5),请注意,筛选记录非常重要 ② 找到一个“Iopscience”的网站,从前文的分析中已知期刊是物理学专业,所以我们必须对这个网址有敏感度 ③ 点开这个网站,呈现的就是我们要找的期刊,利用其他款目(年代、页码)进行查找(见图 2-6、图 2-7、图 2-8)

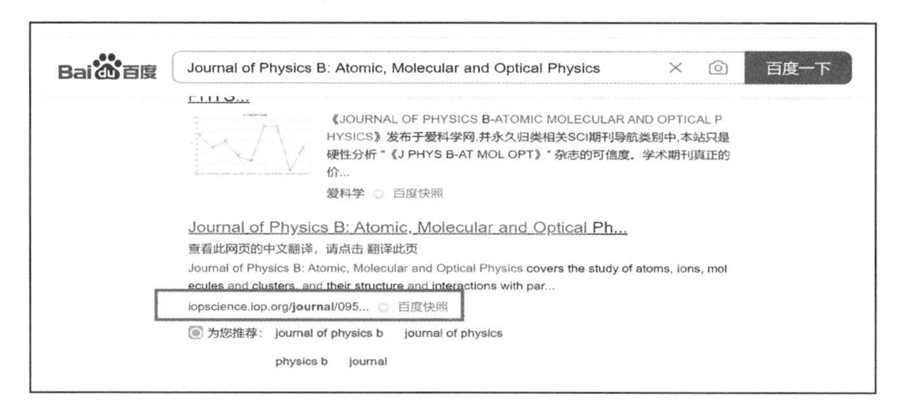

图 2-5　百度初步搜索结果

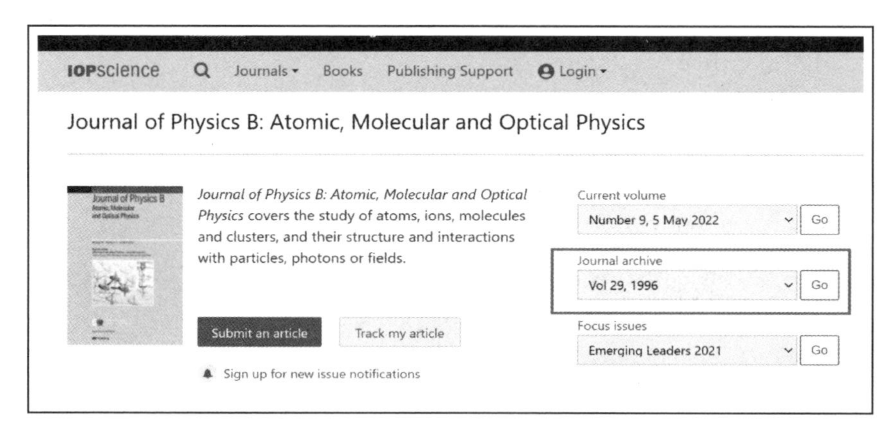

图 2-6　IOPScience 官网搜索结果

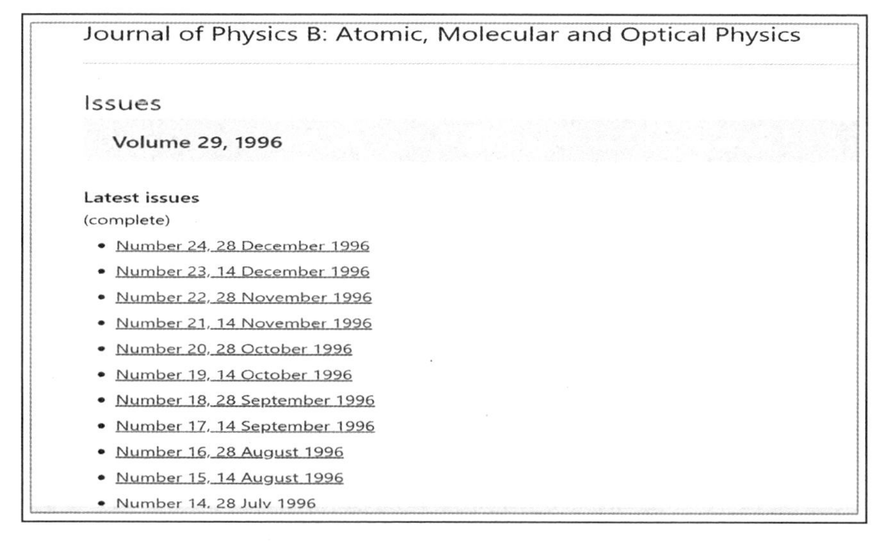

图 2-7　IOPScience 官网提供的期刊卷期

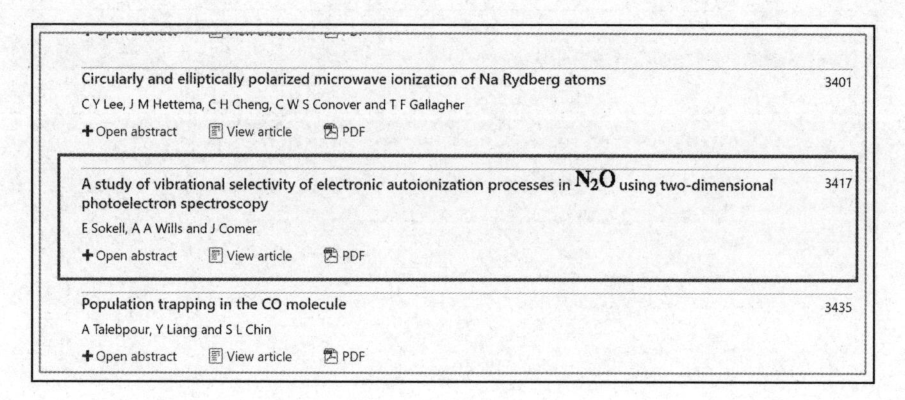

图 2-8　IOPScience 官网提供的文献全文

流程记住了吗?

流程是最重要的吗?

流程中所有基于线索的分析,皆是需要拾起的麦穗。

|第四节|
正式开始破案

·学会提取有效线索　·探索发现宝藏信息源　·灵活变换检索词

当具备了基本的流程化搜索能力之后,我们还需要融入复杂的场景中去。

在课程期末选题报告中,有一种报告类型叫"破案式检索",学生们都特别愿意做,因为比专业检索报告有趣。要求是自定一个检索选题,比如寻找一张图、一句名言、一张照片、一个模型等等的出处。评判标准为是否能足够体现信息获取、甄别及分析能力,是否具备多维视角,是否采用了多种信息源等。学生们应该思考以下几个问题:要找什么(分析选题及线索)、到哪里去找(确定信息源及甄别信息)、有什么收获(得出结论)。

一、一句张冠李戴的马克思名言

(一) 要找什么?

下面是某一学期学生的“破案式”检索报告选题:

> 小组的一位成员在写人文导引论文的时候,需要引用一句著名的“马克思名言”:如果有10%的利润,资本就会保证到处被使用;有20%的利润,资本就能活跃起来;有50%的利润,资本就会铤而走险;为了100%的利润,资本就敢践踏一切人间法律;有300%以上的利润,资本就敢犯任何罪行,甚至去冒绞首的危险。
>
> 但是几经查找,都没有找到这句话的出处。这句话流传甚广,大家只知道这句话是“马克思”说的,但是不知道具体的出处。
>
> 所以我们决定将检索这句话的出处作为结课报告选题,从中却得出了一些出人意料的结论。

通过分析选题,我们明确知道需要查找的是这段话的作者及出处。进一步分析可以得到两条线索:第一,假设这句话确实是马克思的名言,则从作者途径进行搜索;第二,在不确定作者的前提下,从全文途径进行搜索。根据五步搜索法中用最优款目入手查找的原则,显然应该选择第二种途径。

(二) 到哪里去找?

确定了搜索途径后,第二步就应该解决最关键的问题,到哪里去找?

1. 中国知网

根据五步搜索法中确定信息源的效率原则,首先应该选择学术数据库。这一点学生们掌握得很好,他们并没有去搜索引擎浪费时间,而是直接选择了中国知网数据库,用全文字段检索自然语言“如果有10%的利润”,查找到两篇文章中截然不同的结果:第一篇认为这句话是英国经济学家托·约·登宁说的,第二篇则在注释里明确标注是引自《马克思恩格斯文集》(见图2-9)。

这里有一个小小的选择,是先找托·约·登宁,还是先找《马克思恩格斯文集》?

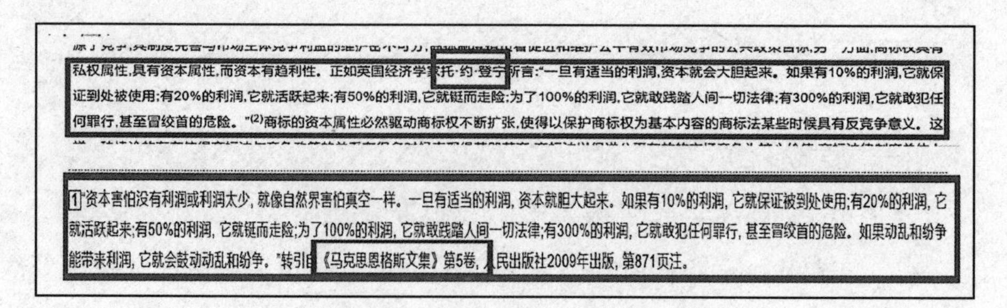

私权属性,具有资本属性,而资本有趋利性。正如英国经济学家托·约·登宁所言:"一旦有适当的利润,资本就会大胆起来。如果有10%的利润,它就保证到处被使用;有20%的利润,它就活跃起来;有50%的利润,它就铤而走险;为了100%的利润,它就敢践踏人间一切法律;有300%的利润,它就敢犯任何罪行,甚至冒绞首的危险。"(2)商标的资本属性必然驱动商标权不断扩张,使得以保护商标权为基本内容的商标法某些时候具有反竞争意义。这

1"资本害怕没有利润或利润太少,就像自然界害怕真空一样。一旦有适当的利润,资本就胆大起来。如果有10%的利润,它就保证被到处使用;有20%的利润,它就活跃起来;有50%的利润,它就铤而走险;为了100%的利润,它就敢践踏人间一切法律;有300%的利润,它就敢犯任何罪行,甚至冒绞首的危险。如果动乱和纷争能带来利润,它就会鼓动动乱和纷争。"转引自《马克思恩格斯文集》第5卷,人民出版社2009年出版,第871页注。

图 2-9 中国知网搜索"如果有 10%的利润"结果①②

应该先找《马克思恩格斯文集》,因为明显这条线索规范很多,书名、出版社、页码一应俱全。

2. 马克思主义文库

又到确定信息源的时候了,流程真是无处不在。我们的脑海中需要迅速反应出符合此时需求的信息源,推荐大家先分大类,比如学术数据库、纸本资源、网络免费资源(开放获取、门户网站、搜索引擎、个人博客),然后分小类,比如学术数据库中有没有专门的马克思主义理论数据库,纸本资源以自己的条件是否方便获取,网络免费资源出处是否靠谱等为标准进行判断,并根据效率原则排出先后次序。案例中此时的需求是"到哪里去找《马克思恩格斯文集》",可以不看下面的图,自己先思考一下。

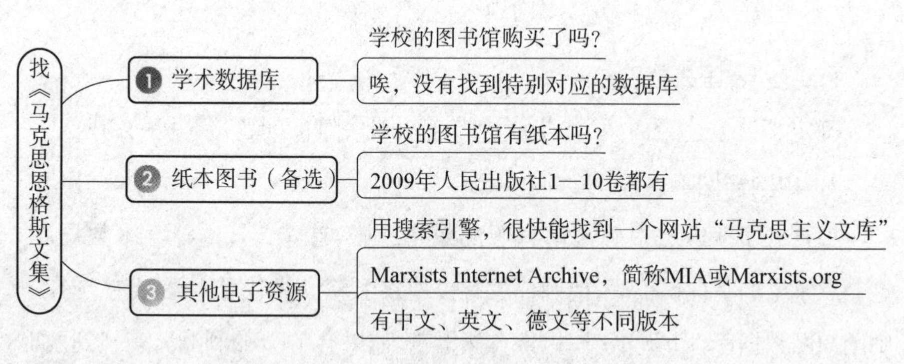

图 2-10 《马克思恩格斯文集》信息源

① 罗晓霞. 商标权的双重属性及其对商标法律制度变迁的影响[J]. 知识产权,2012(05):30-35.

② 程言君,王鑫. 坚持和完善"公主私辅型"基本经济制度的时代内涵——基于新自由主义的国际垄断资本主义意识形态工具性质研究[J]. 管理学刊,2012,25(04):1-7.

最终确定先到“马克思主义文库(Marxists. org)”中寻找《马克思恩格斯文集》第 5 卷 871 页的注释(见图 2-11)。

页]。],那末,资本来到世间,从头到脚,每个毛孔都滴着血和肮脏的东西。[注:《评论家季刊》说:“资本逃避动乱和纷争,它的本性是胆怯的。这是真的,但还不是全部真理。资本害怕没有利润或利润太少,就象自然界害怕真空一样。一旦有适当的利润,资本就胆大起来。如果有10%的利润,它就保证到处被使用;有20%的利润,它就活跃起来;有50%的利润,它就铤而走险;为了100%的利润,它就敢践踏一切人间法律;有300%的利润,它就敢犯任何罪行,甚至冒绞首的危险。如果动乱和纷争能带来利润,它就会鼓励动乱和纷争。走私和贩卖奴隶就是证明。”(托·约·登宁《工联和罢工》1860年伦敦版第35、36页)]

图 2-11 《马克思恩格斯文集》第 5 卷 871 页的注释

学生们如愿找到了原文注释,注释中说明这句话来源于托·约·登宁《工联和罢工》1860 年伦敦版第 35、36 页。下一步就是去找《工联和罢工》了。

但这时却有一个新的发现,在他们要查找的这段话前面,多了一句“资本逃避动乱和纷争,它的本性是胆怯的。这是真的,但还不是全部真理。资本害怕没有利润或利润太少,就像自然界害怕真空一样。一旦有适当的利润,资本就胆大起来”。注释里同时又出现了一个出处:《评论家季刊》。那么,这句写在前面的话来源于何处?它跟我们要查的那句话都是托·约·登宁说的吗?还是托·约·登宁引用了一整段《评论家季刊》里面的话?

为了验证是否翻译错误,学生们又查找了英文版和德文版,发现所提到的内容与中文库内容一致(见图 2-12、图 2-13)。

15. "Capital is said by a Quarterly Reviewer to fly turbulence and strife, and to be timid, which is very true; but this is very incompletely stating the question. Capital eschews no profit, or very small profit, just as Nature was formerly said to abhor a vacuum. With adequate profit, capital is very bold. A certain 10 per cent. will ensure its employment anywhere; 20 per cent. certain will produce eagerness; 50 per cent., positive audacity; 100 per cent. will make it ready to trample on all human laws; 300 per cent., and there is not a crime at which it will scruple, nor a risk it will not run, even to the chance of its owner being hanged. If turbulence and strife will bring a profit, it will freely encourage both. Smuggling and the slave-trade have amply proved all that is here stated." (T. J. Dunning, l. c., pp. 35, 36.)

图 2-12 《马克思恩格斯文集》第 5 卷 871 页的注释(英文版)

事情仿佛变得越来越复杂。

现在又面临第二个选择,是选择继续查《工联和罢工》,还是选择查《评

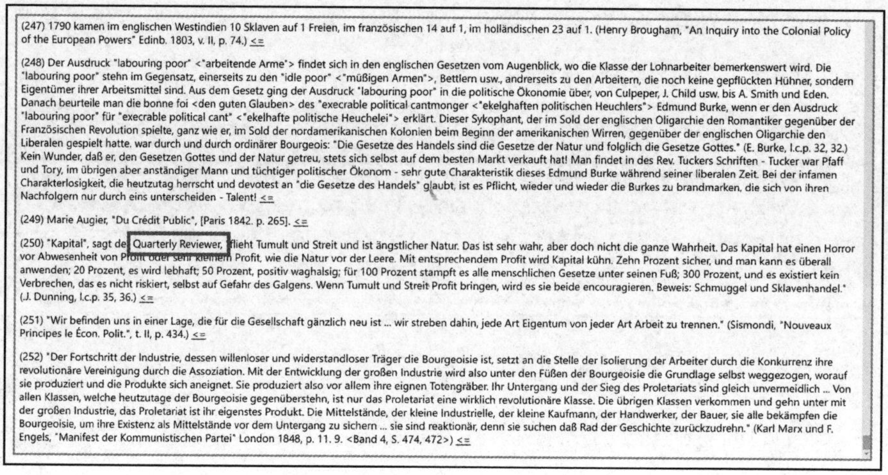

(247) 1790 kamen im englischen Westindien 10 Sklaven auf 1 Freien, im französischen 14 auf 1, im holländischen 23 auf 1. (Henry Brougham, "An Inquiry into the Colonial Policy of the European Powers" Edinb. 1803, v. II, p. 74.) <=

(248) Der Ausdruck "labouring poor" <"arbeitende Arme"> findet sich in den englischen Gesetzen vom Augenblick, wo die Klasse der Lohnarbeiter bemerkenswert wird. Die "labouring poor" stehn im Gegensatz, einerseits zu den "idle poor" <"müßigen Armen">, Bettlern usw., andrerseits zu den Arbeitern, die noch keine gepflückten Hühner, sondern Eigentümer ihrer Arbeitsmittel sind. Aus dem Gesetz ging der Ausdruck "labouring poor" in die politische Ökonomie über, von Culpeper, J. Child usw. bis A. Smith und Eden. Danach beurteile man die bonne foi <den guten Glauben> des "execrable political cantmonger <"ekelghaften politischen Heuchlers"> Edmund Burke, wenn er den Ausdruck "labouring poor" für "execrable political cant" <"ekelhafte politische Heuchelei"> erklärt. Dieser Sykophant, der im Sold der englischen Oligarchie den Romantiker gegenüber der Französischen Revolution spielte, ganz wie er, im Sold der nordamerikanischen Kolonien beim Beginn der amerikanischen Wirren, gegenüber der englischen Oligarchie den Liberalen gespielt hatte. war durch und durch ordinärer Bourgeois: "Die Gesetze des Handels sind die Gesetze der Natur und folglich die Gesetze Gottes." (E. Burke, l.c.p. 32, 32.) Kein Wunder, daß er, den Gesetzen Gottes und der Natur getreu, stets sich selbst auf dem besten Markt verkauft hat! Man findet in des Rev. Tuckers Schriften - Tucker war Pfaff und Tory, im übrigen aber anständiger Mann und tüchtiger politischer Ökonom - sehr gute Charakteristik dieses Edmund Burke während seiner liberalen Zeit. Bei der infamen Charakterlosigkeit, die heutzutag herrscht und devotest an "die Gesetze des Handels" glaubt, ist es Pflicht, wieder und wieder die Burkes zu brandmarken, die sich von ihren Nachfolgern nur durch eins unterscheiden - Talent! <=

(249) Marie Augier, "Du Crédit Public", [Paris 1842. p. 265]. <=

(250) "Kapital", sagt der Quarterly Reviewer, flieht Tumult und Streit und ist ängstlicher Natur. Das ist sehr wahr, aber doch nicht die ganze Wahrheit. Das Kapital hat einen Horror vor Abwesenheit von Profit oder sehr kleinem Profit, wie die Natur vor der Leere. Mit entsprechendem Profit wird Kapital kühn. Zehn Prozent sicher, und man kann es überall anwenden; 20 Prozent, es wird lebhaft; 50 Prozent, positiv waghalsig; für 100 Prozent stampft es alle menschlichen Gesetze unter seinen Fuß; 300 Prozent, und es existiert kein Verbrechen, das es nicht riskiert, selbst auf Gefahr des Galgens. Wenn Tumult und Streit Profit bringen, wird es sie beide encouragieren. Beweis: Schmuggel und Sklavenhandel." (J. Dunning, l.c.p. 35, 36.) <=

(251) "Wir befinden uns in einer Lage, die für die Gesellschaft gänzlich neu ist ... wir streben dahin, jede Art Eigentum von jeder Art Arbeit zu trennen." (Sismondi, "Nouveaux Principes le Écon. Polit.", t. II, p. 434.) <=

(252) "Der Fortschritt der Industrie, dessen willenloser und widerstandloser Träger die Bourgeoisie ist, setzt an die Stelle der Isolierung der Arbeiter durch die Konkurrenz ihre revolutionäre Vereinigung durch die Assoziation. Mit der Entwicklung der großen Industrie wird also unter den Füßen der Bourgeoisie die Grundlage selbst weggezogen, worauf sie produziert und die Produkte sich aneignet. Sie produziert also vor allem ihre eignen Totengräber. Ihr Untergang und der Sieg des Proletariats sind gleich unvermeidlich ... Von allen Klassen, welche heutzutage der Bourgeoisie gegenüberstehn, ist nur das Proletariat eine wirklich revolutionäre Klasse. Die übrigen Klassen verkommen und gehn unter mit der großen Industrie, das Proletariat ist ihr eigenstes Produkt. Die Mittelstände, der kleine Industrielle, der kleine Kaufmann, der Handwerker, der Bauer, sie alle bekämpfen die Bourgeoisie, um ihre Existenz als Mittelstände vor dem Untergang zu sichern ... sie sind reaktionär, denn sie suchen daß Rad der Geschichte zurückzudrehn." (Karl Marx und F. Engels, "Manifest der Kommunistischen Partei" London 1848, p. 11. 9. <Band 4, S. 474, 472>) <=

图 2-13 《马克思恩格斯文集》第 5 卷 871 页的注释(德文版)

论家季刊》?

很显然,应该查前者,原因依然是挑选最优线索。

3. HathiTrust 数字图书馆

到哪里去找呢?

学生们选择了免费资源 HathiTrust 数字图书馆(美国高校图书馆提供的数字图书馆项目),这得益于平时的积累。我经常也会从学生那里得到一些信息源,积水成渊,聚沙成塔,这是搜索时的自觉。

在 HathiTrust 数字图书馆找到了《工联与罢工》第 35、36 页托·约·登宁的原文。请注意此时使用的是作者检索字段(见图 2-14、图 2-15)。

找到现在,看似已经解决问题了。但转念一想,如果这句话整段都是托·约·登宁说的,《马克思恩格斯文集》为什么还注释了《评论家季刊》呢?

也许还应该追根溯源,继续找找《评论家季刊》,信息源依然选择 HathiTrust 数字图书馆,注意这里的检索方法,题名字段选择"Quarterly Reviewer(评论家季刊)",全文字段选择"turbulence and strife(动乱和纷争)",时间限定在 1860 年之前(想想这样搜索的原因,还有别的搜索方法

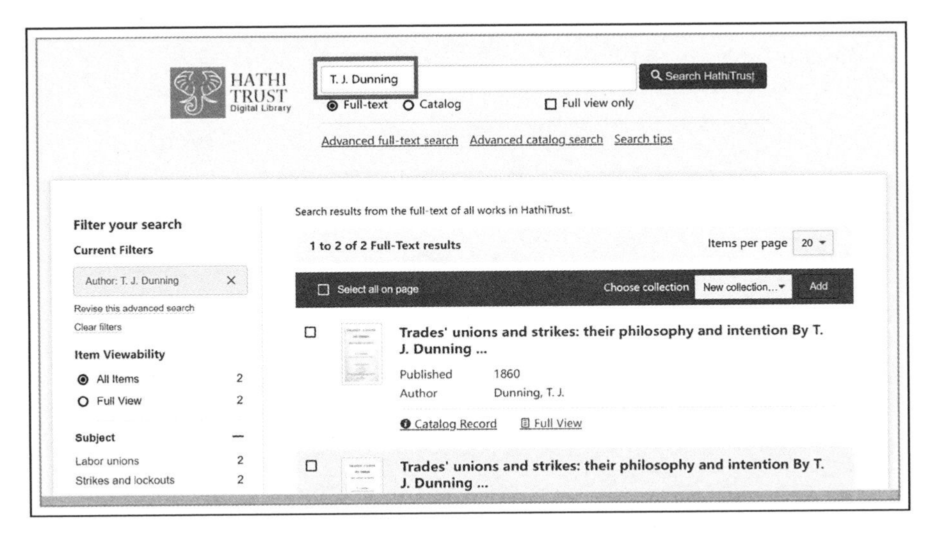

图 2-14 HathiTrust 数字图书馆《工联与罢工》中托·约·登宁的论文线索

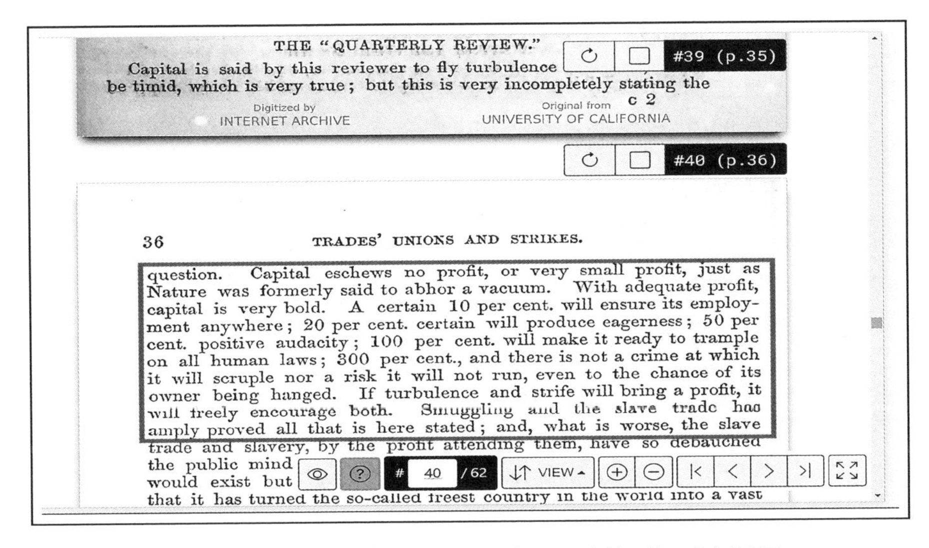
THE "QUARTERLY REVIEW."

Capital is said by this reviewer to fly turbulence be timid, which is very true; but this is very incompletely stating the

c 2

Digitized by INTERNET ARCHIVE Original from UNIVERSITY OF CALIFORNIA

#39 (p.35)

#40 (p.36)

36 TRADES' UNIONS AND STRIKES.

question. Capital eschews no profit, or very small profit, just as Nature was formerly said to abhor a vacuum. With adequate profit, capital is very bold. A certain 10 per cent. will ensure its employment anywhere; 20 per cent. certain will produce eagerness; 50 per cent. positive audacity; 100 per cent. will make it ready to trample on all human laws; 300 per cent., and there is not a crime at which it will scruple nor a risk it will not run, even to the chance of its owner being hanged. If turbulence and strife will bring a profit, it will freely encourage both. Smuggling and the slave trade has amply proved all that is here stated; and, what is worse, the slave trade and slavery, by the profit attending them, have so debauched the public mind would exist but that it has turned the so-called free country in the world into a vast

40 / 62 VIEW

图 2-15 HathiTrust 数字图书馆《工联与罢工》中托·约·登宁的原文

吗?)。这一找,还真又发现了问题(见图 2-16、图 2-17):

找到的期刊刊名是 *The Quarterly Review*(《评论季刊》),而不是《马克思恩格斯文集》中写到的 *Quarterly Reviewer*(《评论家季刊》)(见图 2-18)。

Advanced Full-text Search
Search information *within* the item (Search Tips).
Prefer to search *about* the item in an Advanced Catalog search?
Search by field
Title　this exact phrase　Quarterly Reviewer
AND　OR
Full-Text + All Fields　this exact phrase　turbulence and strife
Add another group of search fields
Advanced Search
Additional search options
View Options
Full view only
Date of Publication
Before　After　Between　Only during
1860

图 2-16　HathiTrust 数字图书馆用刊名及全文字段搜索

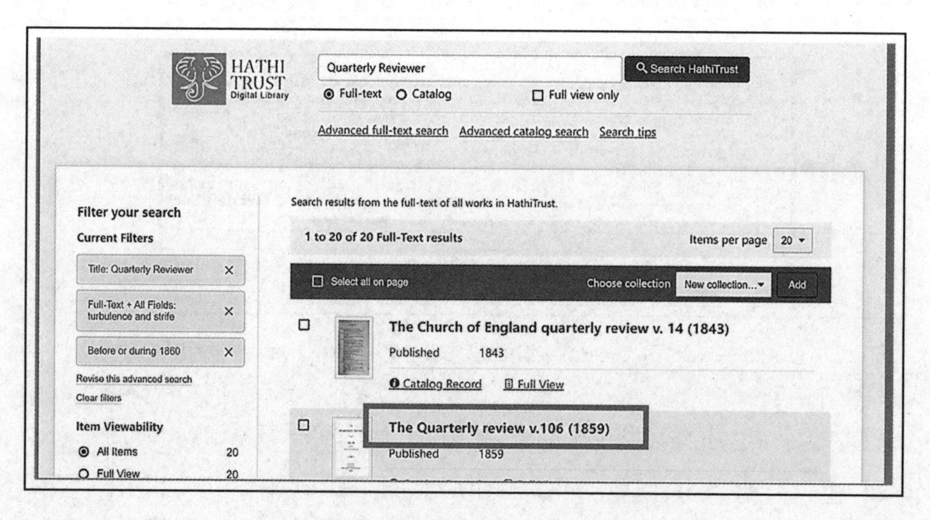

图 2-17　HathiTrust 数字图书馆 *The Quarterly Review*(《评论季刊》)

进一步验看《评论季刊》中的两条记录，学生们很快找到了《马克思恩格斯文集》中开头的那句话（见图 2－18）。

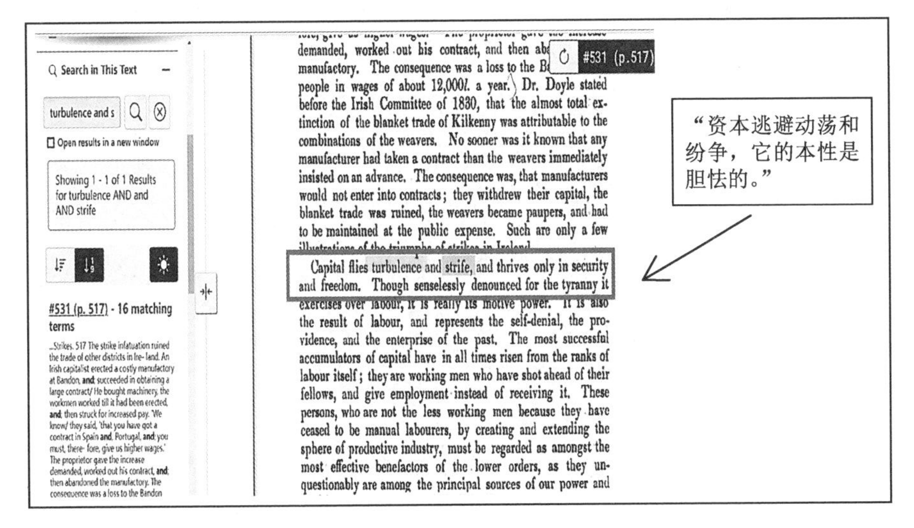

demanded, worked out his contract, and then ab[...] manufactory. The consequence was a loss to the B[...] people in wages of about 12,000*l.* a year. Dr. Doyle stated before the Irish Committee of 1830, that the almost total extinction of the blanket trade of Kilkenny was attributable to the combinations of the weavers. No sooner was it known that any manufacturer had taken a contract than the weavers immediately insisted on an advance. The consequence was, that manufacturers would not enter into contracts; they withdrew their capital, the blanket trade was ruined, the weavers became paupers, and had to be maintained at the public expense. Such are only a few illustrations of the triumphs of strikes in Ireland.

Capital flies turbulence and strife, and thrives only in security and freedom. Though senselessly denounced for the tyranny it exercises over labour, it is really its motive power. It is also the result of labour, and represents the self-denial, the providence, and the enterprise of the past. The most successful accumulators of capital have in all times risen from the ranks of labour itself; they are working men who have shot ahead of their fellows, and give employment instead of receiving it. These persons, who are not the less working men because they have ceased to be manual labourers, by creating and extending the sphere of productive industry, must be regarded as amongst the most effective benefactors of the lower orders, as they unquestionably are among the principal sources of our power and

图 2－18　*The Quarterly Review*（《评论季刊》）中的原文

（三）有什么收获？

搜索到这里，案情逐步明朗，让我们来清晰地梳理一遍。

先重温一下这段话（见图 2－19）。

“贸易的规律就是自然的规律，因而也就是上帝的规律”（艾·伯克《关于贫困的意见和
详情》1800 年伦敦版第 31、32 页）。他忠于上帝和自然的规律，因此无怪乎他总是在最
有利的市场上出卖他自己！在塔克尔牧师的著作中，可以看到对这位艾德蒙·伯克在
他的自由主义时期的最好的描述。塔克尔是一个牧师和托利党人，但从其他方面来说，
他却是一个正直的人，一个很有才干的政治经济学家。在可耻的无气节行为目前非常
盛行并虔诚地信仰“贸易的规律”的时候，我们有责任一再揭露伯克之流，他们同自己
的继承者只有一点不同——那就是才能！

（249）　马利·奥日埃《论公共信用及其古今史》［1842 年巴黎版第 265 页］。

（250）　《评论家季刊》说：“资本逃避动乱和纷争，它的本性是胆怯的。这是真的，但还不是全部真理。资本害怕没有利润或利润太少，就象自然界害怕真空一样。一旦有适当的利润，资本就胆大起来。如果有 10% 的利润，它就保证到处被使用；有 20% 的利润，它就活跃起来；有 50% 的利润，它就铤而走险；为了 100% 的利润，它就敢践踏一切人间法律；有 300% 的利润，它就敢犯任何罪行，甚至冒绞首的危险。如果动乱和纷争能带来利润，它就会鼓励动乱和纷争。走私和贩卖奴隶就是证明。”（托·约·登宁《工联和罢工》1860 年伦敦版第 35、36 页）

图 2－19　纸本《马克思恩格斯文集》中的注释原文

通过前文的检索,可以得出如下结论:

第一,《马克思恩格斯文集》中的这句话误传很广,很多人认为是马克思说的,实际上是英国经济学家托·约·登宁在《工联与罢工(1860 年伦敦版)》上说的。这句话只是《马克思恩格斯文集》中的一个脚注;第二,就整段脚注来说,又存在两处错误:①引号其实应该只引住第一句话:“资本逃避动乱和纷争,它的本性是胆怯的。”这句话是《评论季刊》中的原文;接下来是登宁在发表自己的看法,《马克思恩格斯文集》中引号引住整段话会让人误以为登宁引用了《评论季刊》的一整段话;②并没有《评论家季刊(*Quarterly Reviewer*)》,正确的名字是《评论季刊(*The Quarterly Review*)》。

《马克思恩格斯文集》脚注中这段话表述方式的前后对比见表 2-7:

表 2-7 《马克思恩格斯文集》脚注中这段话表述方式的前后对比

原文的表述	改动后的表述
《评论家季刊》说:“资本逃避动乱和纷争,它的本性是胆怯的。这是真的,但还不是全部的真理。资本害怕没有利润或利润太少,就像自然界害怕真空一样。一旦有适当的利润,资本就胆大起来。如果有 10%的利润,它就保证到处被使用;有 20%的利润,它就活跃起来;有 50%的利润,它就铤而走险;为了 100%的利润,它就敢践踏一切人间法律;有 300%的利润,它就敢犯任何罪行,甚至冒被绞首的风险。如果动乱和纷争能带来利润,它就会鼓励动乱和纷争。走私和贩卖奴隶就是证明。”	《评论季刊》说:“资本逃避动乱和纷争,它的本性是胆怯的。”**(我认为)**这句话是真的,但还不是全部的真理。资本害怕没有利润或利润太少,就像自然界害怕真空一样。一旦有适当的利润,资本就胆大起来。如果有 10%的利润,它就保证到处被使用;有 20%的利润,它就活跃起来;有 50%的利润,它就铤而走险;为了 100%的利润,它就敢践踏一切人间法律;有 300%的利润,它就敢犯任何罪行,甚至冒被绞首的风险。如果动乱和纷争能带来利润,它就会鼓励动乱和纷争。走私和贩卖奴隶就是证明。

全程需要用到的工具和知识有:

(1) 从选题中提取线索的能力。

(2) 确定信息源的知识。

(3) 外文数据库中变换各种检索字段的能力。

(4) 翻阅纸本《马克思恩格斯文集》的耐心。

(5) 对各种信息不盲从的态度。

二、飞在夜空中的美丽数字

一位院系老师发来求助问题:“龚老师,想查查这张图(见图 2－20)的作者及原始出处。”

图 2－20　院系老师提供的原始图片

(一) 要找什么?

这是一张分辨率不高的黑白图片。需要查找的信息是图片的作者及原始出处。而线索的析出,则不像上一个案例那么直接,需要先用排除法进行初检。

1. 以图识图的排除法

虽然知道这位老师可能用过百度识图,但我还是不死心地再次试了一下,果然铩羽而归,连相似的图片信息都没有。

于是我的脑海里开始快速扫描自己所知道的图片信息源,Google 识图、搜狗识图、必应可视化搜索、SauceNAO,还有老牌的识图搜索软件 TinEye,我甚至还用到了俄罗斯搜索引擎 Yandex、法国的搜索引擎 QWANT,但我仍然一无所获。

2. 提取检索词

在以图识图的排除法后,我们开始从图片中提取检索词。

首先最显眼的肯定是数字“8”,还有呢?

图片中有一栋显眼的建筑,它是什么?直觉告诉我这是鸟巢。但大家要记住,检索中无论多确定的信息都需要证据,不能想当然,某一个环节的误判都有可能让检索陷入误区,这与破案异曲同工。于是我分别考证了建筑的外观、其南侧的水域(鸟巢南侧的人工河)以及东侧的高楼(盘古大观),证明它确实是鸟巢。

最后还有一个关键问题,“鸟巢夜空的数字 8”会是什么呢?烟花或者是无人机灯光秀?于是我用以下两个检索式在搜索引擎中进行检索,以确定图中到底是烟花还是灯光秀。

烟花 and 鸟巢 and 数字

灯光秀 and 鸟巢 and 数字

检索结果显示,这张图片中的数字 8 应该是烟花。

现在我们提取的检索词是:8;鸟巢;焰火/烟火/烟花。

(二) 到哪里去找?

1. 搜索引擎

案例中图片的信息源并不那么好确定,因为初检的时候我们已经查过了很多图片网站。于是我只能用检索词在搜索引擎中继续查找,试图寻找一些灵感。搜索引擎给我推送了很多关于烟花制作和燃放技术的信息,绝大多数都提到了“电脑模拟、3D 模拟、仿真”等字样(见图 2-21),这显然是专业领域的词汇,这让我想到,这幅图会不会是某篇学术论文或者学术专著里面的插图呢?确定信息源的优先原则不是学术数据库吗?看来搜索的流程真是应该刻在心里才行。

让人同样难忘的，还有北京2022年冬奥会宣布开幕的那一刻，一棵长300米、宽200米的3D立体迎客松。“迎客松的特效烟花，是整场焰火燃放中最难且最复杂的。”国家级非遗传承人、东信烟花董事长钟自奇说。

他们需要根据发射高度，编排设计好产品在空中爆炸的各个爆炸点，模拟出迎客松在空中完美成型的画面。再根据已编排好的精密数据，和画面在空中形成的样式，将产品在地面上摆放，不断试验精进，使产品燃放效果和电脑模拟效果达到1：1的程度。

图 2－21 搜索引擎推送的结果

2. 中国知网

有了新的方向，又面临一个小小的选择，是先查论文还是先查图书？很显然，应该先查篇幅短小电子资源相对容易获取的论文。

打开中国知网，基于之前提取的检索词，“8；鸟巢；焰火/烟火/烟花；模拟；仿真”，我用了一个比较专业的检索式，不着急，要想很熟练地写出这样的专业检索式其实不难，在后面的章节中我会详细介绍。

检索式：SU %＝(烟花＋烟火)＊(8字＋字＋8)＊(模拟＋仿真)①

检索结果如下(见图 2－22、图 2－23)：

这里又存在一个小小的选择，先看硕士论文还是先看期刊论文？先看2011年的文献还是先看2010年的文献？很显然，两个问题都应该选择后者，而第二篇文献完全符合要求。

① “＋”代表 OR，“＊”代表 AND，“SU”代表主题字段，“%＝”代表检索标识符。关于检索式的相关内容，第三章会重点展开。

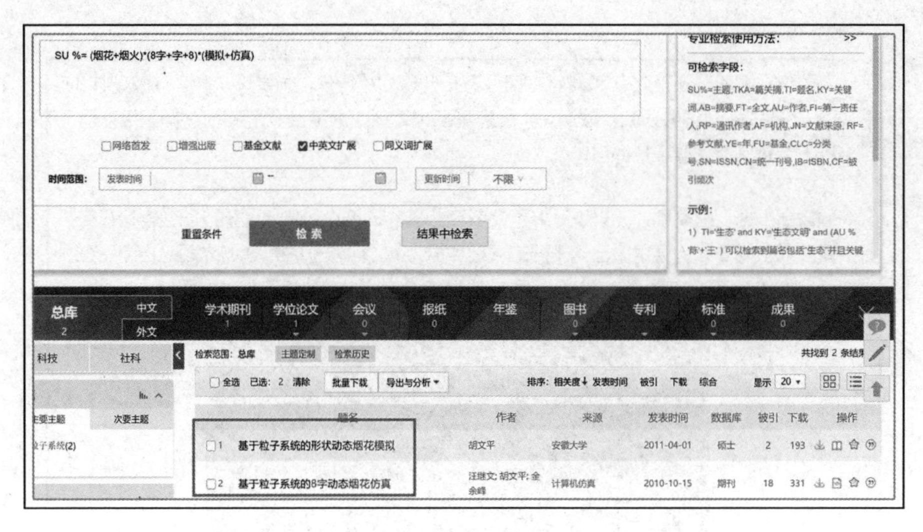

图 2-22　中国知网检索结果

3)启用纹理映射;

4)使用纹理坐标和几何坐标来绘制场景。

用传统的方法来仿真烟花,粒子的显示已经很消耗时间和资源,加之采用传统画面绘制算法将导致复杂的消隐计算。传统的烟花仿真主要考虑粒子的数目变化,它决定烟花的密度,数目过少,仿真的效果失真,数目过多,实时性受到影响。本文以三角形作为绘制烟花粒子的基本图元,利用纹理映射和色彩混合技术并将一幅二维、BMP格式的烟花图片(图 3所示)映射至该三角形图元上。从而在不影响烟花仿真效果的情况下,避免了绘制大量的粒子,提高了实时性。

图 3　烟花纹理图片

6　实验结果评估与分析

普通烟花仿真虽然也采用相关技术进行处理,但运动轨迹具有随机性,形状得不到控制,对有形烟花的仿真更是难以实现。

本文利用粒子系统仿真 8字烟花生成的过程就是对某

实验中,爆炸后烟花小粒子的运动轨迹得到了有效制,最终形成 8字烟花。与普通的烟花仿真相比,更加创新性、逼真性。

图 5　鸟巢夜景 8 字烟花仿真

图 2-23　中国知网收录的原文

(三) 有什么收获?

至此,我完成了整个搜索任务。这幅图片的最早出处是一篇期刊论文:

《基于粒子系统的8字动态烟花仿真》,2010年发表于《计算机仿真》期刊,作者为汪继文,胡文平,金余峰。文章具体阐述了用粒子系统仿真方法在Vc++和OpenGL开发工具上用纹理映射、色彩混合等技术,设计并对8字动态烟花进行成功仿真的过程。

全程需要用到的工具和知识有:

(1) 以图识图的诸多网站。

(2) 鸟巢及周围建筑的基本知识或搜索能力。

(3) 从图片提取检索词以及构建专业检索式的能力。

(4) 搜索中此路不通时寻找另一条路的灵感积累。

三、最温暖的大数据

又有一位院系老师发来求助:"龚老师好,因为正在撰写一篇关于传统书信发展变迁的综述论文,不知您能否帮忙查到民国时期(特别是抗战期间)国内信件收发的数据,最好是人均数据。"

(一) 要找什么?

从案例中我们得知,要找的是民国时期国内信件收发的人均数据。通过初步分析,可以理出如下基本线索:

(1) 检索年代:1912—1949年(民国元年至民国三十八年),重点检索1937—1945年(全面抗战期间)。

(2) 信息类型:统计数据。

(3) 信息范畴:通讯、交通运输、信息技术、第三产业等。

(4) 初检检索式:

(信件 OR 邮件 OR 书信) AND 民国

(信件 OR 邮件 OR 书信) AND 1912≥PY≤1949[1]

---

① 本书所有检索式均属于理论检索式,需要在实际检索中根据检索系统不同而变化,比如检索式中的括号,实际检索时需改成英文状态下的括号,字段代码和检索算符可能有不同的标识等。

(5) 信息源:统计数据库、政府网站、图书、年鉴等。

纵然已经身处大数据时代,我还是直觉这不是一个容易完成的任务。第一,年代比较久远,民国时期经历了北洋政府和国民政府,国家长时间处在战乱之中,地方政府各自为政,统计部门和统计数据极端不全面不准确;第二,书信收发数据不像人口、经济等数据比较常见。

(二) 到哪里去找?

1. 统计数据库

既然是查数据,那肯定先查统计数据库。根据信息源的优选原则,第一要想到学术数据库。我筛选了中国知网的“统计数据”和年鉴、EPS 全球统计数据/分析平台,心想说不定能一击而中呢!当我看到两个数据库的结果推送中诸多的“信件、邮件”字样时,我不禁欣喜万分,以为自己找到了答案。

1) 中国知网统计数据/中国知网年鉴数据库

先看知网,还没输入检索词,就一眼可见统计数据的最早年代是 1949 年,于是我默默关掉页面转而开始搜索知网的年鉴。检索词选择“信件 OR 邮件 OR 书信”,年份选择 1915—1949(1915 年是知网年鉴的最早时间),结果是这样的(见图 2-24):

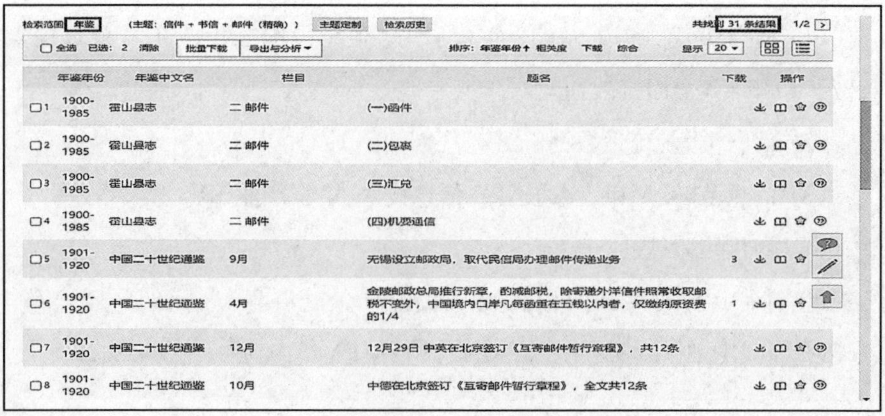

检索范围 年鉴　(主题:信件 + 书信 + 邮件(精确))　主题定制　检索历史　共找到 31 条结果　1/2 >

全选　已选:2　清除　批量下载　导出与分析　排序:年鉴年份↑　相关度　下载　综合　显示 20

	年鉴年份	年鉴中文名	栏目	题名	下载	操作
1	1900-1985	霍山县志	二 邮件	(一)函件		
2	1900-1985	霍山县志	二 邮件	(二)包裹		
3	1900-1985	霍山县志	二 邮件	(三)汇兑		
4	1900-1985	霍山县志	二 邮件	(四)机要通信		
5	1901-1920	中国二十世纪通鉴	9月	无锡设立邮政局,取代民信局办理邮件传递业务	3	
6	1901-1920	中国二十世纪通鉴	4月	金陵邮政总局推行新章,酌减邮税,除寄递外洋信件照常收取邮税不变外,中国境内口岸凡每函重在五钱以内者,仅缴纳原资费的1/4	1	
7	1901-1920	中国二十世纪通鉴	12月	12月29日 中英在北京签订《互寄邮件暂行章程》,共12条		
8	1901-1920	中国二十世纪通鉴	10月	中德在北京签订《互寄邮件暂行章程》,全文共12条		

图 2-24　中国知网年鉴数据库初检结果

31 条记录中,除了少数单独标有“信件、邮件”的地方志以外,其他都是关于邮件业务的通知、消息、章程等,没有我要找的全国信件数据。倒是从这些年鉴中发现了一些关于民国时期邮政通讯的有趣史料。比如:1905 年 12 月 16 日《津沪间开办邮件快递业务》,这一条目记载:“组织专门人员投递,尽量缩短邮寄时间”,感觉与现在的快递业务基本相同(见图 2-25)。

> △ **津沪间开办邮件快递业务**　本日,大清邮政在津沪间开办邮件快递业务,组织专门人员投递,尽量缩短邮寄时间。该业务的开办,使大清邮政在同民信局的竞争中显得更加有力。

图 2-25　中国知网年鉴史料

2) EPS 全球统计数据/分析平台

EPS 数据平台是国内知名的多学科综合性信息服务与数据分析平台。通过查询,EPS 全球数据里倒是有规范的全国和各省市信件(邮件)的投递数据,不过非常遗憾,全国的数据只有 2000—2020 年。但我从中获得了一些扩展的线索:第一,查信件数据还可以用上位检索词“邮政”;第二,信件往来不仅应该归类到通讯,广义上更可以归类到经济类。

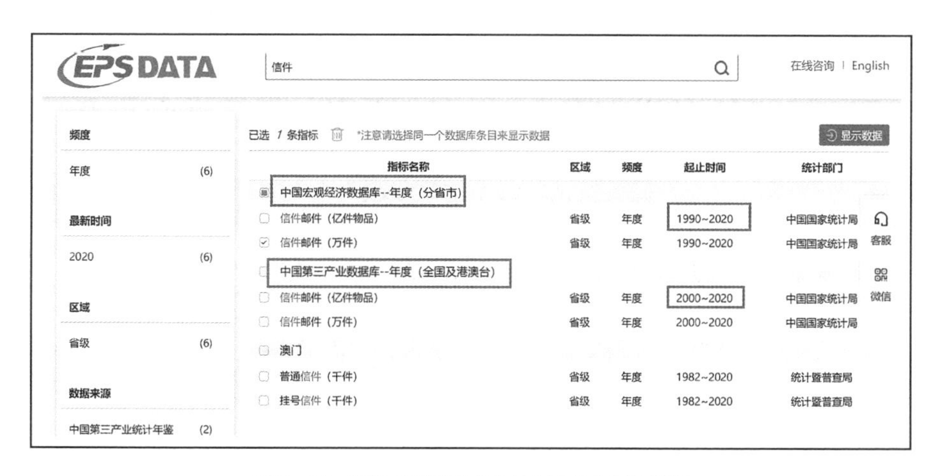

图 2-26　EPS 全球统计数据/分析平台初检结果

3）各种经济类数据库指南

既然邮件(信件)数据可以归入经济类,依据排除法,我又浏览了一遍图书馆主页上所有经济数据类的数据库指南,如中经网统计数据库、搜数网、中国咨询行等,但从这些数据库收录资源的起始年代就可以发现不符合案例要求。

2. 政府网站

学术数据库里没有,那第二步就查政府网站。因为统计数据的另一个重要信息源就是政府网站。在国家统计局官网,我首先查数据资源,但很遗憾,和学术数据库一样,没有 1949 年以前的信件数据。现在问题好像发生了转移,难点从“哪里查信件数据”转移到了“民国时期的信件数据到底有没有”。于是我用检索式:“民国” AND (邮件 OR 邮政 OR 信件 OR 书信)搜索,看是否能查到记载民国信件的有关资料,从资料中找突破口。

资料中有线索! 我找到了一篇莫日达撰写的《中华民国统计史》[1],作者曾是中国统计出版社副总编。这篇文章详细介绍了中华民国的统计组织与法规以及关于民国时期人口、农工商业、交通运输、生活消费、教育社会卫生等统计情况。在“交通运输统计”中我看到了这样的一段话(见图 2 - 27):

六、运输统计

（一）铁路统计

民国成立以后，铁路属交通部路政司管辖。由于我国铁路除京绥一线外，其他各条线路皆借用外国资金建筑，故其包括会计、统计的全部核算权均由外国资本家掌握。有关的统计核算，因各线路的从属国家不同，内容也不相同，不能综合比较。民国二年交通部设立统一铁路会计委员会，拟定铁路会计、统计的年报格式，令各路依式造表，由部方汇总，每年一次。其中有关统计方面的分为管理、车辆、客运、货运与财务五部分。这些统计与公路、电政、邮政、航政合编为交通统计图表，直至民国十二年，每年一册。民国十七年，交通部综合科编有《民国十六年中华民国交通统计图表》。民国十八年，交通部总务司第六科编有《民国十七年中华民国交通统计图表》，内容与民国十二年以前的雷同。中间缺民国十三年至民国十五年数字，所以后述统计图表的末端附有这几年的铁路、公路、电政、邮政、航政各种资料的每年总数，以资联续。民国十七年后，则每年编有交通年报。

图 2 - 27　国家统计局网站“中华民国统计史”(摘选)

---

① 中华民国统计史[EB/OL].[2023 - 2 - 4]. http://www.stats.gov.cn/ztjc/zthd/50znjn/200206/t20020617_35567.html.

也就是说,从民国元年(1912)年开始,虽然编撰体例不同,但均有关于邮政、电政的统计数据。

这一发现让我精神大振。

3. 图书(年报、提要、汇编)

根据《中华民国统计史》的记载,基本应该确定在年报、提要、汇编、年鉴中寻找,于是我把目光转向了图书数据库。

1) 读秀学术搜索

在读秀学术搜索平台,用“书名”字段,检索词选择“民国、邮件”。我查到了如下三本书,第一本应该就是上文中提到的从民国十七年开始的交通年报,但在读秀中只有它提供电子书阅读,其他两本均只能试读,并且找不到纸本馆藏地,也不提供文献传递。

[1] 交通部邮政总局编. 中华民国十七年邮政事务年报 第25版[M]. 交通部邮政总局驻沪办事处.

[2] 国民政府主计处统计局编. 中华民国统计提要[M]. 商务印书馆. 1936

[3] 孙燕京,张研主编. 民国史料丛刊续编 644 经济 工业[M]. 郑州:大象出版社. 2012

我开始艰难地翻阅这些断断续续的陈旧历史,在第一本书中查到民国十四年至民国十七年(1925—1928)每年的普通信件、挂号信件、快递、保险信函以及保险箱匣的统计数据。请看图2-28中方框处,我特别留意了民国十七年(1928年)收寄邮件总数为636 546 340件,为什么特别关注民国十七年的数据呢?请允许我卖个关子,容后再叙。

而在第二本只提供试读的《中华民国统计提要》的第九页,查到了民国二十一至二十二年的邮件统计数据。

2) 国家图书馆官网

在国家图书馆官网,我又查到了两本邮政事务年报,分别是民国二十五

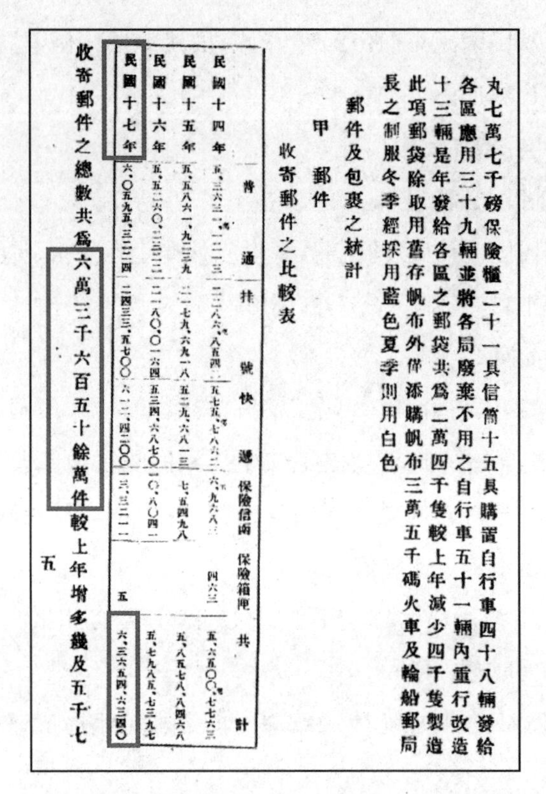

丸七萬七千磅保險櫃二十一具信筒十五具購置自行車四十八輛發給
各區應用三十九輛並將各局廢棄不用之自行車五十一輛內重行改造
十三輛是年發給各區之郵袋共爲二萬四千隻較上年減少四千隻製造
此項郵袋除取用舊存帆布外併添購帆布三萬五千碼火車及輪船郵局
長之制服冬季經採用藍色夏季則用白色

郵件及包裹之統計

甲　郵件

收寄郵件之比較表

	普通	掛號	快遞	保險信函	保險箱匣	共計
民國十四年	五、三六三一、一二一三	二二八六、八五四二	五七五、七八六二	六、九六八三	四六三	五、六五〇〇、七七六三
民國十五年	五、五八六一、九三三九	二一七九、六九一八	五三九、六八一三	七、五四九八		五、八五七八、八四六八
民國十六年	五、五二六〇、三三三三	二一八〇、〇一六四	五三四、六八七〇	一〇、八〇四一		五、七九八五、七三九七
民國十七年	六、〇五九五、三三二四	二四三三、五七〇〇	六一一、四二〇〇	一三、三二一一	五	六、三六五四、六三四〇

收寄郵件之總數共爲六萬三千六百五十餘萬件較上年增多幾及五千七

五

图 2-28　《中华民国十七年邮政事务年报》中的邮件数据

年度和民国二十八、二十九年度①,均提供在线阅读(需要先注册),记录了民国二十二至二十九年(1933—1940 年)的邮件统计数据(见图 2-29)。

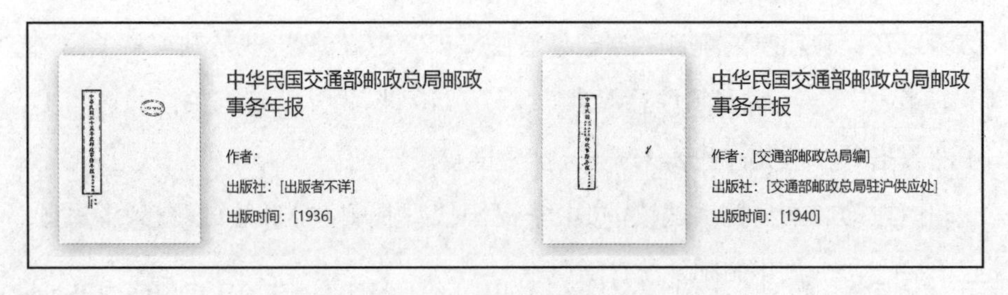

图 2-29　国家图书馆官网“邮政事务年报”

① 民国二十八、二十九年度合并一本。

也就是说，我们现在拥有了民国十四至十七年，二十二至二十九年这十三年的邮件统计数据。但对照那位老师的需求，我们还差比较关键的民国三十年至三十五年（1941—1946）的数据，可是我已经查不到其他的年报或者年鉴中有我想要的数据了，再者我对于这种散乱各处的数据并不是特别满意，因为它来自不同统计部门且实在看得人头晕脑涨。

搜索一度陷入了僵局。

4. 其他信息源

我决定重新寻找更好的信息源，还是要从文献出发，所以我继续在知网和万方数据库中搜索，试图在文献中寻找灵感。这次将检索词换成了全文字段的“信 OR 信件”，以及篇名字段的“年鉴”，理由是提到邮政或者邮件的年鉴应该很多，我已经找过了，但提到信或者信件的年鉴应该不多吧，是否可以去淘一淘呢？

事实证明我的推理是有道理的。我找到了图 2－30 的这篇文章，作者是清华大学图书馆的郭依群老师。

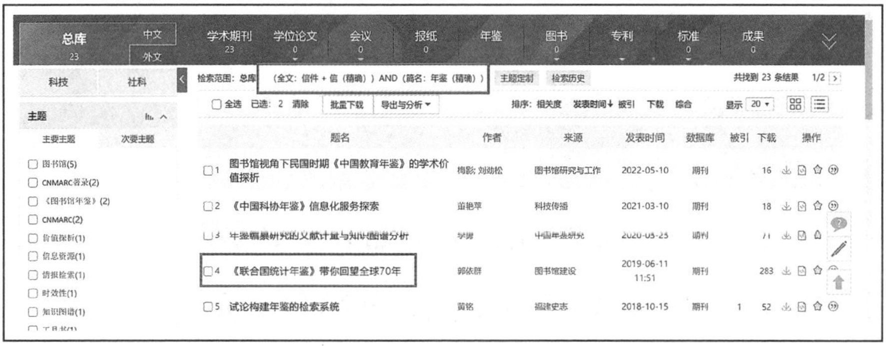

图 2－30　中国知网“《联合国统计年鉴》带你回望全球 70 年”一文

按照文章中的指引，我顺利找到了《联合国统计年鉴》（*UN Statistical Yearbook*）的电子版，发现年鉴是从 1948 年开始出版，除个别年份是两年一版或三年一版，绝大多数年份都是一年一版。英法文对照。目前已经有电子版本 64 卷（2021 年）。联合国统计年鉴包括 280 多个国家、地区以及区域性国际组织的人口、工农业、制造业、财政、贸易、社会、文教等信息,真是名副其实的大数据(见图 2-31)。

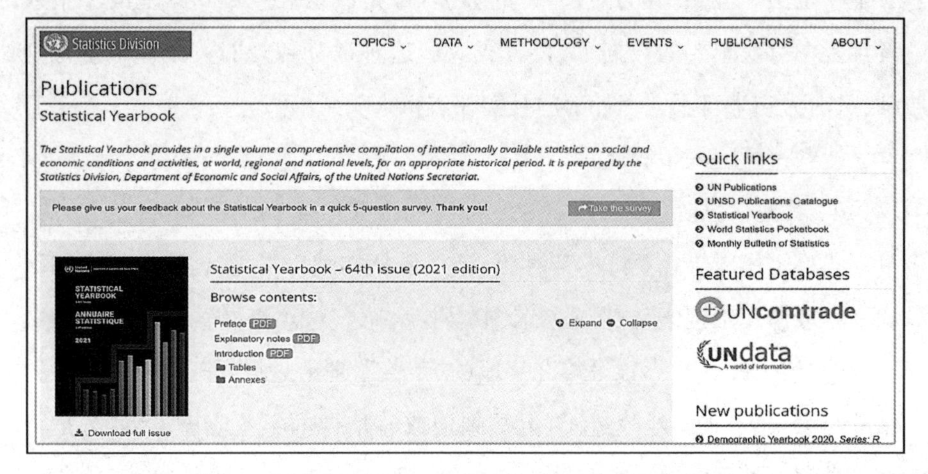

图 2-31 《联合国统计年鉴》电子版

阅读中我还特别注意到这样的一句话:“每年提供的统计数字会回溯几年甚至十几年”,这不就意味着 1948 年的第一卷中肯定会有民国三十四年(抗战胜利)以后的数据吗?运气好的话,说不定前面十几年的数据都可以一网打尽。

(三) 有什么收获?

1.《联合国统计年鉴》中民国时期的国内信件收发数据

《联合国统计年鉴》所有年份的 PDF 文档都是可以下载的,1948 年第一卷的 PDF 文档我下载得很顺利,但要在一册数据量巨大的统计年鉴中找到信件的人均数量依然是不容易的事情,阅读和甄别信息的功夫并不比搜索轻松。所以我总会强调一个宗旨:任何工具和技巧都不能代替你看文献。

可以先了解目次页。目次页分世界和地区摘要、人口和社会统计、经济活动、国际经济关系四个部分。随后我在 PDF 文档中试着搜索“letter”,一共有 12 条结果,第一条结果出现在目次页,它清晰地告诉我,这册年鉴中有

1928 年到 1947 年二十年的“Letter mail，number of letters sent or received（信件收发）”数据，归类到“communication（通讯）类”。同时归于此类的还有电报收发、电话使用号码、广播发射台的数量（见图 2－32）。

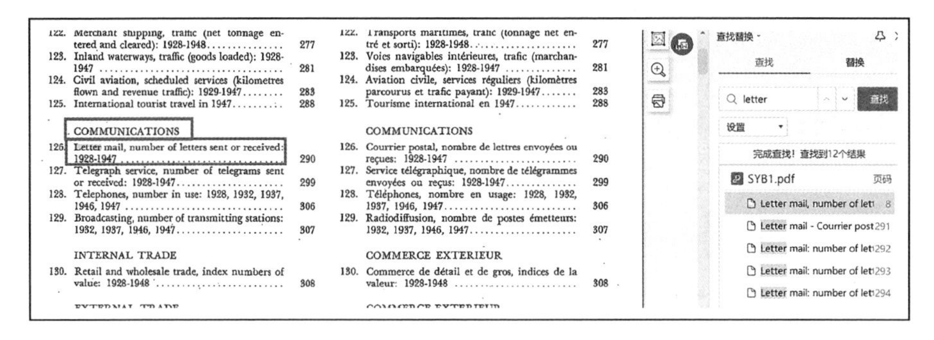

图 2－32 《联合国统计年鉴》目录

让我们仔细看看寻找多时的成果吧（见图 2－33、图 2－34）：

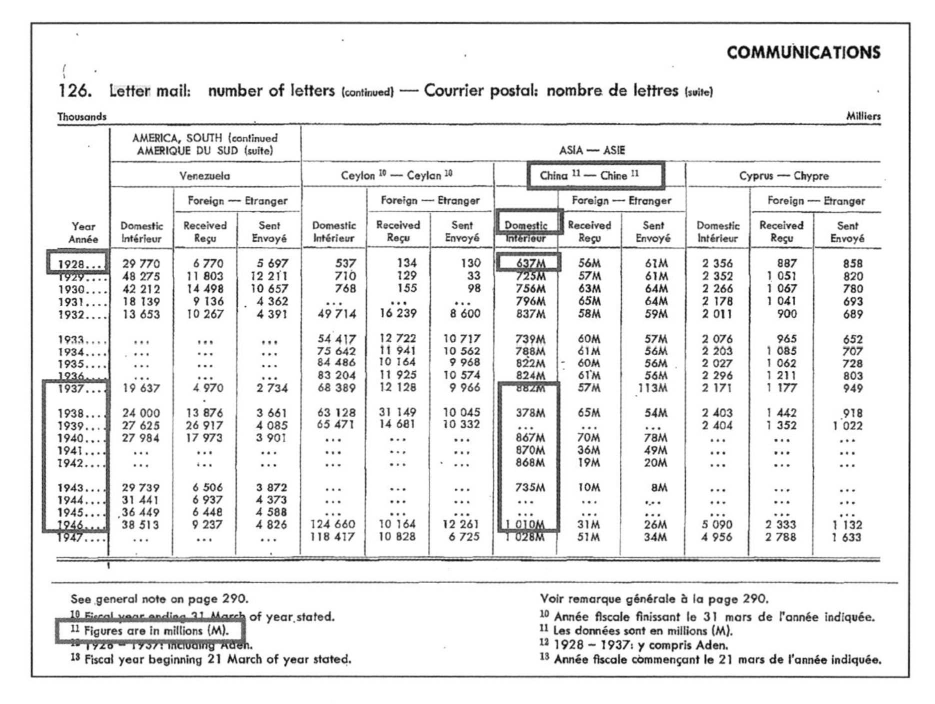

COMMUNICATIONS

126. Letter mail: number of letters (continued) — Courrier postal: nombre de lettres (suite)

Thousands / Milliers

Year Année	AMERICA, SOUTH (continued AMERIQUE DU SUD (suite) — Venezuela: Domestic Intérieur	Venezuela: Foreign — Etranger: Received Reçu	Venezuela: Foreign — Etranger: Sent Envoyé	ASIA — ASIE — Ceylon [10] — Ceylan [10]: Domestic Intérieur	Ceylon: Foreign — Etranger: Received Reçu	Ceylon: Foreign — Etranger: Sent Envoyé	China [11] — Chine [11]: Domestic Intérieur	China: Foreign — Etranger: Received Reçu	China: Foreign — Etranger: Sent Envoyé	Cyprus — Chypre: Domestic Intérieur	Cyprus: Foreign — Etranger: Received Reçu	Cyprus: Foreign — Etranger: Sent Envoyé
1928	29 770	6 770	5 697	537	134	130	637M	56M	61M	2 356	887	858
1929	48 275	11 803	12 211	710	129	33	725M	57M	61M	2 352	1 051	820
1930	42 212	14 498	10 657	768	155	98	756M	63M	64M	2 266	1 067	780
1931	18 139	9 136	4 362	...	...	...	796M	65M	64M	2 178	1 041	693
1932	13 653	10 267	4 391	49 714	16 239	8 600	837M	58M	59M	2 011	900	689
1933	...	...	...	54 417	12 722	10 717	739M	60M	57M	2 076	965	652
1934	...	...	...	75 642	11 941	10 562	788M	61M	56M	2 203	1 085	707
1935	...	...	...	84 486	10 164	9 968	822M	60M	56M	2 027	1 062	728
1936	...	...	...	83 204	11 925	10 574	824M	61M	56M	2 296	1 211	803
1937	19 637	4 970	2 734	68 389	12 128	9 966	882M	57M	113M	2 171	1 177	949
1938	24 000	13 876	3 661	63 128	31 149	10 045	378M	65M	54M	2 403	1 442	918
1939	27 625	26 917	4 085	65 471	14 681	10 332	...	...	...	2 404	1 352	1 022
1940	27 984	17 973	3 901	...	...	...	867M	70M	78M	...	...	...
1941	...	...	...	...	...	...	870M	36M	49M	...	...	...
1942	...	...	...	...	...	...	868M	19M	20M	...	...	...
1943	29 739	6 506	3 872	...	...	...	735M	10M	8M	...	...	...
1944	31 441	6 937	4 373	...	...	...	...	...	...	...	...	...
1945	36 449	6 448	4 588	...	...	...	...	...	...	...	...	...
1946	38 513	9 237	4 826	124 660	10 164	12 261	1 010M	31M	26M	5 090	2 333	1 132
1947	...	...	...	118 417	10 828	6 725	1 028M	51M	34M	4 956	2 788	1 633

See general note on page 290.
[10] Fiscal year ending 31 March of year stated.
[11] Figures are in millions (M).
[12] 1928 – 1937: including Aden.
[13] Fiscal year beginning 21 March of year stated.

Voir remarque générale à la page 290.
[10] Année fiscale finissant le 31 mars de l'année indiquée.
[11] Les données sont en millions (M).
[12] 1928 – 1937: y compris Aden.
[13] Année fiscale commençant le 21 mars de l'année indiquée.

图 2－33 《联合国统计年鉴》1948 年以前中国“信件收发”数据

1. Population, area and density (continued) — Population, superficie et densité (suite)

[See headnote on page 19. — Voir note explicative à la page 19.]

Continent and country Partie du monde et pays	Latest census Dernier recensement		Midyear estimates (in thousands) Estimations au milieu de l'année (en milliers)		
	Date	Population	1937	1946	1947
ASIA (continued) — ASIE (suite)					
China [41] — Chine [41]			452 460	455 592	463 198
Formosa [42] — Formose [42]	1 X 1940	5 872 084	(5 530)	(6 336)	(6 384)

图 2－34　《联合国统计年鉴》1948 年以前中国人口数据

我特意把 1928 年的数据圈了出来，如图 2－33 所示方框中内容。还记得前文中(图 2－28)搜索出来的《中华民国十七年邮政事务年报》中 1928 年的数据吗？——636 546 340，当时卖的关子现在来解，我们把两种渠道搜索的数据对比一下①，发现四舍五入后基本没有误差。“五步搜索法”中要求信息相互验证，这也是“搜索破案”时重要的逻辑链条，前面走的复杂的弯路，看似无用，实际无论对于信息源的排除法和信息的相互验证都不可或缺。

信件总数解决了，人均怎么办？好说，找人口数量。

宝藏就是宝藏，人口总数这里也有，我们先看看 1937 年的中国人口数据，果然是四万万五千万同胞(见图 2－34)。

仔细看 China 下面的 Formosa 又是哪儿？两个标注又有哪些补充信息？郭依群老师的文章告诉我们，她借助《麦克米伦百科全书》(*The Macmillan Encyclopedia*)查询后，得知 Formosa 就是当时的中国台湾省。②

而两个标注(图 2－35)的信息分别是：41　统计数据里包括二战之后回归中国的台湾和澎湖列岛的人口，但不包括外蒙古，单独显示在后面；

① 《中华民国十七年邮政事务年报》中 1928 年的国内信件收发数据为 636 546 340；《联合国统计年鉴》中 1928 年的国内信件收发数据为 637M(备注中写道，M 表示数字单位“百万”)。

② 福摩萨是早期西方人对我国台湾岛的称呼，音译自拉丁文及葡萄牙文的“Formosa”，是外国殖民者、帝国主义强加于我国的地名，目前已禁用。

42　台湾的统计数据里包括澎湖列岛。

41 Including Formosa and the Pescadores, restored to China after World War II, but excluding Outer Mongolia, which became the Mongolian People's Republic, shown separately below.
42 Including the Pescadores. De jure population.

图 2-35　标注信息

最后我以 1937 年为代表,粗略地算了一下国内人均信件收发的数据:

$$882\,000\,000/452\,460\,000 \approx 1.949(\text{件})$$

在那个"烽火连三月,家书抵万金"的年代,唯有书信是黑暗中的一点微光,冷雨里的一丝温暖。

2. 喜欢的"旁支"

我在做这个案例时还偷偷干了不少"私活",在 BiliBili 网站搜出过央视的纪录片《书简阅中国》,花了半天时间追完六集。看到鲁迅和许广平的《两地书》,顶着寒风去图书馆借了来看。只为那句:"我寄你的信,总要送往邮局,不喜欢放在街边的绿色邮筒中,我总疑心那里会慢一点。"

今天是我再等你的信了,据我想,你于廿一二大约该有一份信发出,昨天或今天要到的,然而竟还没有到,所以我等着;

我寄你的信,总要送往邮局,不喜欢放在街边的绿色邮筒中,我总疑心那里会慢一点;

我独自坐在靠壁的桌前,这旁边,先前是小刺猬常常坐的,而她此刻却在上海。

图 2-36　鲁迅、许广平著《两地书》节选

鲁迅自己评价《两地书》说:"这一本书,其中既没有死呀活呀的热情,也没有花呀月呀的佳句;如果定要恭维这一本书的特色,那么,我想,恐怕是因为他的平凡罢。"

也许,书信对于我们的意义,连我们自己都没有意识到,它是一种延时

的温暖和关怀,唯有这份从前慢的“延时用心”,让人倍感珍惜。于是,我把这次的搜索命名为“最温暖的大数据”。

全程需要用的知识和工具有:

(1) 基本的统计数据信息源。

(2) 年鉴的有关知识。

(3) 在“民国、信件、书信、邮政、邮件、交通、通讯”等检索词之间锲而不舍进行排列组合的耐心。

(4) 在文献中发现宝藏信息源的观察力。

(5) 小学六年级的加减乘除能力。

(6) 对书信这种传递信息方式的认可与热爱。

文末彩蛋

★检索工具

1. 斯坦福哲学百科全书(https://plato.stanford.edu)

百科全书你用得可能比较少,但这本百科全书在哲学领域很值得重视。它由斯坦福大学语言和信息研究中心主办,将有关世界哲学的主题按英文字母顺序排列,网站内容涵盖哲学流派、思想、人物、事件等。词条编撰者多为哲学领域专家,内容审核严格,质量高,定期更新与修改。

2. 全国标准信息公共服务平台(https://std.samr.gov.cn)

这是由国家标准技术审评中心建设的政府门户网站,查标准比知网、万方更好。在这里可以获取国家标准、行业标准、地方标准、企业标准、团体标准、国际标准和国外标准等标准信息及资讯。同时还可链接到许多国际国内的标准门户网站。

3. 中文社会科学引文索引(CSSCI)

高校学生及科研人员必须了解的入门数据库,收录国内人文社会科学学术期刊中的佼佼者。图书情报领域称之为"学术评价工具"。与之相对应的还有中国科学院建设的"中国科学引文索引(CSCD)",被这两个数据库收录的期刊俗称"C刊"。

4. 全球博硕士论文库PQDT(ProQuest Dissertations & Theses Global)

如果要查找国外的学位论文,首选就应该是PQDT。请注意它的收录年限:从1861年获得通过的全世界第一篇博士论文(美国),回溯至17世纪的欧洲培养单位的博士论文,到本年度本学期获得通过的博硕士论文信息;内容覆盖科学、工程学、经济与管理科学、健康与医学、历史学、人文及社会科学等各个领域。

5. 中国知网海外专利

中国知网海外专利包含美国、日本、英国、德国、法国、瑞士、世界知识产权组织、欧洲专利局、俄罗斯、韩国、加拿大、澳大利亚、中国香港及中国台湾等十国两组织两地区的专利,每年新增专利约 200 万项。

6. 中国知网年鉴数据库

相信年鉴大家也查得较少,但年鉴真的很有趣,不信可以回忆一下书中的例子。

中国知网年鉴数据库内容覆盖基本国情、地理历史、政治军事外交、法律、经济、科学技术、教育、文化体育事业、医疗卫生、社会生活、人物、统计资料、文件标准与法律法规等各个领域。

7. 欧洲专利局(https://www.epo.org)

查欧洲专利的首选。界面非常友好。

欧洲专利局(European Patent Office, EPO)根据《欧洲专利公约》设立,负责审查授予可以在 42 个国家生效的欧洲专利(European Patent)。其总部位于德国慕尼黑,在海牙、柏林、维也纳和布鲁塞尔设有分部。

8. 英国物理学会 IOP 出版社期刊(http://iopscience.iop.org)

专业型信息源中有一大类型就是全球各领域内的顶尖学会协会,比如美国计算机协会 ACM、化学学会 ACS、英国土木工程师学会 ICE 等。英国物理学会 IOP 出版社是全球领先的专注于物理学及相关学科的科技出版社,是英国物理学会的重要组成部分。

9. 马克思主义文库(Marxists Internet Archive, MIA 或 Marxists.org)(中文版)(https://www.marxists.org/chinese)

这是从学生那里得到的一个非常棒的信息源。从此除了 MEGA II @ De Gruyter、中国共产党思想理论资源数据库以外,查马克思及马克思主义作家的文献又多了一个极好的免费去处。许多资料有英语、俄语、德语、意大利语、法语、希腊语、中文等版本。

10. HathiTrust 数字图书馆(https://www.hathitrust.org)

HathiTrust 数字图书馆是由美国多所高校和谷歌等机构联合开发,于 2008 年开始建设的非营利性电子图书馆。目前该馆的数字化文献已达

1700 万余册，其中有两万余册中文图书可供免费浏览下载。

11. Qwant（https://www.qwant.com）

Qwant 是一款法国的匿名网络搜索引擎，所谓匿名，即它号称不采用用户跟踪或个性化搜索结果，通俗地讲就是你不用担心隐私泄露和算法推送的问题。

12. Yandex（https://yandex.com）

Yandex 是俄罗斯重要网络服务门户之一，在俄罗斯本地搜索引擎的市场份额已远超俄罗斯 Google。其包括搜索新闻、地图和百科、电子信箱、电子商务、互联网广告及其他服务。

13. EPS 全球数据/分析平台

EPS 数据平台目前有 45 个数据库，涉及经济、贸易、教育、卫生、能源、工业、农业、第三产业、金融、科技、房地产、区域经济、财政、税收等众多领域。可以查询数据，也可以做数据分析。是我作为一个非统计专业人员查数据的首选数据库。

14. 国家统计局官网（http://www.stats.gov.cn）

国家统计局官网能查到与国民经济、人口、土地、教育等相关的各类数据及统计类政策、法律法规、条例等，并提供《中国统计年鉴》《统计公报》等统计类出版物的电子版。通过网站的相关链接，可以访问国内各级政府机构网站、地方统计网站及国际组织网站。

15. 联合国统计年鉴（UN Statistical Yearbook）电子版（https://unstats.un.org/unsd/publications/statistical-yearbook）

关于该年鉴的基本情况前文已有详细介绍，这里不再赘述。

16.《信息与文献　参考文献著录规则(GB/T 7714－2015)》

这是关于如何著录参考文献的国家标准，由中国国家标准化管理委员会制定，除了国家标准网站和知网万方数据库，搜索引擎中应该也能轻松找到它的 PDF 版本。

★请查查看

苏东坡是北宋大文豪,在诗词、书画、儒道思想、法律、工程以及美食等方面都不失为顶尖大咖。他在嘉祐二年(1057 年)参加科举考试,其“高考作文”被欧阳修大为赞叹,评“取读轼书,不觉汗出,快哉快哉,老夫当避路,放他出一头地也”(欧阳修《与梅圣俞书》)。

苏东坡当真就是凭这篇“高考作文”被录取的吗?请尝试搜索一下。

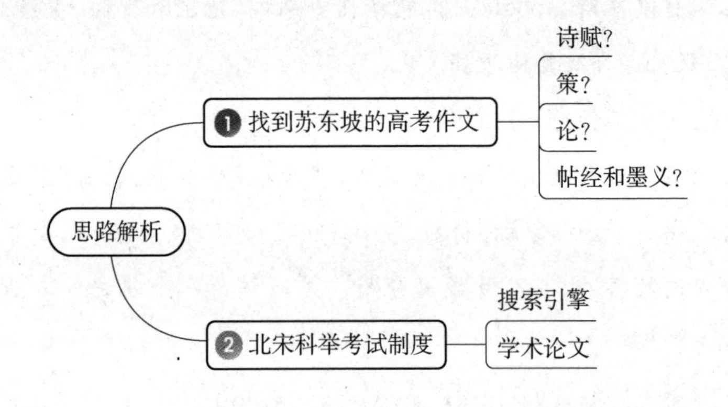

第三章

主题：如何解决复杂问题

“

第二章中我们训练自己找一些精确的信息：文献、图片、数据以及名人名言，但只会简单地找东西是远远不够的。因为更多的时候，我们需要面对的是综合性的研究课题，涉及信息利用的整个生命周期。比如作为大学生，需要撰写一篇优秀的毕业论文；作为教师，需要申报高质量的项目；又或者作为一个埋头做视频的打工人，需要不停地挖掘各个方面的有趣话题。

于是问题自然就从“找一个”转移到了“找一批”，信息素养也需要从浅层提升到深层。我们将这种围绕一个特定主题搜索批量资源的过程称为“主题信息检索”。

”

| 第一节 |
先看一个完整的主题检索案例

·需要获取哪些类型的资料? ·这些资料分布在哪些学科? ·时效性有什么要求? ·在哪里能找到这些资料? ·用什么方法能找到这些资料? ·怎么确定这些资料是值得看的?

解决复杂问题的第一步即分解,这在搜索能力训练中是最重要的。基于主题信息检索分解步骤众多,我们先观察一个具体的案例,然后再来归纳流程。

一、夹叙夹议的检索策略

选题:重大公共卫生事件中"信息流行病"的根源、规律及治理对策

要求:根据以上题目撰写一篇文献综述,并展示整个参考文献的搜索过程

做选题也如同与人交往,多数选题可能是老朋友,原本就很熟悉。比如上面这个选题对于信息检索方向的学生来说驾轻就熟,一眼就能知道研究问题的大致情况。实际研究中鲜有完全不了解一个选题却需要去深度剖析的极致案例,就如同大街上偶然碰到的陌生人,可能这辈子都无交集。

"信息流行病"对于我来说可称之为老朋友。于是我对选题进行了初步分析。

第一,选题的研究问题是什么?

在2003年SARS暴发期间,《华盛顿邮报》的作家戴维·罗特科普夫(David Rothkopf)首次提出"信息流行病(infodemic)"的概念,他认为:"一些事实,加上恐惧、猜测和谣言,被现代信息技术在世界范围内迅速放大和传递,以与根本现实完全不相称的方式影响了国家和国际的经济、政治甚至安全的现象。"[①]2020年新冠疫情暴发,世界卫生组织在其第十三号新型冠状病

① Rothkopf D. SARS, fear, rumors feed unprecedented "infodemic"[N]. Washington Post, 2003-05-11.

毒疫情报告上再次提及“infodemic”一词,明确了其定义:“过多的信息(有的正确,有的错误)反而导致人们难于发现值得信任的信息来源和可以依靠的指导,甚至可能对人们的健康产生危害。”[①]目前对“infodemic”定义的理解一般以世卫组织的观点为主。

第二,“信息流行病”的根源及研究价值是什么?

信息流行病问题的本质是新技术背景下社会信息传播的无序和失控,是民众、媒体、国家与国际社会整体对新形势不适应的集中、剧烈的暴发。信息流行病(infodemic)因为重大公共卫生事件的发生而聚焦和凸显,是人类除战胜病毒以外必须打赢的另外一场战争,是信息社会人类共同面临的社会和公众心理问题。

第三,选题中有哪些重要概念?

值得注意的是,英文检索词“infodemic”是一个复合词,由“Information”和“Epidemic”组合而成,是一个重要的专有名词。

第四,“信息流行病”的规律及治理对策是什么?

以上部分我称之为“信息需求的分析性表达”,是为了把研究问题自然地引向另外一些问题,而这些问题才是我们要解决的关键:

(1) 要回答以上这些问题需要获取哪些类型的资料?

(2) 这些资料分布在哪些学科?

(3) 对这些资料的时效性有怎样的要求?

(4) 在哪里能找到这些资料?

(5) 用什么方法能找到这些资料?

(6) 从哪里打开突破口?

(7) 怎么确定哪些资料是值得看的?

依照上面的问题指引,我们来逐步完成选题。

---

① World Health Organization. Novel Coronavirus (2019 - nCoV) Situation Report - 13. [EB/OL] [2023 - 7 - 16]. http://www.clas.ac.cn/xwzx2016/163486/xxfyqwbg2020/202002/P020200203497572139531.pdf.

(一) 要回答以上这些问题需要获取哪些类型的资料?

这个问题实质是确定选题所涉及的主要文献类型。可以用选题的显性概念在中文数据库中快速进行搜索并进行结果分析来完成。比如“信息流行病”的选题涉及的主要文献类型有图书、期刊、会议文献、学位论文、专利、成果、法规、标准(见图 3-1)。因为选题需要进行对策研究,有可能涉及有关的标准、专利、法规及成果。当然,最重要的还是前四种,后面的特种文献只需要适当关注即可。

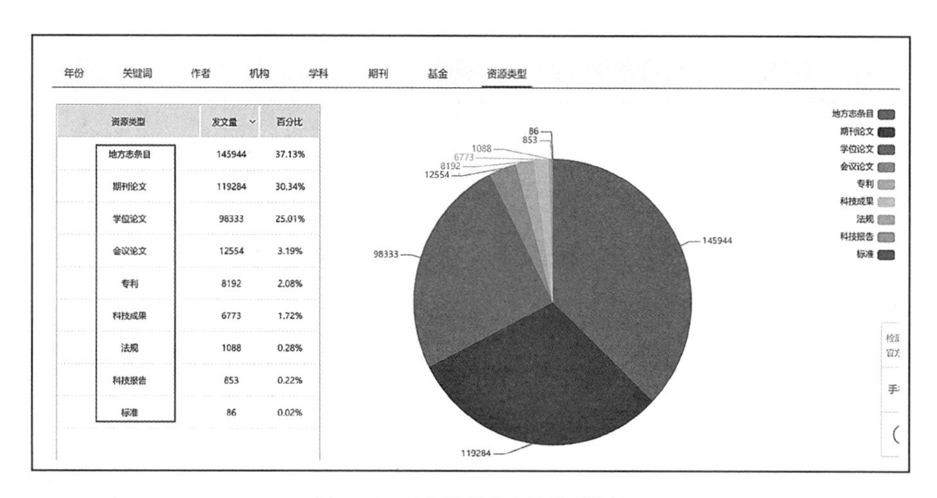

资源类型	发文量	百分比
地方志条目	145944	37.13%
期刊论文	119284	30.34%
学位论文	98333	25.01%
会议论文	12554	3.19%
专利	8192	2.08%
科技成果	6773	1.72%
法规	1088	0.28%
科技报告	853	0.22%
标准	86	0.02%

图 3-1 万方数据库文献类型分析

试想一下,如果不经过这样的分析,我们做一个社会科学类选题的时候会去关注专利、标准、成果之类的资料吗?

(二) 这些资料分布在哪些学科?

对选题进行学科分析的目的有两种:其一,搜索时选定学科,从而减少筛选文献的工作量;其二,帮助进一步聚焦和优化选题。比如你想研究物理学选题“玻色爱因斯坦凝聚(bose-einstein)”,但无法确定细分方向,可以用 web of science(简称 WOS)平台给出类别分析,挑选发文量较多的方向或者冷门的方向,比如“玻色爱因斯坦凝聚”选题中的“Education Scientific Disciplines(教育科学学科)”。这些搜索和分析的结果也许会在某一个才思枯竭的深夜,帮助大家获得选题的灵光一闪。

回到“信息流行病”的选题,经分别检索 WOS 平台及知网、万方数据库,以“信息流行病(infodemic)”为主题检索字段的检索结果所属类别较多,比较重要的见图 3-2。这些学科和方向有医学、心理学、行为科学、图书情报学、新闻与传媒、计算机科学、教育学。为了保证查全率,我们可以放宽到医学、计算机科学及所有社会科学学科。

图 3-2 WOS 平台类别分布

(三) 对这些资料的时效性有怎样的要求?

关于资料的时效性问题有两个阶段需要注意:第一,开始搜索时,我们需要确定搜索的时间段;第二,筛选资料时,我们又需要重新确定读哪些时间段的文献。这里暂时只涉及第一个时效性问题。

根据前面的选题分析我们知道,“信息流行病(infodemic)”是于 2003 年 SARS 暴发期间首次提出的,所以需要将检索年代确定为 2003 年至今。又因为选题内容在 2019 年暴发的全球性新冠疫情期间最为突出,所以重点关

注2019至今的文献。

(四) 在哪里能找到这些资料?

大多数初学者都认为他们在搜索中唯一需要解决的问题只是“在哪里能找到这些资料?”其实无论是精确信息检索还是主题信息检索,确定信息源都有既定的原则和方法,如果你不掌握这些,过多的信息源反而会徒增烦恼。关于如何确定信息源,在第四章中还会专门讲解。

我为案例挑选了如下信息源(见表3-1)。挑选原则是以重要学术数据库为主,兼顾开放获取资源。如果实在对信息源一无所知,但还是遇上了临时任务怎么办?有一种应急的办法,即可以求助于学术搜索引擎(如百度学术搜索、必应学术搜索、微软学术搜索)或发现系统(如万方数据知识服务平台,超星学术发现系统),方法是直接用“信息流行病”作为检索词,在分面检索(二次检索)的地方看看这些资料的来源,排在前几名的应该就是我们的重点关注对象。

表3-1 案例的主要信息源

<table>
<tr><th colspan="2">中文</th><th colspan="2">外文</th></tr>
<tr><td>万方数据知识服务平台</td><td rowspan="2">知网、万方可以任选其一</td><td>SCI、SSCI (web of science 平台)</td><td></td></tr>
<tr><td>中国知网</td><td>Academic Search Complete (EBSCO)</td><td></td></tr>
<tr><td>读秀数据库</td><td>只选取图书</td><td>Scopus</td><td rowspan="3">网络开放获取资源</td></tr>
<tr><td>国家哲学社会科学文献中心</td><td>网络开放获取资源</td><td>Iresearch(爱学术)外文电子书库</td></tr>
<tr><td></td><td></td><td>Doaj</td></tr>
</table>

(五) 用什么方法能找到这些资料?

这个问题很容易让人产生误解,因为我们仿佛一直在寻找资料的途中,所有的策略都可以称为“用什么方法能找到这些资料”。但既然是讨论流程和步骤,那么这一步的具体细化目标是:“我用什么特定的检索方法找到这些资料?”比如是由远及近地找,还是由近及远地找?是只用检索词检索,还是可以用引文索引进行循环检索?这些都需要在正式检索前予以确定。当然,确定的检索方法并非一成不变,我们还可以根据结果在中途进行调整。

检索方法有三种,常用法、追溯法和循环法。

常用法中又包括顺查法、倒查法及抽查法(见表 3-2)。为了厘清这些检索方法的特点,我还是采用结构化思维的方式进行比较。

表 3-2 常用法的分类及特点

	用法	优缺点	适用范围
顺查法	从选题研究的起始年代开始,顺着时间的推移由远及近地查找	反映选题研究发展的全过程,系统、全面,查全率较高,但耗时费力	适用于研究整个过程性的选题,如“我国图书分类法的起源与发展”
倒查法	从当前开始,逆时间由近及远地往前追溯查找	效率高,但对于周期性和阶段性研究的选题来说,容易造成漏检	适用于一些研究对象是近些年出现的新生事物的选题。如“浅谈 5G 移动通信技术的主要特征及其应用场景或领域”
抽查法	选取学科发展高峰期发表文献较多的一段时间进行查找	效率高,但前提是必须充分了解学科和选题研究的发展背景,否则容易漏检	适用于有明显阶段性或周期性特征的选题。如“100 年前的中国人眼中 100 年后的世界——从民国时期科幻小说的主题看民众的科学观”

追溯法也包含两种:参考文献法和科学引文法,这其实就是我们常说的“引文索引”。这种检索方法最早由美国情报学家尤金·加菲尔德(E. Garfield)在 20 世纪 50 年代提出,是利用已有文献的参考文献或者施引文献来追溯查找文献的方法,这种方法把一篇文献而不是某个关键词作为检索字段,从而避免了选题研究过程中因为关键词的变化而致使重要文献漏检的现象,有时候甚至可以由一篇关键文献串起一个选题发展的前世今生。引文索引以及由此创立的 SCI(科学引文索引)数据库作为国际知名学术评价工具,虽然有一定的局限性,但直到现在依然是评价国家、机构以及个人学术成果及影响力的主要量化工具,因此,尤金·加菲尔德曾经自诩为“文献计量学中的爱因斯坦”。

看到这里,如果大家对引文索引依然一知半解,那也不用着急,我后面还有专门的案例讲解。

最后是循环法,其实就是常用法和追溯法的结合。一般是先采取常用法检索出一批质量较高的密切相关文献,然后利用追溯法去找它们的参考文献和施引文献。当然,如果能确定常用法搜索出来的文献足够准确而全面,也就不用再采用追溯法了。这有赖于检索词的准确全面和检索式的逻辑通顺。

依照以上三种方法,“信息流行病”这个案例应该用倒查法和追溯法。

(六) 从哪里打开突破口?

任何主题信息检索都得从检索词和检索式打开突破口。很多时候我们总是认为查不到资料是因为对数据库不熟,抑或觉得是英文水平不好。但请静下心来回忆,打开数据库,难倒你的究竟是什么呢?是找不到检索框吗?是看不懂检索规则吗?不,难倒我们的只是不知道输入什么检索词,或者是输入了检索词,系统给出的结果压根就不是我们想要的。

案例的检索词见表 3-3。

表 3-3 案例的检索词

中文检索词	英文检索词
信息流行病/信息疫情/信息传染病/信息瘟疫/信疫	Infodemic/Information epidemic
重大公共卫生事件/新冠/新型冠状病毒/新型冠状肺炎/COVID-19/SARS	COVID-19/SAR-COV-2/coronavirus/SARS
原因/根源/特征/规律/治理/对策	Causes/root causes/characteristics/laws/governance/Countermeasures

由此可以列出基本的检索式:

中文检索式:(信息瘟疫 OR 信息疫情 OR 信息流行病 OR 信息传染病 OR 信疫) AND (重大公共卫生事件 OR 新冠 OR 新型冠状病毒 OR 新型

冠状肺炎 OR COVID－19 OR SARS）AND（原因 OR 根源 OR 特征 OR 规律 OR 治理 OR 对策）

英文检索式：（infodemic OR "information epidemic"） AND （COVID－19 OR SAR－COV－2 OR coronavirus OR SARS） AND （causes OR "root causes" OR characteristics OR laws OR governance OR countermeasures）

至此，对于一个选题的检索策略才算勉强完成。之所以用"勉强"一词，是因为在实际检索中我们还可能需要不停地调整它。

二、终于开始检索

现在终于要开始正式检索了！如果能够把检索策略做好，开始检索其实只需要轻点鼠标而已。比如"信息流行病"这个案例，我在实际检索中的调整就非常少，如果大家也想拥有这种一次成功的本领和运气，无他，慢慢看，多多练就可以了。

为了节省篇幅，也为了让大家不至于觉得太繁琐，我用中国知网、WOS平台的SCI（科学引文索引）和SSCI（社会科学引文索引）数据库为代表来做个演示。

（一）中国知网[①]

检索思路及过程：中国知网中，用主题字段检索，检索结果217条。相关度较好，其中期刊论文152条，学位论文55条，会议论文2条，图书1条（见图3－3）。

检索式：SU ％＝（信息瘟疫＋信息疫情＋信息流行病＋信息传染病＋信疫）＊（重大公共卫生事件＋新冠＋新型冠状病毒＋新型冠状肺炎＋COVID－19＋SARS）＊（原因＋根源＋特征＋规律＋治理＋对策）[②]

① 此案例检索时间为2022年10月20日，如需复盘，检索系统的结果可能会与本书呈现有所区别。

② "＋"代表"OR"，"＊"代表"AND"，"SU"代表主题字段，"％＝"代表检索标识符。

图 3－3　中国知网检索结果

（二）SCI 和 SSCI

检索思路及过程：将前面所列综合检索式用主题字段进行检索，发现检索结果很少，所以需要调整检索词，将第三组不太关键的检索词去掉，只保留前两组关键检索词，检索结果 434 条，相关度非常高（见图 3－4）。

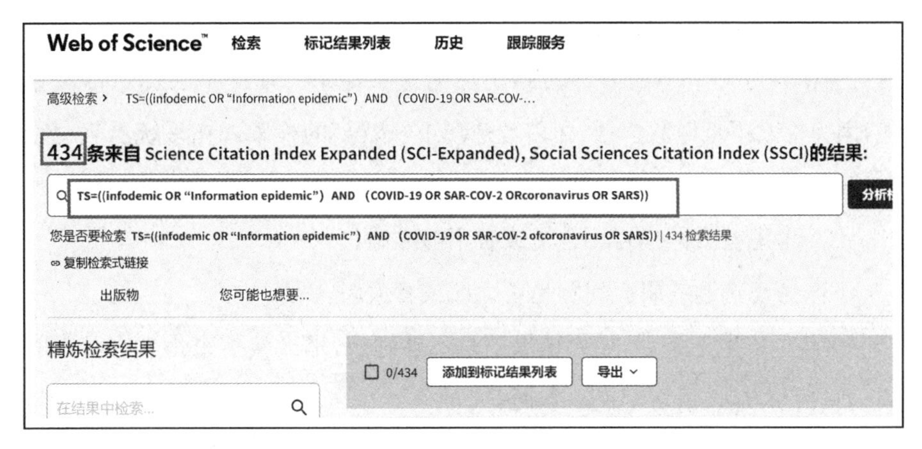

图 3－4　SCI 和 SSCI 数据库检索结果

检索式：TS＝((infodemic OR "Information epidemic") AND (COVID－19 OR SAR－COV－2 OR coronavirus OR SARS))[①]

① "TS"代表主题字段。

三、什么时候需要调整

仔细回忆一下,实际检索时,发生什么情况你会需要调整策略? 第一是记录的数量过多或者过少;第二是检索结果相关度不高。实际上这两种情况是孪生兄弟,一般同时出现,所以我们可以放在一起解决。

在期末的选题报告展示时,经常出现这样的场景:某同学在讲台前胸有成竹,侃侃而谈——“知网检索结果 108 条,ASU 检索结果 200 条……数量合适,说明检索成功。”每当这个时候,我都会反问一句,谁告诉你这个数量是合适的? 请记住:在检索策略科学的前提下,一个选题的检索数量,取决于这个选题研究的问题,比如宽泛程度、新颖程度等。你不能说 108 是合理的,508 就不合理。判断数量合适的唯一条件应该是你明确知道自己找到了高质量的密切相关文献。当然,当用尽检索词和组配算符后,得出的结果仍是数以万计或者没有结果时,我们就必须先检查下面几项内容了:

(1) 检查检索式语法是否有错误。(是否符合当前数据库的检索规则? 检索式逻辑关系是否有错? 括号是否在英文状态下? 算符与检索词之间是否有空格?)每一个小细节都会影响你的检索结果。系统不会提示语法错误,因为检索不是做数学题,在多数情况下“错误”的检索式在系统看来也很有道理,只是不符合我们需要而已。

(2) 考虑检索词是否不合适或者不够准确。

(3) 考虑选题的研究问题是否太旧或者太新。

排除了以上三条后,如果结果还是不够理想,那么接下来是一些基本的调整原则和方法,请切记灵活掌握。

最先考虑的是调整检索字段。比如,把比较宽泛的主题字段、复合字段换成范围相对较窄的篇名字段,反之亦然。比如在案例中,我们需要了解“公共卫生事件”和“信息流行病”这两个概念,如果主题字段检索结果过多,可以调整为篇名字段检出一些密切相关的高质量文献进行阅读,哪怕这个选题不是你的老朋友,你也一样可以在这些文献中准确地找出“infodemic”这个关键的专有名词。

最重要的是调整检索词和检索式。大多数情况下问题还是出在这两个地方。当我们确定选题中的显性概念已经找得很准确但检索结果仍然不够好时,就需要思考是否增加一些显性概念的同义词,俗称和缩写,或者扩充一些下位词,抑或是进一步分析出选题的潜在概念进行限定等,反之则需要去掉一些检索词。比如案例中当我们用(infodemic OR "Information epidemic") AND (COVID - 19 OR SAR - COV - 2 OR coronavirus OR SARS) AND (Causes OR "root causes" OR characteristics OR laws OR governance OR Countermeasures)这一组检索词检索时,发现检索结果只有几条,显然不符合要求,基于调整原则,我们很容易发现最后一组概念对于整个选题并不那么紧要,那就果断地舍弃吧。

四、该看哪些,这是个问题

对于不同平台检索出的众多结果,筛选出一批相关度高,质量好的文献进行研究是必不可少的步骤。筛选时请牢记下面这句话:"我们应该看的文献,不是选题内所有的相关文献,而是选题内所有的高质量相关文献。"

现在再次把目光转向前文确定信息源的表格,此时我已经把每个平台检索出的结果数据填进去了(见表 3 - 4)。

表 3 - 4 案例信息源及检索结果

中 文		外 文	
万方数据知识服务平台	284	SCI、SSCI	434
中国知网	217	ASU(Ebsco)	157
读秀数据库	57(只选图书)	Scopus	128
国家哲学社会科学文献中心	41	Iresearch(爱学术)外文电子书库	18
		Doaj	62

以知网为例,我们来初步感受一下文献筛选。

(1) 在知网检索出的217条记录中,有152条期刊论文,分别利用相关度、期刊质量(比如CSSCI收录期刊)、被引频次、出版时间、基金赞助多个指标筛选出34条记录。

(2) 在55篇学位论文中,博士论文优先。硕士论文在相关度一致的情况下,适当选取"双一流"、985大学等论文授予单位的7条记录。

(3) 唯一的一本图书未能入选,因为我专门在读秀数据库检索了相关图书。

值得注意的是,筛选时还要注意资源相似平台的查重,比如知网和万方数据库。资源重复度很高,建议只需用其一。如果实在想用资源相似的平台,那么中外文文献查重都可以用参考文献管理软件解决。

五、最后的检索成果

中文相关文献(摘选)

期刊论文

[1] 方兴东,谷潇,徐忠良."信疫"(Infodemic)的根源、规律及治理对策——新技术背景下国际信息传播秩序的失控与重建[J].新闻与写作,2020(06):35-44.

[2] 徐剑,钱烨夫."信息疫情"的定义、传播及治理[J].上海交通大学学报(哲学社会科学版),2020,28(05):121-134.

[3] 张帅,刘运梅,司湘云.信息疫情下网络虚假信息的传播特征及演化规律[J].情报理论与实践,2021,44(08):112-118.

……

图书

[1] 丁学君.重大突发公共卫生事件中社交媒体谣言传播行为及引导策略[M].北京:科学出版社,2021.

[2] 李彪.正本清源　重大疫情下的虚假信息治理[M].北京:中国人民大学出版社,2020.

……

学位论文

[1] 郑颜津. 政务微信在突发公共卫生事件的传播策略研究：以应对埃博拉疫情为例[D]. 上海：上海交通大学，2016.

[2] 杨娜. 甘肃县级融媒体所发布新冠肺炎疫情信息的研究[D]. 兰州：兰州大学，2020.

[3] 姜文彬. 新冠疫情期间谣言信息的防控研究[D]. 南昌：江西财经大学，2021.

……

外文相关文献（摘选）

[1] GALLOTTI R, VALLE F, CASTALDO N, et al. Assessing the risks of 'infodemics' in response to COVID-19 epidemics [J]. NATURE HUMAN BEHAVIOUR, 2020, 4(12).

[2] CINELLI M, QUATTROCIOCCHI W, GALEAZZI A, et al. The COVID-19 social media infodemic [J]. SCIENTIFIC REPORTS, 2020, 10(1).

[3] ISLAM M S, SARKAR T, KHAN S H, et al. COVID-19-Related Infodemic and Its Impact on Public Health: A Global Social Media Analysis [J]. AMERICAN JOURNAL OF TROPICAL MEDICINE AND HYGIENE, 2020, 103(4): 1621-1629.

[4] ORSO D, FEDERICI N, COPETTI R, et al. Infodemic and the spread of fake news in the COVID-19-era [J]. EUROPEAN JOURNAL OF EMERGENCY MEDICINE, 2020, 27(5): 327-328.

[5] SCHILLINGER D, CHITTAMURU D, RAMIREZ A S. From "Infodemics" to Health Promotion: A Novel Framework for the Role of Social Media in Public Health [J]. AMERICAN JOURNAL OF PUBLIC HEALTH, 2020, 110(9): 1393-1396.

……

六、把大象再次装进冰箱

在"信息流行病"案例的检索策略制定时，基于信息需求的分析性表达，

我把检索策略化成了一些具象性的问题提出来,这些问题是:

(1) 需要获取哪些类型的资料?

(2) 这些资料分布在哪些学科?

(3) 对这些资料的时效性有怎样的要求?

(4) 在哪里能找到这些资料?

(5) 用什么方法能找到这些资料?

(6) 从哪里打开突破口?

(7) 怎么确定这些资料是值得看的?

问题看起来通俗易懂,但过于具象便失去了逻辑与系统性,容易理解但不利于知识内化,所以我们需要再一次"把大象装进冰箱",将主题信息检索的流程从这些具象性的问题中剥离出来。依然用熟悉的结构化表达,这次我们换思维导图(见图 3-5)。

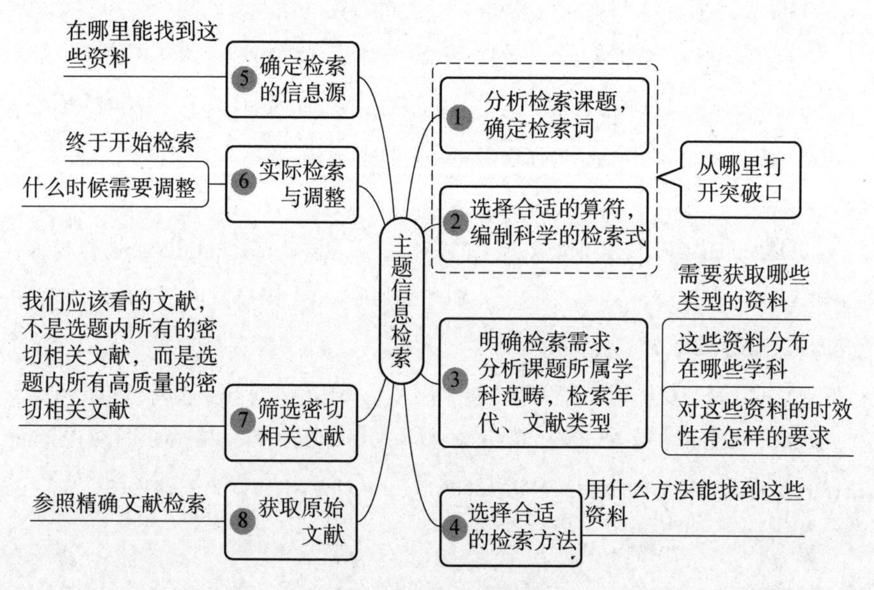

图 3-5 主题信息检索流程图

在图中我把抽象的流程和具象化的问题做了对比,只是为了让大家真正把知识和流程转化为自己的能力。第一,记住流程和方法,尤其是它的适用场景、可以解决什么问题、能带来什么价值；第二，带着流程和方法，观察案例里面我怎么用它；第三，有意识地去找或者创造可以使用流程和方法的典型场景，有意识地去用；第四，争取每周都可以应用两三次，持续一段时间，就可以建立从“场景→知识”的映射。

经历了这四个步骤，以后大家一看到主题信息检索的任务和适用场景，无需思考，就可以用这个知识点来解决问题，这样的状态，我称之为“一触即发”。

| 第二节 |
关于检索词的那些事儿

・为什么不用字母排序？　・规范的检索语言从哪里来？　・可以用关键词聊天吗？

检索词是检索中的关键突破口，也可以称之为“检索语言”，这是检索词的学科专有名词，很少有人提及，但我觉得更具说服力，仿佛掌握着一种可以唤醒冰冷机器的特定语言。

一、分类号是检索词吗？

检索词总体有两种，一种表示文献的外部特征，比如作者、来源出版物名称、ISBN、ISSN以及专利号、标准号、科技报告号等；另一种反映文献的内容特征，比如文献分类号、关键词、叙词、单元词、标题词。我们在前面的章节中已经详细讲过了第一种，现在重点研究表达文献内容的那一种。

反映文献内容的检索词又分为两种——分类检索词和主题检索词。

经常去图书馆的人对分类号都比较熟悉，但可能不会想到其实分类号也是一种检索词，它是目前实体图书馆正在使用的一种分类检索语言。

技术的进步总是容易让我们忘记一些东西，比如去图书馆找书，以前都是先查到分类号，然后按照分类号的指引去书架上寻找。它是如此贴心，当我们知道具体文献名称时，它可以帮助我们找到一本，当不知道具体名称时,它又可以根据学科分类和概念划分指引我们找到一批。而现在呢,学生们大多不看分类号,因为系统会出一个文献定位码,具体到某一层楼某一个书架甚至书架的某一格,貌似非常精准,但却如机器人一般不懂变通,条件一变就会找不到。

初入图书馆的学生们对定位码有了依赖,便不大重视这种以学科分类为基础的文献分类号,虽然它极好掌握。我有时候会在课堂上问他们,既然有定位码,那图书馆的书理论上是否就可以随意摆放?学生们都会笑而不语,认为我问了一个很幼稚的问题。谁不知道一定会乱套呢,说到底定位码与文献不存在任何内容上的关系,这也是它虽然精准但不能变通的根本原因。

上一次人类出现这种困扰,应该还是在公元1545年的欧洲。为了解决已经有了索引卡片的图书馆经常出现几何教材与文学书籍混在一堆的难题,瑞士人吉士纳编写了《万象图书分类法》。而中国人则更早地意识到了这一点。公元前28年,刘向刘歆父子就编撰了第一部目录学著作——《七略》,将日益增多的文献分为六艺略、诸子略、诗赋略、兵书略、术数略、方技略六大类,再在前面加上一个总论性质的"辑略",合为"七略",关于《七略》到底属于六分法还是七分法,学者们众说纷纭,我个人更倾向于前者。

虽然《七略》以后我国的文献分类法又经历了西晋、东晋的四部分类法,宋代郑樵的总十二大类以及清代纪昀的《四库全书总目》(也是一种四分法),但我们仔细对比《七略》中的六大类,其实可以和目前国内通用的《中国图书馆分类法》基本对应,这就如同发现兵马俑上秦时工匠的指纹一般,历史的细节总是格外让人着迷。

(一) 带你走遍大半个世界的DDC

如果要对世界文献分类法做一个评选,那么《杜威十进分类法(简称DDC)》应该榜上有名。

1876年,年仅25岁的美国小伙麦尔威·杜威发明了《杜威十进分类法》。DDC是世界现代文献分类法史上的一个重要里程碑，在美国几乎所有公共图书馆和学校图书馆都采用这种分类法，它也是世界上现行文献分类法中流行最广、影响最大的一部分类法。

我们来简单了解一下它的类目，如果从中国古代文献分类法的视角，DDC应该属于十分法：

000　总论

100　哲学

200　宗教

300　社会科学

400　语言

500　自然科学和数学

600　技术（应用科学）

700　艺术、美术和装饰艺术

800　文学

900　地理、历史及辅助学科

DDC以阿拉伯数字作标记符号，采用小数制（即十进制）的层累标记制，以三位数（000～999）形成前三级的等级结构。在三位数中，凡带“0”的号码均表示总论性类目，后二位为“0”的号码表示一级类（大类），末一位为“0”的号码表示二级类，凡末尾不带“0”的三位数号码均属三级类。凡在三位数之后展开的号码，均须在三位数后面加一小数点隔开。

如果不好理解，那就看例子吧：

600　　应用科学　（一级类目）

630　　农业　　　（二级类目）

631　　农业经营　（三级类目）

631.5　作物栽培

简单而有用的DDC，应该可以帮你走遍大半个世界的图书馆。所以，图书馆学家麦尔威·杜威值得我们纪念。

(二) 通行全国的中图法

如果说DDC可以通行大半个世界的图书馆,那么《中国图书馆图书分类法》(简称《中图法》)就可以带你走遍国内图书馆。

《中图法》于1975年正式出版第一版,迄今为止已经修订了五版。它既沿袭了古代分类法的编制经验,又吸收了国外分类法的编制理论与技术,是国内各类型图书馆,大型书目、检索刊物、机读数据库普遍应用的体系分类法。

《中图法》采用的是拉丁字母与阿拉伯数字相结合的混合制标记符号,以拉丁字母标记基本大类。分为马克思主义、列宁主义、毛泽东思想、邓小平理论,哲学、宗教,社会科学,自然科学,综合性图书五大部类,二十二个基本大类:

A 马克思主义、列宁主义、毛泽东思想、邓小平理论

B 哲学、宗教

C 社会科学总论

D 政治、法律

E 军事

F 经济

G 文化、科学、教育、体育

H 语言、文字

I 文学

J 艺术

K 历史、地理

N 自然科学总论

O 数理科学和化学

P 天文学、地球科学

Q 生物科学

R 医药、卫生

S 农业科学

T 工业技术

U 交通运输

V 航空、航天

X 环境科学、安全科学

Z 综合性图书

虽然与 DDC 在分类号的标识上有明显不同,但《中图法》和 DDC 都属于体系分类法,简单来讲就是以学科分类为基础,运用逻辑划分的原理,将全部类目组织成一个层层隶属、详细列举的等级系统。这种体系能体现学科的系统性,清楚地反映出事物的派生、隶属与平行关系,便于我们从学科专业的角度查找文献。

举例说明,比如 TH133.3(轴承)这个分类号,在《中图法》中的查询方式如下:

T 工业技术 (一级类目)

TH 机械、仪表 (二级类目)

TH13 机械零件及传动装置 (三级类目)

TH133 转动机件 (四级类目)

TH133.3 轴承

这种层层隶属,层层划分的体系结构是不是很熟悉?与前文 DDC 的例子异曲同工。

(三) 关于《中图法》的两个小故事

《中图法》的介绍中有这样一句话:"《中图法》是从学科门类出发,强调面的作用,泛指度高。所以利用《中图法》分类号检索时查全率高,可以满足族性检索。"该怎么理解这句话呢?

这让我想起了两个小故事。

第一个故事发生在 20 世纪 90 年代。那时候我刚到图书馆阅览室工作,有一位数学系的老师经常来查阅一种特定的期刊。某一日因为书库倒架(将书架上的文献合理移动),他在固定地方怎么都找不到他要的那种期刊了,老师又着急又气愤:“你们为什么不能用拼音字母排序的方式来摆放期刊?”面对他的这种质疑,我当时不知该如何应对,后来还是年长一些的邓老师回复他:“你看,你需要的是特定的一种期刊,但大多数读者需要的是一类文献,如果文献全部用拼音字母排列的话,就没办法找了。”

第二个故事发生在课堂上。每到期末我们会有关于信息素养话题的辩论赛,这期的辩题正好是“分类检索词还有用吗?”,反方同学的主要论据是分类检索词目前只服务于纸本文献,在网络检索中已无多大用处。听到这里,我为自己知识讲授的片面和肤浅深深自省,一个学术数据库中显而易见的检索途径,我居然没有给所有学生普及和强调。幸好正方同学及时给出了知网、万方等常见数据库中的例子予以反驳,证据如下:

首先,在中国知网期刊数据库中用中图分类号字段检索“TH133.3(轴承)”,选择SCI、EI、CSCD数据库收录的重要期刊论文,得到检索结果共2 354条[①](见图3-6),用篇名字段检索“轴承”得到检索结果7830条(见图3-7),

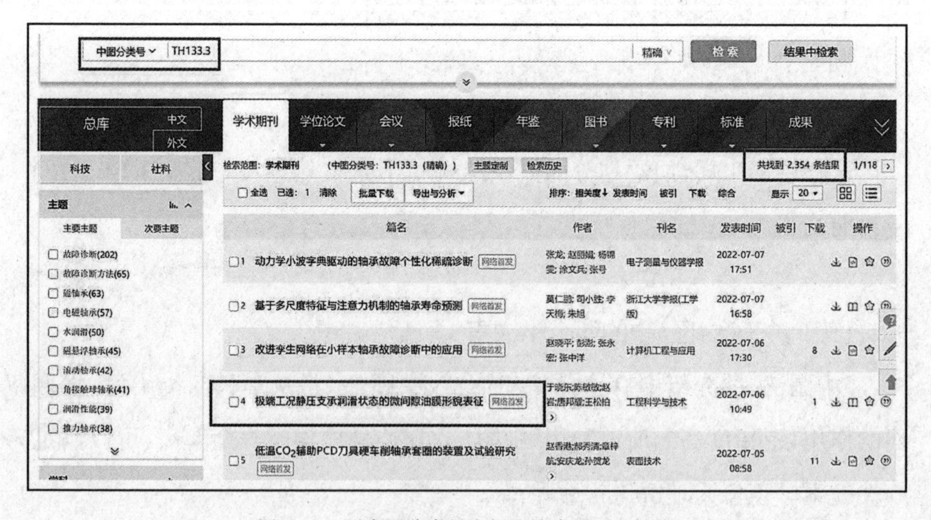

图3-6　用中图分类号在知网检索得到的结果

① 此案例检索时间:2022年11月。

图 3－7　用篇名字段在知网检索得到的结果

首先从数量上可以看出，中图分类号检索的结果与篇名检索结果大不相同。

其次，正方同学还用“相关度”指标进行了排序，发现两种检索结果的前5篇文章完全不同，用“TH133.3”检索的结果中含有篇名没有“轴承”这个词的文献（见图 3－6 方框中的文献），说明用分类号检索出的文献是以学科门类出发，强调概念匹配而非文字匹配（篇名、关键词均属于文字匹配）。所以，平时用数据库检索的时候，别总是只用篇名、关键词，记住还有分类号字段可以用。

（四）一对孪生兄弟

分类号与索书号是一对孪生兄弟，有很多人不太分得清楚他们。

索书号是指文献在书架上的特定位置，一般由“分类号＋著者号＋区分号（区分号可以表示图书的卷册、出版时间或者种次号等）”组成，也有的图书馆由“分类号＋出版年份＋种次号”组成，还有用“分类号＋顺序号”组成，不一而足。

最常见的是第一种，如武汉大学图书馆对金惠娟编写的《微型计算机原理及应用系统设计》一书赋予的索取号为“TP39/J5”，“/”前的 TP39 为该书的中图法分类号，表示该书为计算机应用类；“/”后的 J5 则表示这是著者“金惠娟”入藏的第 5 本书。因此，查到索取号，就可以很容易地在书库或阅览室找到对应的书刊。

2019 年我在重庆大学图书馆还看到了平时不易见到的第二种索书号，比如《微软办公软件国际认证 MOS OFFICE2016 专业级通关教程》一书，被赋予的索书号为“TP317 2019 3”，TP317 表示该书属于计算机技术的应用软件类，2019 为出版年份，3 表示入藏种次（见图 3－8）。

图 3－8　图书馆里的图书下方常常被贴上由“分类号＋出版年份＋种次号”组成的索书号

如果你是一个喜欢待在图书馆的人，那么你一定会认可贴在书脊上的蓝色或红色的书标，它们和图书浑然一体，构成了一种独特的造型美。虽然没有多少人会显而易见地意识到这一点，但如果把一本贴着书标和没贴书标的图书放在一起时，大家就能感受到小小分类号带来的视觉愉悦和心理慰藉，这种奇特的心理感受来源于图书分类号本身所蕴含的历史与文化。

二、主题检索词里的秘密

主题检索词这一部分是大家特别熟悉但又不太容易掌握的内容。“主题检索词是指直接选用代表事物、问题和现象的具有实质性意义的词语作为表达文献主题内容的检索标识。”

定义很拗口,其实只需要注意两个关键点:第一,具有实质性意义;第二,词语。与分类检索词用分类号作为检索标识相比,主题检索词是用“词语”作为检索标识,而且这些词语必须具有实质性意义。

(一) 自行车、单车、脚踏车

按照词的规范性划分,主题检索词可以分为“受控词”(controlled term)和“非受控词”(uncontrolled term)。

比如,想搜索关于“自行车”的信息时,我们有可能不会想到单车、脚踏车,但一定愿意系统能帮你用一个词带出所有结果。这里面包含着语言规范性的问题,越规范的语言系统越喜欢。但问题来了,这些规范的语言从哪里来呢?

如果你是一个行业内的专家又刚好精通文献标引,你就可以把文献作者、标引者和检索者所用的自然语言,转换成规范的“人工语言”,具体做法就是对文献中的同义词、近义词、多义词进行控制和规范,让同一主题概念的文献相对集中在一个主题词下,并且把这些词做成一些以特定结构排列的主题词表。当你的学生用词表找到“自行车”一词时,他们就能同时得到“单车、脚踏车”之类的扩展词汇。当然,基于“自行车”这个词过于日常,他们应该不需要去查你做的词表,但如果他们想找的是“天然气”呢? 会想到“甲烷混合物”吗?

这些被收在词表中的经过了规范化处理的词,我们叫它受控词。在不同的时间和空间,出现过不同的受控词,比如标题词、单元词、叙词、主题词。下一节中会根据目前的使用状况重点介绍叙词。

反过来就是非受控词了。非受控词实际上就是自然语言,最典型的非受控词是关键词。

如果还没有特别明白什么是受控词和非受控词,那么看看这两者在系统里是怎么匹配的吧(见表 3-5、表 3-6)。

表 3-5　受控词在检索系统中的匹配原理(概念匹配)

<table>
<tr><th>输入</th><th>输出</th></tr>
<tr><td rowspan="4">计算机</td><td>计算机</td></tr>
<tr><td>电脑</td></tr>
<tr><td>微机</td></tr>
<tr><td>PC 机</td></tr>
</table>

表 3-6　非受控词在检索系统中的匹配原理(文字匹配)

输入	输出
计算机	计算机
电脑	电脑
微机	微机
PC 机	PC 机

受控词在系统中属于概念匹配。用受控词字段(比如 EI 数据库的“Thesaurus Search”)检索“计算机”这个词,系统将输出很多符合计算机这个主题概念的文献,如“电脑”“微机”“计算机”等相关文献;而非受控词在系统中属于严格的文字匹配。用关键词字段检索“计算机”这个词,系统将只输出含有“计算机”这三个字的文献,而不会输出“电脑”“微机”等同样属于计算机主题范畴的文献。

在弄懂了受控词和受控词表后,可能还面临着一个终极问题:“非受控词在搜索中也一样够用,我为什么要弄懂如此晦涩的受控词和受控词表?”

这也是我在被学生们质疑后想过无数次的问题,归纳起来有以下三点:

第一,受控词是经过规范化处理的人工语言,能更加准确全面地表达文献主题内容,深入挖掘文献中的潜在概念。

第二,受控词表可以在你选择检索词才思枯竭的时候送你一堆“助攻”,虽然现在中文的主题词表已使用不多,但外文数据库中还有很多叙词表可用。

第三,“越规范的语言系统越喜欢”,受控词可以不时地提醒你,尽量使用规范化的语言进行检索,才可能得到最贴近你需求的结果。

(二) 词表到底长什么样?

一直在说受控词和受控词表,那词表究竟长什么样呢?

基于叙词在受控词中的重要地位以及使用范围,我们着重介绍叙词表。

叙词在英文中译作“Thesaurus”或“Descriptor”,比如EI(Ei Compendex)数据库中的“Thesaurus Search”;ProQuest平台中的“MeSH 2022 Thesaurus”“ProQuest Thesaurus”等。如果在英文数据库中看到这样的词,你应该快速反应出它指的是叙词表。而在国内较少把受控词称作叙词,一般叫主题词。

简单说来,叙词表就好比《新华字典》,重点在于规范专业术语。犹如项目的设计阶段,当遇到对产品某个局部称谓不统一的问题,或者即使内部称谓统一但是向用户传达又不准确的情况下,设计师与产品经理就会着手整理一份叙词表(也就是术语表),帮助规范术语。

叙词表一般有综合型和专业型两种,1959年美国杜邦公司编制完成第一部叙词表。此后,美国化学工程协会(AIChE)、美国国家航空航天局(NASA)都较早地编辑出版过行业内的叙词表。我国在二十世纪八九十年代也曾经历主题词表编撰的高峰期,如《汉语主题词表》《国防科学技术主题词表》《化学工业主题词表》等。

但遗憾的是,在多如牛毛的检索平台中,能提供叙词表的并不多。最主要的原因是它专业、规范、难做难学,习惯了“信息喂食”的人们对它大多缺乏正确的认知,它像众多“非物质文化遗产”一样,到了需要有一批人不问得失加以保护的阶段。

我们先来了解“叙词表的语义参照关系”(见表3-7)。千万别被它晦涩的名字劝退,实际上大家可以把它理解为一个漫画人物表、世界杯小组赛分组表或者西餐菜单。

表 3-7　叙词表的语义参照关系

等同关系	Use 用(Y)
	UF(Use For)代(D)
等级关系	BT(Broad Term)属
	NT(Narrow Term)分
相关关系	RT(Relate Term)参

叙词表的语义参照关系有三层:第一层是等同关系,分别由“Use”(用)、“UF(Use For)”(代)这两个命令组成。前者可以根据已知检索词在词表中找到规范的叙词,后者可以由已知的规范叙词在词表中找到相对应的自然语言(关键词);第二层关系是等级关系,分别由“BT(Broad Term)”(属)、“NT(Narrow Term)”(分)两个命令组成,前者可以由下位词找到更加宽泛的上位词,后者可以由上位词找到比较窄小的下位词;第三层关系是相关关系,只有一个“RT(Relate Term)”命令,由这个命令可以找到一些与已知检索词密切相关的词。

现在我们用 EI 数据库中的叙词表举例(见图 3-9)。

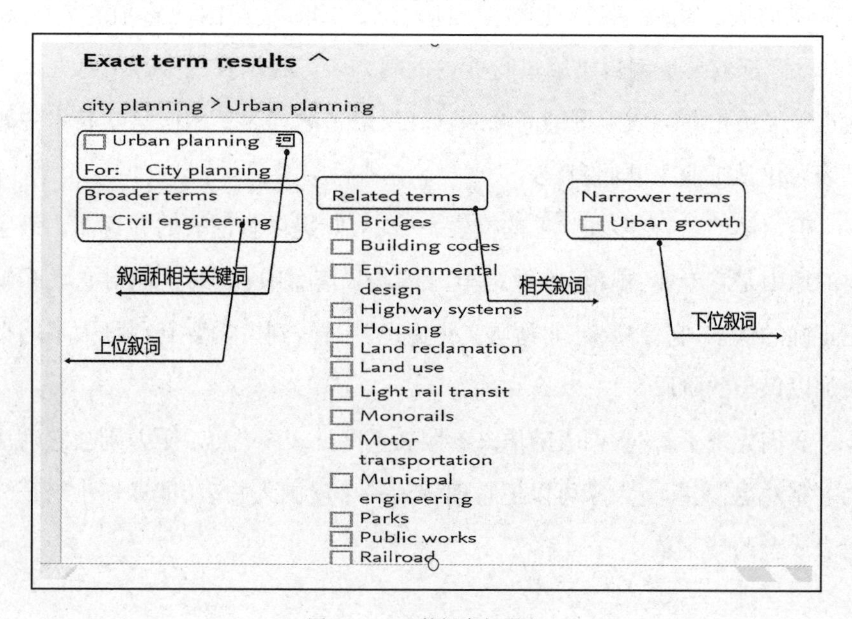

图 3-9　EI 数据库叙词表

图中的故事可以这样表述:A 同学想找一些关于“城市规划”方面的文献,他不知道“city planning”这个词是否是最佳检索词,于是借助 EI 数据库叙词表。词表告诉他,“city planning”不是特别规范,规范的词应该用“Urban planning”。同时,词表还非常贴心地给出了其他叙词,比如上位叙词“Civil engineering”,当然,我个人觉得这个上位词范围太大了,对 A 同学的检索需求不太有帮助。所以,他可以参考众多的下位叙词和相关叙词。

除了 EI 数据库,目前中外文数据库中提供叙词表的还有 CSA (Cambridge Science Abstracts)、EBSCO 平台、北大法宝以及中华医学会数字期刊数据库等。

(三) 没有秘密的关键词

非受控词是一种自然语言(相对于受控词是人工语言而言)。在系统中是文字匹配,即输入什么词,系统就推送一模一样的文字,它没有什么秘密,所有人搜索的时候都可以随便找几个词让系统推送结果。只是需要知道以下几点:

第一,非受控词的典型代表叫关键词,我们平时用得最多。回忆一下我们所看到的每一篇学术论文,它们都会有一个关键词字段,出现的关键词一般是由文献作者提供的对文献主题内容进行揭示的现成的词汇。

第二,关键词虽然是自然语言,但用它和机器聊天依然有门槛。比如有这样一个研究选题:“天堂的具象:图书馆元宇宙的理想”。查找参考文献的时候,如果是与朋友聊天,我们会说“我想探讨下元宇宙下图书馆未来发展的新图景”,而跟机器聊天,只能一个词一个词地蹦,而且这些词还得蹦得专业而准确:“智慧图书馆、元宇宙、虚拟现实、增强现实、数字孪生……”这还不算,还要贴心地整理一下这些词的逻辑关系,编成一个检索式发给机器看。

第三,系统很宽容,它允许我们不看那些严格的受控词表,如果大家自己选出来的关键词能个个都在受控词表里,那恭喜你,你就是本专业领域的大咖了。

三、启动聊天模式

现在我们正式开始与机器聊天,我们得用准确的专业知识、深入的选题把握、适度的搜索技巧以及热情耐心的人格魅力征服它,这其中最重要的一步是:找到与它的共同语言。

(一) 如何找共同语言

世间的事大多知易行难,好在与机器共鸣仿佛比与人相知稍显容易。

机器更讲究规则,于是梳理出一个将复杂问题分解为简单问题的步骤成为关键。下面是我归纳出的实际检索中提取检索词的步骤:

(1) 提取选题中必须满足的显性概念。

(2) 显性概念应该选择具有实质性意义的词语。

(3) 将显性概念尽量拆分成最小单元。

(4) 深入分析选题,挖掘选题中的潜在概念。

(5) 利用搜索引擎、主题词表、数据库功能等辅助工具查找同义词、上位词、下位词、相关词。

请不要小看这几个步骤,本书里出现的流程和方法,都是我亲身检验过无数回,并给学生训练过无数回总结出来的,大家只需要把它变成自己的习惯就好。下面通过具体案例来实践。

选题名称:文旅融合背景下开放世界类游戏创新与推广的模式探索。

选题要点:以开放世界冒险类角色扮演游戏《原神》作为案例,结合一手访谈资料以及视频和新闻、文献等二手数据,通过开放编码方法探索开放世界游戏中的“高保真”文旅融合元素,挖掘未来游戏与文旅深度融合的发展方向。

图 3－10 呈现的思维导图可以清晰地体现案例中提取检索词的步骤,相信大家已经看得非常明白了,但别忘了,还有些功夫在图外。

第一,检索词应该选择有实质性意义的词语,比如案例中的“创新、推广、模式”就属于无实质性意义的词语,类似这些特别容易被选中的无实质

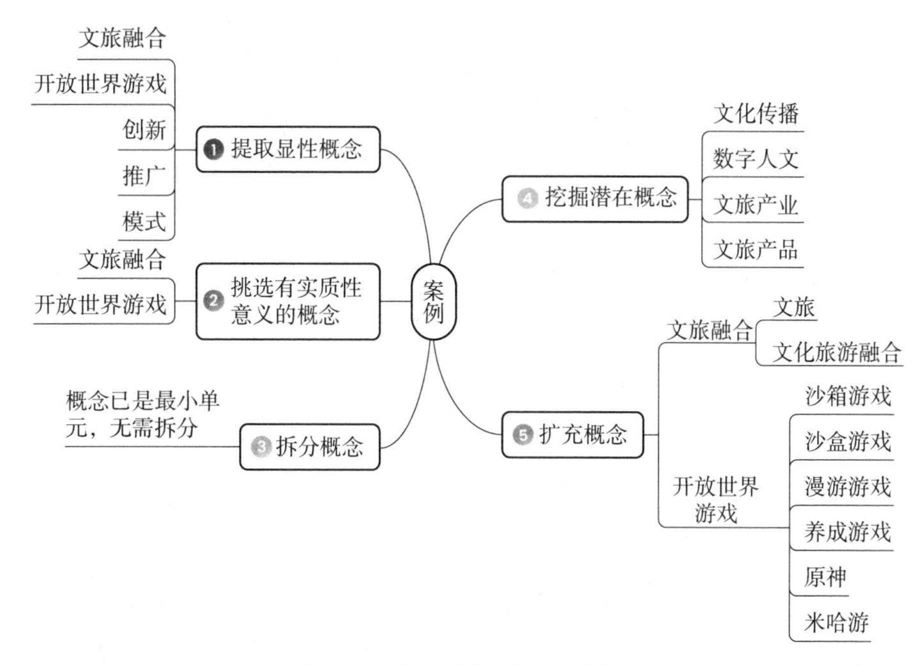

图 3-10　提取检索词的步骤(案例)

性意义的词还有“研究、方法、技术、应用、理论……”。这些词在检索中是必须去掉的。它们并不会让检索结果更精确,只会把需求的文献过滤掉一些。

第二,拆分概念时千万不要使其失去本来的意思,避免矫枉过正。比如“知识产权研究”这个选题,应该拆分成“知识产权”“研究”两个概念,然后留下“知识产权”这个有实质性意义的概念,放弃“研究”;但如果继续把“知识产权”拆成“知识”和“产权”,那就会失去此概念在选题中的意义,造成误检。

第三,寻找潜在概念才是关键。每个选题都不仅仅是显性概念所表达出来的研究问题和研究方法,需要我们深入分析。比如案例中通过选题要点,我们知道研究问题包括“中华文化传播”,研究方法包括“开放编码方法”,就可以挖掘出“文化传播”“数字人文”等概念;通过阅读一些初检文献,可以提取“文旅产品”“文旅产业”等概念。

第四,初学者都特别喜欢扩充检索词,仿佛把所有能沾边的词语都写上去才能保证查全,而实际上扩充检索词的时候需要有章法,找关键的概念扩充,不是特别重要的词语可以不做理会。如案例中“文旅融合”“开放世界游戏”这两个概念都很关键,所以都要扩充。但如果为选题“小波分析技术在机械轴承故障检测中的综合应用”扩充检索词,就可以只选择“小波分析”“轴承”这两个概念适当扩充,“故障”这个概念可以在初检时不必扩充,根据初检结果再决定是否扩充或者直接去掉。

根据上面提取的案例检索词,我们可以组成一个基本的逻辑关系检索式:

(文旅融合 OR 文化旅游融合 OR 文旅产业 OR 文旅 OR 文旅产品 OR 文化传播 OR 数字人文) AND (原神 OR 开放世界游戏 OR 沙箱类游戏 OR 沙盒游戏 OR 漫游式游戏 OR 养成类游戏 OR 米哈游)

(二) 辅助聊天的方法和工具

当了解了实际检索中提取检索词的步骤后,大家可能又会发现,用自己提取的检索词检索出来的结果有些时候并不尽如人意。我们现在来归纳一下扩充检索词的方法和工具。

1. 主题词表

主题词表现在起作用了,我们用一个具体的概念“Virtual Reality(虚拟现实)”感受三个不同数据库提供的叙词(见图 3-11—图 3-13)。

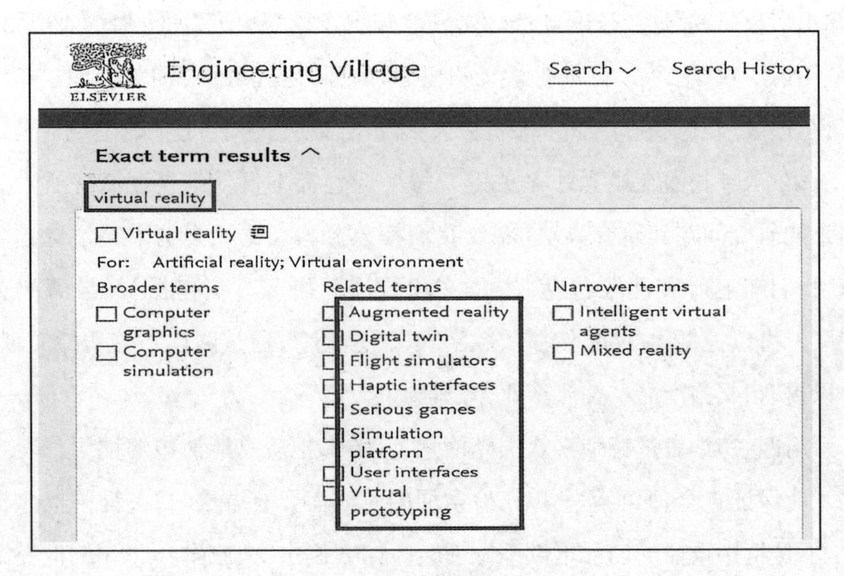

图 3-11　EI 数据库查找“VR”叙词

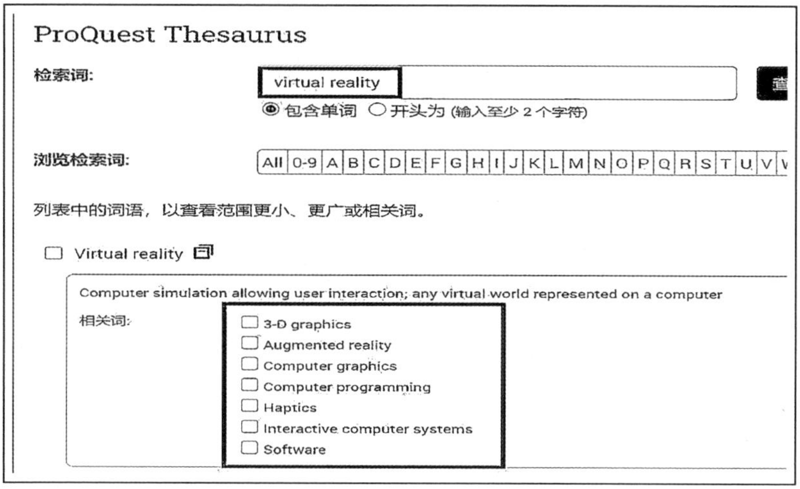

ProQuest Thesaurus

检索词: virtual reality

◉ 包含单词 ○ 开头为 (输入至少 2 个字符)

浏览检索词: All | 0-9 | A | B | C | D | E | F | G | H | I | J | K | L | M | N | O | P | Q | R | S | T | U | V

列表中的词语，以查看范围更小、更广或相关词。

☐ Virtual reality

Computer simulation allowing user interaction; any virtual world represented on a computer

相关词:
- ☐ 3-D graphics
- ☐ Augmented reality
- ☐ Computer graphics
- ☐ Computer programming
- ☐ Haptics
- ☐ Interactive computer systems
- ☐ Software

图 3-12　ProQest 平台查找"VR"叙词

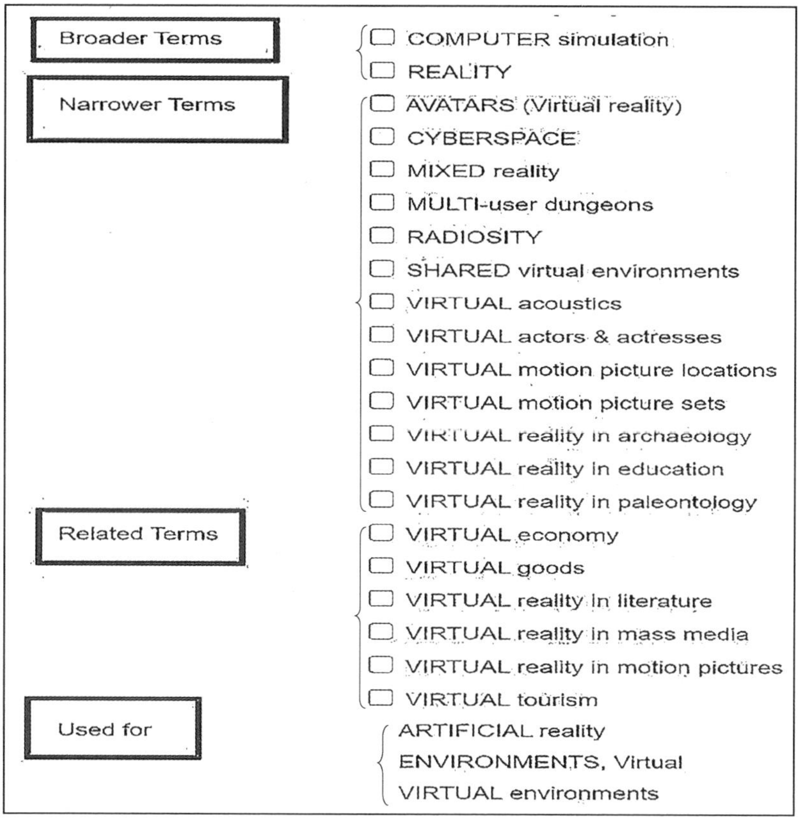

Broader Terms
- ☐ COMPUTER simulation
- ☐ REALITY

Narrower Terms
- ☐ AVATARS (Virtual reality)
- ☐ CYBERSPACE
- ☐ MIXED reality
- ☐ MULTI-user dungeons
- ☐ RADIOSITY
- ☐ SHARED virtual environments
- ☐ VIRTUAL acoustics
- ☐ VIRTUAL actors & actresses
- ☐ VIRTUAL motion picture locations
- ☐ VIRTUAL motion picture sets
- ☐ VIRTUAL reality in archaeology
- ☐ VIRTUAL reality in education
- ☐ VIRTUAL reality in paleontology

Related Terms
- ☐ VIRTUAL economy
- ☐ VIRTUAL goods
- ☐ VIRTUAL reality in literature
- ☐ VIRTUAL reality in mass media
- ☐ VIRTUAL reality in motion pictures
- ☐ VIRTUAL tourism

Used for
- ARTIFICIAL reality
- ENVIRONMENTS, Virtual
- VIRTUAL environments

图 3-13　ASC(Ebsco)数据库查找"VR"叙词

仔细比较 EI、ProQest、ASC 三个数据库提供的叙词,以"相关词(related terms)"为例,我们会发现前两者提供的相关词虽然都偏重理工专业,但 EI 数据库提供的相关词显然比 ProQest 平台更深入,比如它提供了"Digital twin(数字孪生)""Serious games(严肃游戏)""Flight simulators(飞行模拟器)"等虚拟现实中具体的技术和方法,而 ASC 提供的相关词却明显偏重于社会科学和人文艺术,比如"VIRTUAL economy(虚拟经济)""VIRTUAL goods(虚拟商品)""VIRTUAL tourism(虚拟旅游)"等,甚至提供了"文学中的虚拟现实""电影中的虚拟现实""考古中的虚拟现实"等概念,这些概念都有一个蓝色的超级链接,可以将我们引入更深入更细化的概念。这些词的学科偏向性是由数据库资源不同造成的,正好可以给不同专业的读者进行个性化选择,前提是你必须了解哪些是你需要的资源平台。当然,也可以都查一遍,说不定还可以从文理交融的不同文献中找到些灵感。

2. 数据库辅助功能

我们现在把眼光转向中文数据库。中文数据库的词表主要存在于一些医学类数据库中,比如中国生物医学文献数据库 SinoMed,它是以《医学主题词表(MeSH)》(中译本)、《中国中医药学主题词表》为依据进行主题标引和检索的。

中文数据库中还有其他一些好用的功能可以帮助扩充检索词。比如中国知网的"关键词可视化分析""知识元"检索。同样用"虚拟现实"一词,利用"关键词可视化分析"可以帮你扩充一些高频关键词和相关关键词(见图 3-14):"人工智能""增强现实""VR/AR"是近义词或缩写词;"元分析""具身认知"是与之相关的研究方法和理论;而"虚拟资本""赛博空间""图书馆"可以看出目前发文的热门领域。

有时候会出现这样一种情况:学生们觉得数据库分析功能推送的词还不如自己想出来的词,出现这种情况的时候,可能是因为忽视了选题的宽泛程度和指标的质量。比如"虚拟现实"这个词,你要预判到这个概念搜索出来的文献会很多,为了让分析结果更有学术性,应该将分析指标限定为高质量文献，比如来源于核心期刊的论文、来源于国际高水平的会议论文以及来源于高水平大学的学位论文等。

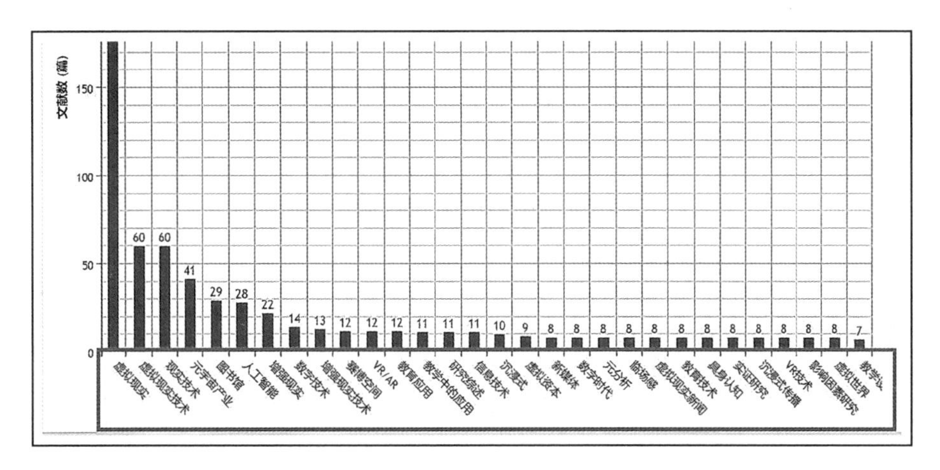

图 3－14　中国知网“关键词可视化分析”

中文数据库中还有更简单直接的功能，比如万方数据库专业检索界面提供的“推荐检索词”、维普数据库检索字段中提供的“同义词扩展”等（见图 3－15、图 3－16）。

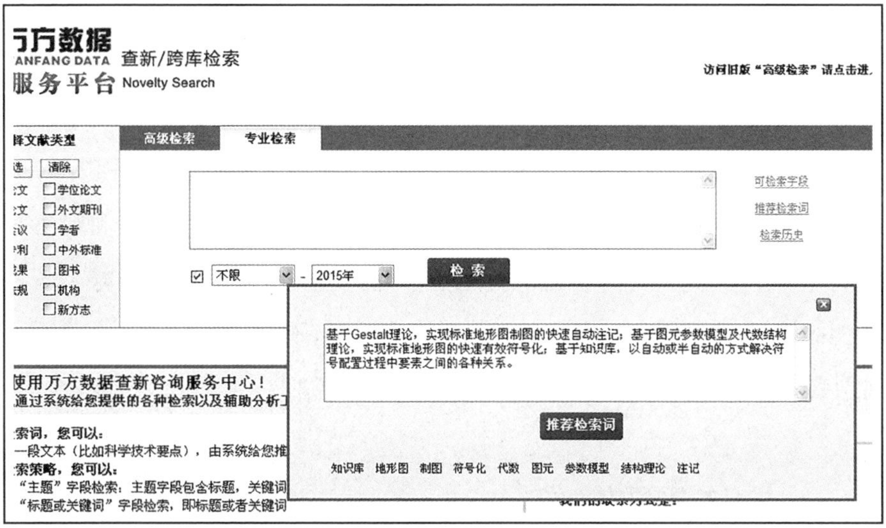

图 3－15　万方数据库专业检索界面提供的“推荐检索词”

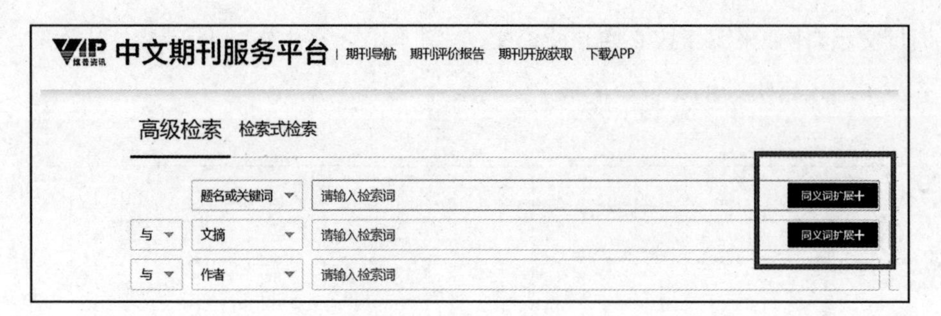

图 3-16　维普数据库检索字段中提供的“同义词扩展”

3. 已有的高质量文献

还有一种特别有效的提取检索词的方法:先阅读几篇高质量的初检文献,从中获取比较准确的检索词。比如当不知道某些专业词汇在国外文献中怎么表述时,最好的办法就是去看他们自己写的文献。写过学术论文的人可能都会无师自通地用到这种方法,所以请一定记住,要看高质量的文献。

| 第三节 |
学点搜索语法

·怎样让机器听懂你说话? ·5种常用的搜索语法 ·从理论检索式到实际检索式

学会任何一门新的语言都要掌握单词和语法,然后通过口语和写作的不断练习才能运用自如,机器语言也是如此。上一节我们已经领略了各种类型的单词(检索词),现在需要学习搜索语法了,不然一个单词一个单词地往外蹦,虽然机器也能听懂,但终归只能听个大概。

一、挑几样重要的来学

把检索词串起来的语法包括很多种,比如布尔逻辑检索、位置检索、截词检索、括号检索、字段限制检索、短语检索、自然语言检索、多语种检索、模糊检索、字母大小写检索等。看起来眼花缭乱,其实最常用的也只有几种。事实上无论检索多么重要,它也只是一种辅助而不是专业,所以学习检索,必须抓大放小,大处要系统,小处有所取舍才行。

以下几种语法是搜索中必须掌握的,其重要程度按出场顺序排列。

(一) 布尔逻辑检索(Boolean Logic)

布尔逻辑检索是指运用布尔逻辑算符对检索词进行逻辑组配,表达两个概念之间的逻辑关系的一种检索技术。

在这个定义中只要弄清楚什么是"布尔逻辑算符",问题就迎刃而解。

首先,布尔逻辑算符是一个叫乔治·布尔(George Boole)的英国数学家在19世纪提出来的。其次,最基本的布尔逻辑算符有:与(常用AND或*表示)、或(常用OR或+表示)、非(常用NOT或-表示)三种运算符号,分别表达概念相交、概念平行和概念排除三种逻辑关系。

如果还是不够明白,那就依然用表格来厘清思路(见表3-8):

表3-8 布尔逻辑检索的三种逻辑关系

逻辑算符	检索式	逻辑关系	检索效果	文氏图(Venn Diggram)
与	A AND B A*B	表示在检索范围内,概念A和B必须同时存在	缩小检索范围,提高查准率	A B
或	A OR B A+B	表示在检索范围内,概念A或者B必须存在其一,也包含同时存在	扩大检索范围,提高查全率	A B
非	A NOT B A-B	表示在检索范围内,包含概念A但不包含概念B	缩小检索范围,提高查准率	A B

下面用具体例子来分别说明布尔逻辑检索的三种表达方式。

例1:查找有关"人工智能与图书馆"的文献

检索式:人工智能 AND 图书馆("artificial intelligence" AND library)

例 2:查找有关机器人或者计算机方面的文献

检索式:机器人 OR 计算机(robot OR computer)

例 3:查找有关国家"预算收入"但不涉及"税收收入"的文献

检索式:预算收入 NOT 税收收入(budget NOT tax)

布尔逻辑检索在检索式中的位置相当于房屋的框架,所有的检索式都少不了它,所有的检索系统都以它为基础检索语法,只是检索算符的呈现形式会有所区别:第一,算符大小写的区别(有的数据库中 AND, OR, NOT 要求用大写,有的要求用小写,有的则大小写均可);第二,符号替代(有的数据库中可以用"+""-""*"替代,有的数据库则用"&""|""!"替代);第三,直接隐含(如百度、Google 等搜索引擎的默认运算符是布尔逻辑"与")。

(二) 括号检索(Parentheses)

"先乘除后加减"的数学运算众所周知,如果在一个算式中,需要先加减后乘除,那么加减的步骤就必须打上括号。布尔逻辑运算符作为一种数学算符也是如此,它的运算顺序在大多数检索系统中为 NOT>AND>OR。如果需要让机器优先搜索某几个词,那么就必须将它们加上括号检索。比如下面这个例子:

例:查找英美对外贸易方面的文献

检索式 1:对外贸易　AND　英国　OR　美国　　×

检索式 2:对外贸易　AND　(英国　OR　美国)　　√

案例中检索式 1 的错误在于没有考虑逻辑算符的运算顺序,导致检索出的文献逻辑关系混乱。检索式 2 利用括号检索优先运算逻辑"或",保证了概念的逻辑关系正确。

(三) 截词检索(Truncation)

截词是指在检索词的某个局部截断,利用某些检索词的词干或不完整词形加上截词符进行检索。

为什么要截断呢? 主要是为了提高效率和防止漏检,因为英文单词有太多以词根为基础的词性变化,比如“act、action、acting、activity、actor、actress”;或者英美书写方式不同,比如“colour”“color”;还有单复数的不同,比如“woman”“women”。逐个输入效率太低,所以用截词符来替代相同的部分。

中文数据库中也有一些数据库可以使用截词检索,中国生物医学文献数据库 SinoMed 中支持单字截词符(?)和任意截词符(%),如输入“血? 动力”,可检索出含有血液动力、血流动力等的文献;输入“肝炎%疫苗”,可检索出含肝炎疫苗、肝炎病毒基因疫苗、肝炎减毒活疫苗、肝炎灭活疫苗等的文献。但大多数时候截词检索都用在英文数据库中。

截词检索的分类有不同的标准,可以按照截断的位置划分:前截词、后截词和中间截词;也可以按照截断的字符数划分:有限截词和无限截词。

前截词是指将截词符号放在检索字符串的左方,以表示其左边不管截去有限或无限个字符,只要数据库中具有与截词符后面部分字符相同的检索词的文献,即为命中文献。这种方式也称为后方一致。

例 1:前截词

输入:* puter

检出:computer、minicomputer、microcomputer……

后截词是指将截词符号放在检索字符串的右方,以表示其右边不管截去有限或无限个字符,只要数据库中具有与截词符前面部分字符相同的检索词的文献,即为命中文献。这种方式也称为前方一致。

后截词又可以包括有限截词和无限截词两种形式。如案例 2 是无限截词,案例 3 是有限截词。

例 2:无限截词

输入:managᐩ*

检出:manage、manager、managing、management……

例 3:有限截词

输入:process??? ?[①]

检出:process、processes、processor、procession

例 4:中间截词

输入:defen? e

检出:defence、defense

中间截词是指在检索词中间加一个或多个"?"号,主要用于一些英美拼写不同,单复数形式不同的词的输入。

截词算符一般使用"?、*、$、%"等,具体哪个系统用"*",哪个系统用"?",需要遵照每个检索系统的具体规则。

(四) 字段限制检索(Field Limiting)

一条完整记录中的每一个著录项都被称为字段,如篇名、作者、机构、关键词等。所以字段限制检索就是将检索范围限制在特定的字段中,从而提高查准率的一种检索方法。

从严格意义上来讲,字段限制检索不是一种检索语法,而只是我们用检索式跟机器聊天时选择的一种切入角度,也可以称之为检索途径。用最容易理解的例子来说,想找莫言的小说,应该选择"作者"字段,输入"莫言",这个"作者"字段就是"字段限制检索"。

课堂上学生们听到这里都会觉得这也太简单了吧,但做作业的时候最容易忘记的就是选择字段,以至于搜索出成千上万的结果后不明原因。

常用的字段一般分为两种,一种表达文献内部特征,叫"基本索引字段",如篇名、主题、关键词、摘要、叙词、受控词、非受控词等;一种表达文献外部特征,叫"辅助索引字段",如作者、机构、语种、来源出版物、出版年等

① 在检索词的词干后连续加一个或一个以上的(最多不超过 4 个)"?",然后空一格,再加一个"?"。词干后连续输入的问号数表示限定所截字符最大的位数,最后一个问号表示截词停止的符号。如例 3 中的三个"?"就表示替代 0～3 个字符。

(见表3-9)。

表3-9 数据库常用字段

字段名称(英文)	字段名称(中文)	字段代码
Title	篇名(题名)	TI
Abstract	文摘	AB
Identifier	自由词	ID
Descriptor	叙词	DE
Keyword	关键词	KW
Author	作者	AU
Author Affiliation	作者机构	AF
Source Title	来源出版物名称	ST 或 SO
Publication Year	出版年	PY
Document Type	文献类型	DT
Language	语种	LA
Classification	分类号	CC

表中的字段你应该大多数都见过,不需要死记硬背,当然,也不能连“TI”和“AB”是什么都不知道。

另外,查找会议文献、专利文献的时候也有一些常用字段,比如会议名称、会议年份、会议地点;专利名称、专利号等;另外,一些网络检索工具也有类似功能,如百度、Google等搜索引擎中的标题(Title)、图像(Image)、文本(Text)、统一资源定位符(URL)等。

最后再强调一下,字段限制检索是一种看起来特别简单,但实际搜索时经常容易忘记的语法,它的难点不在于内容,而在于我们要有用它的意识。

(五) 短语检索(Phrase Search)

如果想搜索“embodied cognition(具身认知)”,但发现系统推送的结果把“embodied”和“cognition”两个单词分开了,导致概念失去了原来的意义。这时候大家肯定能想到将“embodied cognition”这个词打上双引号,就是这个几乎众人皆知的技巧,叫作“短语检索”。它可以检索出与双引号内形式完全相同的短语,因而也被称为精确检索。

短语检索在实际搜索中用得很频繁,特别是搜索英文信息时,英文词组一般都由几个单词组成,要想获得比较精准的结果,请记得打上双引号。

二、复杂检索式的练习

单个检索语法学起来都很简单,但跟机器交流的时候肯定需要合起来用,这就让难度成几何倍数增长。

我们来看检索式的搭建过程(见图 3 - 17)。

(1) 把必须满足的概念全部摆出来,用逻辑算符“AND”一一连接。

(2) 用逻辑算符“OR”连接相近和相关的概念,用“NOT”连接需要排除的概念,用括号检索限定各种算符的优先级。

(3) 看看哪些检索词需要用截词算符和短语检索。

(4) 给检索式选一个合适的字段。

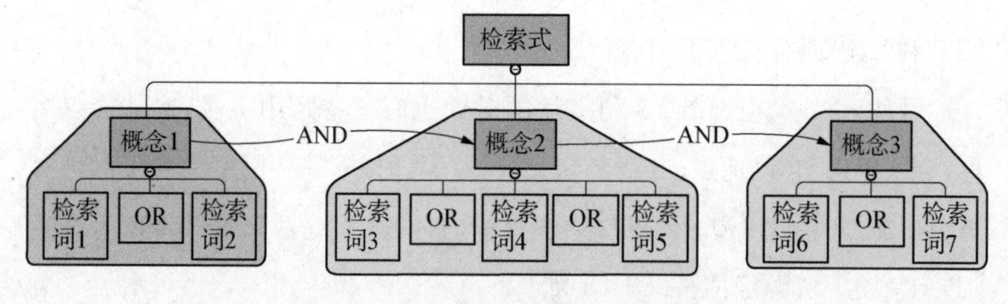

图 3 - 17　复杂检索式的搭建(布尔逻辑检索)

接下来,我们通过几个案例感受一下检索式的搭建过程。

例 1:以中国知网为例,写出选题“可燃冰开采技术研究”的检索式

(1) 可燃冰 AND 开采

(2) (可燃冰 OR 甲烷水合物 OR 天然气水合物) AND (开采 OR 试采)

(3) 无

(4) 主题=(可燃冰+甲烷水合物+天然气水合物)*(开采+试采)

例2:在EI数据库中检索选题“小波技术用于检测机械轴承障碍”的文献

(1) Wavelet AND Bearing AND fault

(2) (Wavelet analysis OR Wavelet transform OR haar OR daubechies OR morlet) AND Bearing AND fault

(3) (“Wavelet analysis” OR “Wavelet transform” OR haar OR daubechies OR morlet) AND Bear* AND fault*

(4) bear* WN TI AND (“Wavelet analysis” OR “Wavelet transform” OR haar OR daubechies OR morlet) WN TI AND fault* WN KY

从案例中可以看出,列出理论检索式到实际使用的检索式之间其实还有很琐碎的一步,就是了解不同系统的检索规则,比如字段和检索词之间用什么标识,是用“=”“:”还是“WN”①,当然,也可以用菜单式的高级检索就可以避开这个问题,但还是需要检查括号是否在英文状态下,检索词和算符之间是否需要空格,怎么空格,哪些中文数据库的逻辑算符可以用“*”“+”“-”,而哪些数据库却必须用AND、OR、NOT等等问题。

这些问题虽然琐碎但一点不难,只需要我们在搜索前认真阅读检索规则。这些规则就如同用过OFFICE之后再去用WPS一样,大同小异,不需要技巧,只需要耐心。

---

① “=”“:”“WN”是检索系统中连接字段和检索词的检索标识。每个检索系统可能会有不同,最常见的是“=”,可用于中国知网、Web of Science等平台的专业检索式,“:”可用于万方数据库的专业检索式,“WN”可用于EI数据库的专业检索式。

文末彩蛋

★检索工具

1. Web of Science 核心合集

Web of Science 核心合集是知名的综合性资源平台,收录了全球质量最好的资源,是每个科研工作者绕不过去的重点学术数据库。

我们平时用得比较多的是三个期刊索引库:SCI(Science Citation Index)、SSCI(Social Sciences Citation Index)、A&HCI(Arts & Humanities Citation Index);两个会议录索引:CPCI - S(Conference Proceedings Citation Index-Science)、CPCI - SSH(Conference Proceedings Citation Index-Social Science & Humanities)。

2. Scopus 数据库

作为另一个全球高质量的综合性资源平台,目前它的地位与 Web of Science 平台几乎并驾齐驱。全球重要的大学排名机构包括 QS、THE、上海交大中国最好大学排名、中国高被引学者排名等都是采用 Scopus 数据库的数据。

3. Ei Compendex(工程索引)

这是仅次于 Web of Science 平台的又一重量级专业性资源平台,也是目前全球最全面的工程领域常用数据库之一。此数据库中收录了不少国内自然科学权威期刊,比如一流高校的学报自然科学版。理工科的学生一定绕不过去这个数据库。

EI 数据库的"Thesaurus Search"提供规范的叙词检索。

4. Academic Search Complete(EBSCO)

EBSCO 是全球著名的数据库集成商之一。所谓集成商,通俗地讲就是通过购买数据来集成数据库。目前全球重要的数据库集成商还有 ProQest、Jstor 等。Academic Search Complete(学术资源数据库)是 EBSCO 平台最核心的数据库之一,另外一个是 Business Source Complete(商业资源数据库),EBSCO 平台虽然号称收录全学科的文献,但还是侧重人文社会科学。

ASU 提供规范的叙词表,如果你想尝试着用一下,可以在高级检索界面选择“Subjects”。

5. ProQuest Ebook Central

ProQuest 是我要介绍的第二个著名的数据库集成商。其核心产品 PQDT(全球博硕士论文全文库)前文已经介绍过了。这里介绍的是它的另一个核心产品——ProQuest 电子图书。作为全球最大的学术电子书库,它提供来自 1000 多个出版社的正版外文学术电子书,例如:The MIT Press、Yale Univ. Press、Princeton Univ. Press、Harvard Univ. Press、Elsevier、Springer、Emerald、Sage 等。

ProQuest 平台的另一个全文数据库 ProQuest Research Library 同样提供规范的叙词表。

6. 读秀数据库

这是迄今为止我用得最多的一个中文图书数据库,喜欢用它是因为它提供“碎片化图书检索”,也就是说,它不仅可以搜索整本的图书,还可以依据输入的关键词搜索图书中的章节或段落。它还提供免费的文献传递服务,当然,每天能传递的页数会有限制。

★请查查看

如果想要搜索某高校所有通识课老师的中文学术论文,有什么便捷的方法吗?(提供作者和二级单位名单)

试想,如果不会编制专业检索式,能一下子查出几百个作者的论文吗?

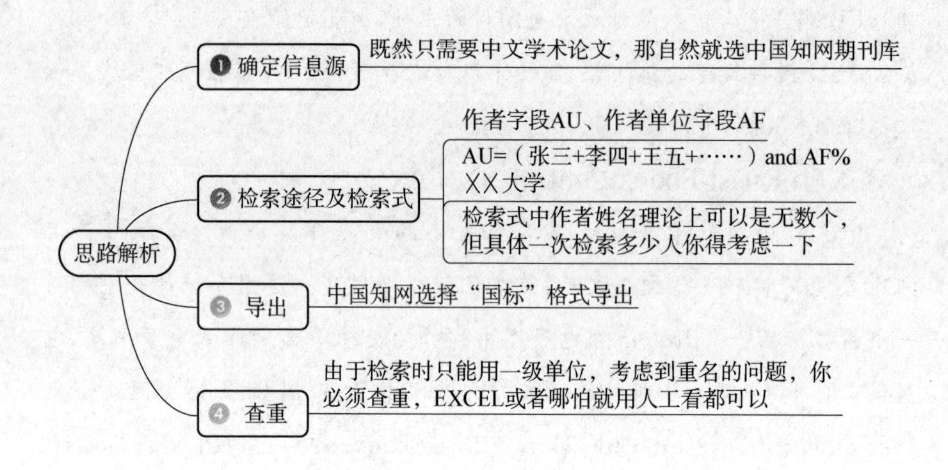
思路解析
❶ 确定信息源
既然只需要中文学术论文，那自然就选中国知网期刊库
❷ 检索途径及检索式
作者字段AU、作者单位字段AF
AU=（张三+李四+王五+……）and AF%
XX大学
检索式中作者姓名理论上可以是无数个，
但具体一次检索多少人你得考虑一下
❸ 导出
中国知网选择“国标”格式导出
❹ 查重
由于检索时只能用一级单位，考虑到重名的问题，你
必须查重，EXCEL或者哪怕就用人工看都可以

第四章

信源：凡人的突围

“

在我们以往的认知中，信息源越多越好，教师和教材一般都以罗列高大全的信息源为主要编写体例，学生也基于拿来主义，先收下，总有用到的时候。殊不知在如今的信息生态下，各类信息（如图书、期刊、会议、科技报告、社交媒体信息、科学数据等）的产生途径、呈现形式（如数字、文本、图像、音频、视频等）和交流方式（如开放获取、社交网络平台等）成倍增长，哪怕面对“根正苗红”的学术信息，如果不会选择，一样也形成“信息茧房”。

所以，我想用一种“突围”的理念，解决“你需要多少信息源？”的问题。这一章不是信息源的枯燥汇总，而是我们游刃有余地选择信息源，以一当十地解剖信息源，抽丝剥茧地评价信息源的方法论。

”

| 第一节 |
你需要多少信息源？

·别让信息源躺在你的收藏夹里·知网和万方你真的都需要吗？·必要时可以花钱请锁匠开门

在实际搜索中，我们遇到最多的难题大概是“到哪里能找到资料？”。这时候其实需要的不是一堆信息源，而是找到特定信息源的理念、逻辑和流程。就像你在家找钥匙，是否首先会回忆钥匙最可能放在哪些地方，如果没有的话，再去范围大一些的地方寻找，实在找不到，花钱请开锁匠也能解决问题，这是找精确信息的常识。而当要找一批围绕主题的信息的时候，可能还要考虑信息源构成的问题，因为资源的重复率也很高。

一、精确信息检索确定信息源的步骤

精确信息检索确定信息源的步骤在第一章“破案”中已经讲过，但基于它的重要性，我们再复习一遍：

(1) 优先选择学术数据库(多数学校的图书馆都已购买)。

(2) 查找网络免费资源，包括开放存取的学术资源(Open Access)、搜索引擎、门户网站、专家微博或微信公众号、学术社交论坛等，这会考验你的耐心和判断力。

(3) 查找馆藏书刊系统(OPAC)，纸本其实是最好的资源，唯一的缺点是需要到实地获取。

(4) 利用文摘数据库中提供的作者信息与作者沟通。如 Web of science 平台便会提供作者的电子邮箱及机构地址。

(5) 利用图书馆的馆际互借与原文传递服务，相信现代图书馆员，他们都很专业。

二、主题信息检索确定信息源的步骤

学生们在完成主题信息检索的时候(比如毕业论文的开题搜索,项目申报书的文献调研等),总喜欢把知网、万方、维普全找遍,Web of Science 平台和 Scopus 都用到,可能还要找 Elsevier、Wily、EBSCO、ProQest 等全文数据库,有必要吗?

真的没必要。

资源是有很高重复率的,哪怕它们都是一流的资源。所以针对自己的需求确定信息源的构成变得很重要,它需要我们对信息源十分了解。比如你知道知网、万方、维普的资源、检索、分析都各自有哪些特点吗?你知道 Elsevier, Wily, EBSCO, JSTOR 的期刊侧重的专业和年代吗?总之,要熟悉信息源,而不是让它们躺在导航栏里,那样就算收藏再多也毫无用处。

基于此,我归纳了主题信息检索确定信息源的步骤:

(1) 权威的综合性数据库中外文各选一个,注意这些数据库是否包含了选题所有文献类型,比如有没有选题需要专利、年鉴、数据等特别的文献类型。

(2) 专业性数据库按照其在业内的口碑选择,注意著名学会、协会的信息源。

(3) 选题是否需要数值型数据库,如果需要,必须单独选择。

(4) 按照需求和获取资源的条件确定是否选择网络免费资源,比如有些同学可能访问不了 WOS 平台,就可能需要查找一些免费资源进行替代。

三、适当为知识付费

刚刚我提到如果实在找不到钥匙,就得花钱请锁匠开门。对,有些时候适当为知识付费是应该的,确定信息源也要具备同样的理念。学术数据库是经过严格筛选过的知识,处在信息源的顶端,如果检索到的信息对你非常重要,那么适当为知识付费也是应该接受的观念。

| 第二节 |

国内外学术信息源概览

·知网和万方占据了半壁江山·“庞然大物”的分类逻辑·网络免费资源的靠谱指数

信息源基数较大,我们还是将国内和国外的资源分开叙述。

一、国内常见的学术信息源

国内常见的学术信息源见表 4-1。

表 4-1　国内常见的学术信息源汇总

<table>
<tr><td rowspan="3">图书</td><td>学术数据库</td><td>读秀、超星中文图书、Apabi 电子教学参考书、CADAL 电子图书、中国数字图书馆电子图书、博看网电子图书……</td></tr>
<tr><td>馆藏纸本</td><td></td></tr>
<tr><td>电子书阅读器、APP</td><td>小米、掌阅、讯飞、华为……
京东读书、十点读书、微信读书、连尚读书……</td></tr>
<tr><td rowspan="3">期刊论文</td><td>学术数据库</td><td>中国学术期刊出版总库(中国知网)、中国学术期刊数据库(万方数据资源系统)、维普期刊资源整合服务平台、超星期刊数据库</td></tr>
<tr><td>馆藏纸本</td><td>过刊合订本、现刊</td></tr>
<tr><td>网络免费资源</td><td>中国科技期刊开放获取平台(http://www.oaj.cas.cn/)
中国科技论文在线(http://www.paper.edu.cn/)
国家哲学社会科学期刊数据库(http://www.nssd.org/)
国家自然科学基金基础研究知识库(http://or.nsfc.gov.cn/)
中国预印本服务系统(http://prep.istic.ac.cn/main.html?action=index)
百度学术、必应学术、爱学术……</td></tr>
<tr><td rowspan="3">学位论文</td><td>学术数据库</td><td>中国博士学位论文全文数据库(中国知网)、中国优秀硕士学位论文全文数据库(中国知网)、中国学位论文全文数据库(万方数据资源系统)、CADAL 学位论文、CALIS 学位论文中心服务系统</td></tr>
<tr><td>高校自建库</td><td>各高校自建的博硕士学位论文库,如“武汉大学博硕士论文库”</td></tr>
<tr><td>馆藏纸本</td><td>各图书馆收藏的纸本</td></tr>
</table>

(续表)

会议论文及信息	学术数据库	国内外重要会议论文全文数据库(中国知网)、中国学术会议文献数据库(万方数据资源系统)、国家科技图书文献中心(NSTL)的中文会议论文库
	网络免费资源	中国学术会议信息(https://ersp.lib.whu.edu.cn/s/net/cnki/conf/G.https) 相关专业协会或学会的特定会议网站,一般只存续会议召开的一段时间
专利	学术数据库	中国专利全文数据库(知网版)、万方专利数据库、Incopat 专利数据库、Innography 专利数据库、智慧芽专利数据库、innojoy 专利数据库
	网络免费资源	国家知识产权局专利检索及分析(https://pss-system.cponline.cnipa.gov.cn/conventionalSearch)
科技报告	学术数据库	中外科技报告数据库(万方数据资源系统)
	网络免费资源(政府网站)	国家科技报告服务系统(http://www.nstrs.cn/)
标准	学术数据库	标准数据总库(中国知网)、中外标准数据库(万方数据资源系统)
	网络免费资源	国家标准全文公开系统(国家标准化管理委员会网站)(http://www.sac.gov.cn/)
报纸	学术数据库	中国报纸全文数据库(中国知网)、人大复印报刊资料全文数据库、全国报刊索引数据库、博看网畅销报刊阅读平台、中国近代报纸全文数据库、中国近代报刊库·大报编
	网络免费资源	国家政务服务平台/媒体(http://gjzwfw.www.gov.cn/index.html) 中国报业网(https://www.cnpiw.cn/index.html)(主要是报业资讯) 中国搜索/报刊(http://paper.chinaso.com/quanbubaokan.html)(报纸汇集,此类网站很多,用搜索引擎极易获取)
百科全书、字典、词典	学术数据库	CNKI 工具书库/辞书(中国知网) 《中国大百科全书》数据库(https://h.bkzx.cn/)
	馆藏纸本	
	网络免费资源	百度百科、百度词典、有道词典、术语在线
地方志	学术数据库	万方地方志数据库、中国地方志数据库
	馆藏纸本	
	网络免费资源	国家图书馆数字方志(http://read.nlc.cn/allSearch/searchList?searchType=12&showType=1&pageNo=1) 中国方志网(http://www.difangzhi.cn/)

(续表)

政府文件	学术数据库	中国知网政府文件检索
	网络免费资源	国务院政策文件库(http://www.gov.cn/zhengce/zhengcewenjianku/index.htm) 中央国家机关政府公开信息查询中心(https://www.saac.gov.cn/publicInfo/index.html) 各级政府公开平台
法律法规	学术数据库	中国法律知识资源总库(中国知网)、中国法律法规数据库(万方)、北大法宝、北大法意、超星法源卓越法律人才学习平台、万律(Westlaw China)、威科先行信息库、月旦知识库
	网络免费资源	最高人民法院(https://www.court.gov.cn/) 中国法院网(https://www.chinacourt.org/index.shtml) 法邦网(https://code.fabao365.com/)
年鉴	学术数据库	中国年鉴网络出版总库(中国知网)
	馆藏纸本	
档案文献	网络免费资源	全国档案查询利用平台(国家档案局)(https://cxly.saac.gov.cn/) 各地官方的档案信息网,如湖北档案信息网(http://www.hbda.gov.cn/node/153.jspx)
	馆藏纸本	各级档案馆
统计数据	学术数据库	中国知网统计数据、中国资讯行数据库、高校财经数据库、搜数网、EPS DATA、中经网统计数据库、CNRDS(中国研究数据服务平台)、CSMAR(中国经济金融研究数据库)、人民数据
	网络免费资源	中国政府数据平台(http://www.gov.cn/shuju/index.htm) 国家数据门户网站(https://data.stats.gov.cn/) 中国科技资源共享网(https://www.escience.org.cn/) 国家基础学科公共科学数据中心(https://www.nbsdc.cn/) 中国科学院数据云(https://www.casdc.cn/) 复旦大学社会科学数据平台(https://dvn.fudan.edu.cn/home/) 北京大学开放数据研究平台(https://opendata.pku.edu.cn/)
核心期刊引文数据库		中文社会科学引文索引(CSSCI)
		中国科学引文数据库(CSCD)
开放获取资源(Open Access)		中国科技期刊开放获取平台(http://www.coaj.cn/)
		中国科技论文在线(http://www.paper.edu.cn/)
		Socolar OA 开放获取期刊(http://www.socolar.com/)
		国家哲学社会科学文献中心(http://www.ncpssd.org/)
		国家自然科学基金基础研究知识库(https://ir.nsfc.gov.cn/)

尽管常见的国内信息源很多,但真正用起来其实没有想象的那么麻烦。原因有三:其一,可以按需索取;其二,主要的几种文献类型基本可以靠知网、万方两个数据库囊括,不过也要看大家所在的图书馆是否买全了子库;其三,这些信息源都是我用过的,在此刻我汇集之前,它们都还非常好用。

二、国外重要的学术信息源

发现了吗?国内和国外学术信息源的标题有了差异。

国内我用的是"常见学术信息源",国外却用了"重要学术信息源"。形成这种差异的原因很简单,国外学术信息源实在太多太多了,无论是作为推荐还是用于实践,都只能挑选最重要的,否则可能会陷入信息的汪洋大海。

国外信息源我要采取另外的分类方式来汇集了,虽然可能大家最习惯的还是用文献类型分类,但国外"庞然大物"很多,所以我从"综合性"与"专业性"的维度来分类推荐。

下面用表格来呈现国外重要学术信息源的分类逻辑(见表 4-2)。

表 4-2 国外重要学术信息源的分类逻辑

国外重要学术信息源		
学术数据库(重点)	综合性资源平台	文摘
		全文/部分全文
	专业性资源平台	文摘
		全文/部分全文
开放获取资源(补充)	综合性	
	专题性	

在资源推荐之前,还需要掌握一个重要的理念,那便是"深刻理解文摘索引数据库"。这个观念在国内资源中还不是那么紧迫,而在浩如烟海的国外资源中就显得尤其重要。其一,必须通过文摘数据库才能将高质量的文

献一网打尽;其二,文摘数据库中的索引功能将文献之间的相互引用发生关联,兼具评价意义;其三,文摘数据库还往往附带强大的文献分析功能,这是全文数据库无法比拟的。

所以,抛弃只喜欢全文数据库的惯性思维吧。

(一) 学术数据库

1. 综合性资源平台

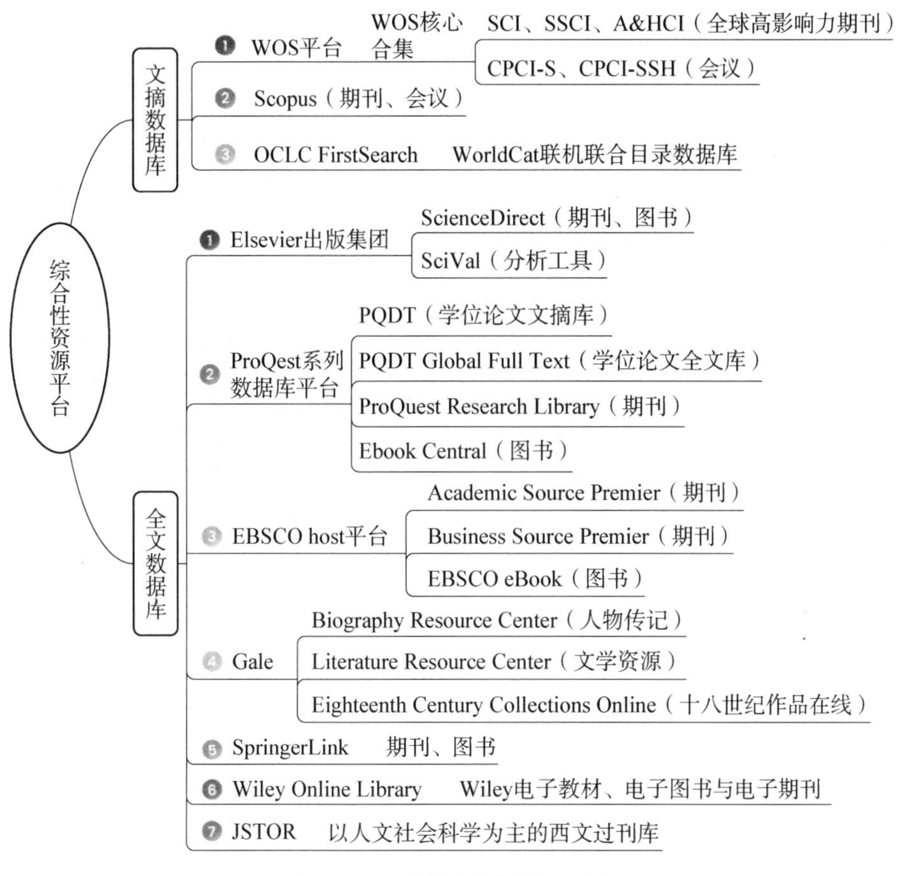

图 4-1　国外综合性信息资源平台

在图 4-1 中,需要重点掌握的是:

(1) Web of Science(WOS)核心合集于学术研究不可或缺,它是全球性的学术评价工具,收录了全球质量最好的资源,是每个科研工作者绕不过去的重点学术数据库。近年来,Scopus 文摘库的地位直追 WOS 平台,在实际检索中,这两个全球著名的综合性资源平台可以根据熟悉程度和获取条件任选其一。

(2) ScienceDirect 全文库是 Elsevier 出版集团的核心产品,虽然收录全学科的文献,但是偏重科技和医学文献。

(3) ProQest 平台的最大特色是拥有 PQDT 全球博硕士论文库,如果想找欧美学位论文,请第一时间想到它;当然,它也有不错的电子期刊和电子图书,比如 ProQuest Research Library、ProQuest Ebook Central。ProQuest 学科专辑数据库(原剑桥科学文摘 CSA 数据库)也在 2011 年合并到了它的平台上。

(4) EBSCO host 平台的核心产品是 Academic Source Premier(ASP)和 Business Source Premier(BSP)两个子库,和 Elsevier 出版集团一样,虽然它也是全学科资源,但它显然更侧重人文社会科学。

(5) Gale 数据库的资源相对独特,收录了在其他同类数据库中都无法查到的文学、历史、商业、人物传记等参考资料,这一点,从它子库的名称就可以看得出来。

(6) JSTOR 是偏重人文社科的西文过刊数据库,提供从创刊号到最近三至五年前过刊的 PDF 全文,有些过刊的回溯年代甚至早至 1665 年。

(7) OCLC 的 WorldCat 是世界上最大的书目记录数据库,在这里可以查到全球 7 000 多万种图书和其他资料的书目,以及这些资料的 13 亿多个馆藏地点。这意味着我们能利用它知道一本书遍布在全世界的哪些图书馆。

2. 专业性资源平台

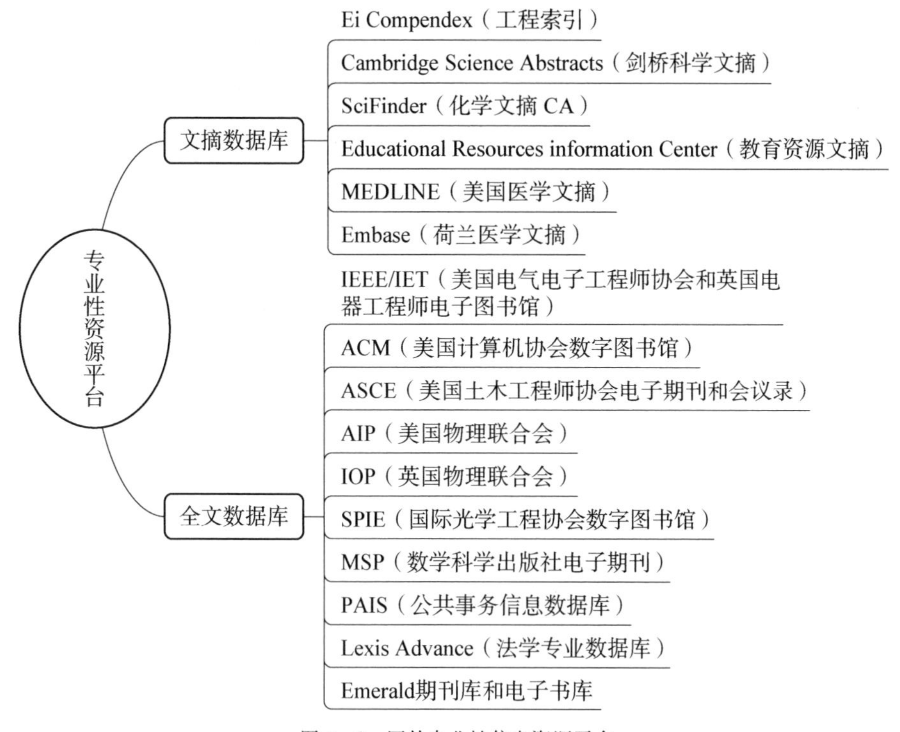

图 4－2　国外专业性信息资源平台

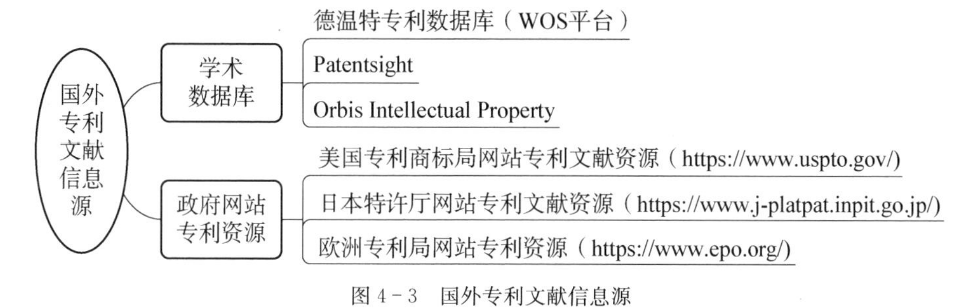

图 4－3　国外专利文献信息源

在图 4－2、图 4－3 中，需要重点关注的是：

（1）国外专业性资源平台很多，这里列举的只是比较有影响力的。相较于综合性平台的资源重复性，专业性平台的资源在各自的领域百花齐放，找准它们很大程度有赖于在自己专业内的深耕。如果是初涉专业，可以先从大类开始熟悉,比如学测绘遥感的学生,可以从EI数据库里去找资料。

(2) 从图中可以发现,全球著名学会协会创建的资源平台几乎占据半壁江山,所以选择信息源的时候应该第一时间想到所在的专业有没有类似的学会协会。

(3) 尽量弄清楚这些专业性数据库所属的公司和平台。是否隶属于几个大的平台,如Elsevier出版集团、ProQest平台、EBSCO host平台等,这样有利于归纳形成整体记忆。

(4) EI数据库收录了不少国内权威期刊,无论是读文献还是发表文献,对于国内高校学生都很重要。

(5) 国外专利文献信息源属于特殊而重要的文献类型,所以我单独列出来。国内高校图书馆专门购买国外专利数据库的比较少,可以主要依赖政府网站的专利资源。

(二) 开放存取[①]资源

大家可能经常在网上发现诸如"大学生都应该知道的宝藏资源"等视频,其中有些点击率很高,但看完后仍然是头晕脑涨,一团混乱。我觉得归根结底还是缺少对网络信息源出处的判断和归纳。UP主们一般都只把资源堆在一起推送给你,深入一点的会告诉你能查到什么,但没有人会告诉你这些资源包含多少种类型,哪种类型是完全可信的,哪种类型只能作为参考。

学术研究中会用到的网络免费资源大体可以分为:开放存取的学术资源(Open Access);学术社交论坛;学术搜索引擎;门户网站;专家主页、微博或微信公众号。在这几种类型中,开放存取资源基于它形成的原因,当然是

① "开放存取"是在基于订阅的传统出版模式以外的另一种选择。任何人都可以及时、免费、不受任何限制地通过网络获取各类文献,包括经过同行评议过的期刊文章、参考文献、技术报告、学位论文等全文信息,用于科研教育及其他活动,从而促进科学信息的广泛传播,学术信息的交流与出版,以提升科学研究的共利用程度,保障科学信息的长期保存。

可信的,我们只需要考量它的界面是否友好,下载是否顺利;官方门户网站基于它的出处也是可信的,只需要关注是否能查到需要的信息;而学术社交论坛、学术搜索引擎以及专家主页、微博或微信公众号的资源只能作为参考,因为这三者的来源都是无须甄选相对自由的。

这样分类以后,你是否对浩如烟海的网络资源有了比较清晰的先后选择,也有了一些甄别的意识和标准? 国际图书馆协会联合会(International Federation of Library Associations and Institutions, IFLA)2016 年发布了八条辨识假新闻的方法,这些方法同样适用于学术信息,其中第一条就是“考虑新闻来源。不局限于新闻本身,而是调查其网站,发布机构的使命和联络信息”。

图 4-4 是完全可信的开放存取资源,以保证你对网络免费学术资源有一个清晰的“突围”。

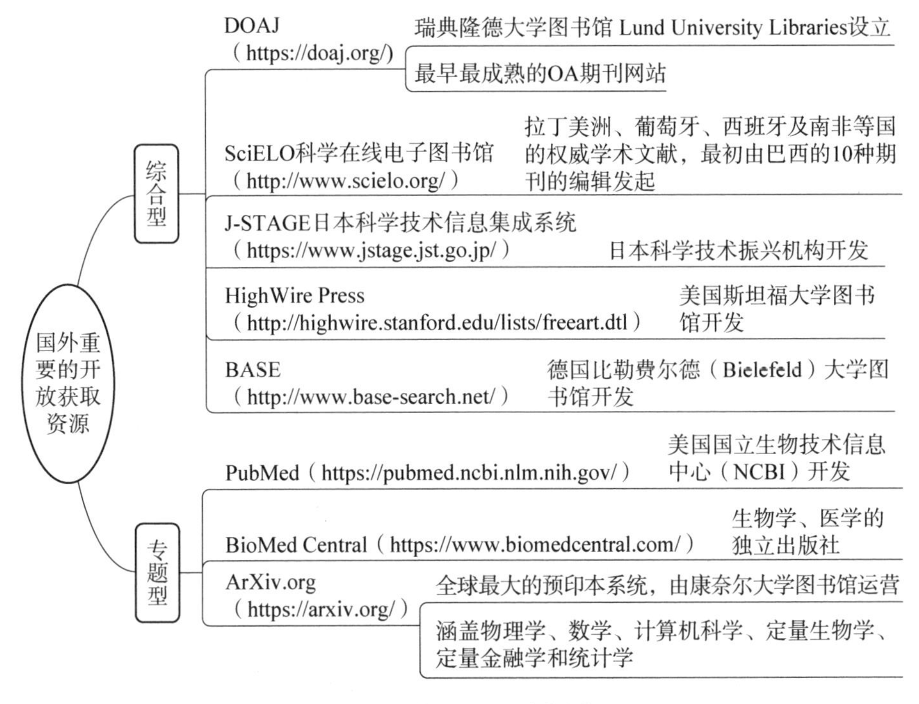

图 4-4 国外重要的开放获取资源

| 第三节 |
确定信息源的实践案例

· 万物皆有比例　· 没有 Web of Science 怎么办?　· 好东西大多都不免费

该怎样针对一个综合性选题确定信息源呢? 无需太多,因为信息源是有重复的,记住比例结构由"权威的综合性数据库＋本专业重点数据库"构成即可。

一、人文社科类案例

案例:重大公共卫生事件中"信息流行病"的根源、规律及治理对策(见图 4－5)。

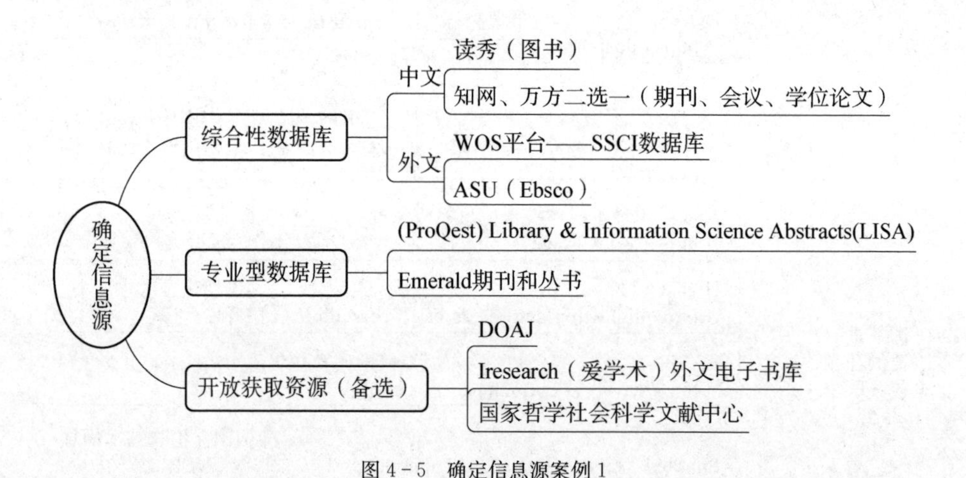

图 4－5　确定信息源案例 1

上图呈现的信息源并不多,去掉用于备选的开放获取资源,只选了六个中外文学术数据库。能将这几个数据库用好足矣。

(1) 综合性数据库中,中文数据库我挑选了读秀、知网、万方数据库。读秀主要用来查找图书,知网和万方数据库用来查找期刊、学位论文、会议论文、年鉴等其他文献类型。这两个数据库可以基本保证除图书以外所有文献类型一网打尽;外文数据库我挑选了 Web of Science 平台的“SSCI(社会科学引文索引)”期刊数据库,考虑到此平台高质量资源众多,所以选择“社会科学引文索引”一个子库就可以了;另外以偏重人文社会科学的 Ebsco 平台全文数据库的 ASP 子库作为补充。

(2) 选题的研究问题属于“信息素养”范畴,所以专业型数据库当然应该首选图书馆学、情报学类型的数据库。于是我挑选了 ProQest 平台的图书馆学与信息科学文摘数据库 LISA 和世界一流的管理学、图书馆学专业出版社的 Emerald 全文数据库。

(3) 至此,其实信息源已经可以基本确定了,但世事总不能完全如愿,比如有可能学校图书馆并没有购买 Web of Science 平台,那就换成 Elsevier 出版集团的 Scopus 数据库、ScienceDirect 全文库、SpringerLink 电子图书和期刊,或者是其他的类似数据库,然后再找找开放获取资源 DOAJ 等。当然,最终找到的文献质量与你能用的信息源质量成正比。如果没有学术数据库的支撑,完全靠网络免费资源想完成高质量的学术研究是不太可能的。这也就是我为什么强调,在目前的信息利用背景下,适当的知识付费理念很有必要。

二、自然科学类案例

案例:浅谈 5G 移动通信技术的主要特征及其应用场景或领域(见图 4-6)。

(1) 综合性数据库变动不大,但基于选题的研究问题,知网或万方数据库需要增加专利、成果、统计数据之类的资源;Web of Science 平台的子库换成自然科学类别的 SCI 期刊库(科学引文索引),全文数据库也相应地选择侧重自然科学的 ScienceDirect。

(2) 选题的研究问题属于通信工程,所以专业数据库选择工程领域最著名的 EI 数据库以及 IEEE/IEL(美国电气电子工程师协会和英国电器工程

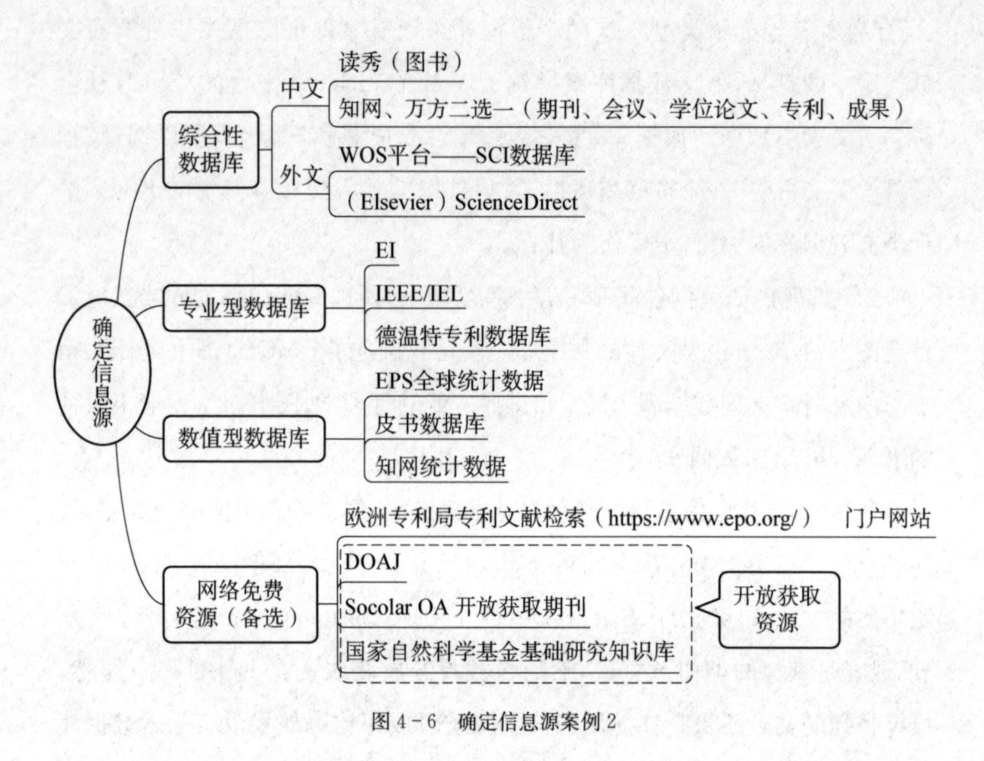

图 4-6 确定信息源案例 2

师电子图书馆），另外，自然科学领域的选题都要特别注意专利文献，所以需要单独检索专利数据库，我这里选择的 Web of Science 平台上的德温特专利数据库。

文末彩蛋

★检索工具[①]

1. Doaj(https://doaj.org/)

Doaj是国际著名的OA期刊(开放存取)平台,由瑞典大学创建和维护。界面非常友好。优势在于收录的期刊有着严格的质量控制,包括很多SCI收录的期刊。

2. Sci-Hub (https://sci-hub.se/;https://sci-hub.ren/;https://sci-hub.do/)

Sci-Hub是由俄罗斯学者亚历珊卓·艾尔巴金(Alexandra Elbakyan)创建的科研论文免费下载网站。在全球科研工作者中影响很大,找外文学术论文非常好用。通过输入文献链接、Pumbmed号、DOI号、标题可以免费浏览及下载全文。

3. SciELO科学在线电子图书馆(http://www.scielo.org/)

1997年创立于巴西,最初是由巴西的10种期刊编辑发起,他们的初衷是想使巴西(作为发展中国家和非英语国家)的科研成果不再成为“消失的科学”。1998年,SciELO巴西网站(SciELO Brazil)和智利网站(SciELO Chile)相继建成并向公众开放。此后,加勒比海国家、西班牙和葡萄牙等国家相继加入SciELO。

4. BASE (http://www.base-search.net/)

BASE是德国比勒费尔德(Bielefeld)大学图书馆开发的一个多学科的学术搜索引擎,提供来自8000多家内容提供商的超过2.4亿份文档。可以免费访问大约60%的全文。

5. J-STAGE日本科学技术信息集成系统(https://www.jstage.jst.go.jp/)

---

① 本章中重要的学术数据库已经在正文中作了详细介绍,所以文末只介绍网络免费资源。

日本科学技术信息集成系统是日本科学技术振兴机构1998年开始运营的免费电子期刊公开系统,是日本主要的开放存取机构平台。提供日文和英文两种界面。

6. HighWire Press(http://highwire. stanford. edu/lists/freeart. dtl)

HighWire Press于1995年由美国斯坦福大学图书馆创立,是提供免费全文的学术文献平台。最初仅出版著名的周刊*Journal of Biological Chemistry*,目前HighWire Press收录的期刊覆盖以下学科:生命科学、医学、物理学、社会科学。

7. PubMed (https://pubmed. ncbi. nlm. nih. gov/)

这是医学院的老师和学生必用的资源。由美国国立生物技术信息中心(NCBI)开发,用于检索MEDLINE、PreMED-LINE数据库。MEDLINE是美国国立医学图书馆(U. S. National Library of Medicine)最重要的书目文摘数据库,内容涉及医学、护理学、牙科学、兽医学、卫生保健和基础医学。

8. BioMed Central (https://www. biomedcentral. com/)

BioMed Central是一家独立出版社,致力于提供经过同行评审的生物医学研究成果的开放获取资源,涵盖了生物学和医学的各个主要领域。

9. ArXiv.org

ArXiv. org是全球最大的预印本系统,由美国国家科学基金会和美国能源部资助,对所有用户免费开放。它不仅改变了物理学多个领域的学术交流方式,而且在数学、计算机科学、定量生物学、定量金融学和统计学等领域发挥着越来越突出的作用。

10. **中国科技期刊开放获取平台**(http://www. oaj. cas. cn/)

中国科技期刊开放获取平台简称COAJ,由中国科学院于2010年正式发布上线,目前可以访问的期刊全学科近660种。

11. **中国科技论文在线**(http://www. paper. edu. cn/)

由教育部科技发展中心主办的科技论文网站。包括自然科学、人文科学、工程技术、农业科学、医药卫生五大类别。

12. Socolar OA 开放获取期刊(http://www.socolar.com/)

由中国教育进出口公司开发并管理,目前除了免费资源,也提供付费服务。

13. 中国预印本服务系统(http://prep.istic.ac.cn/main.html?action=index)

由中国科学技术信息研究所与国家科技图书文献中心联合建设,是一个以提供预印本文献资源服务为主要目的的实时学术交流系统。

14. 国家自然科学基金基础研究知识库(http://or.nsfc.gov.cn/)

国家自然科学基金基础研究知识库收集并保存国家自然科学基金资助项目成果研究论文的元数据与全文,向社会公众提供开放获取。

15. 国家哲学社会科学期刊数据库(http://www.nssd.org/)

国家哲学社会科学学术期刊数据库由中国社会科学院承建。收录精品学术期刊1000多种,其中国家社科基金重点资助期刊200种。中国社会科学院主管主办期刊80多种,国内三大评价体系(中国社会科学院、北京大学、南京大学)收录的500多种核心期刊,回溯到创刊号期刊500多种,最早回溯到1921年。

你还可以通过这个平台与国内60多家社会科学研究机构网站导航链接。

★请查查看

下面两幅画表现的都是法国大革命时期雅各宾派领袖马拉被刺杀的场景,请搜索两幅画的名称、作者、时代背景,并以“A Murder Two Ways(双面谋杀)”为题,写一则小故事。(以文献为论据表达观点)

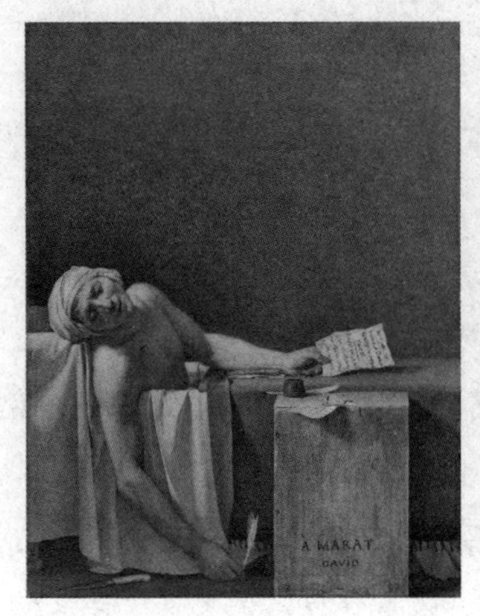
A MARAT
DAVID

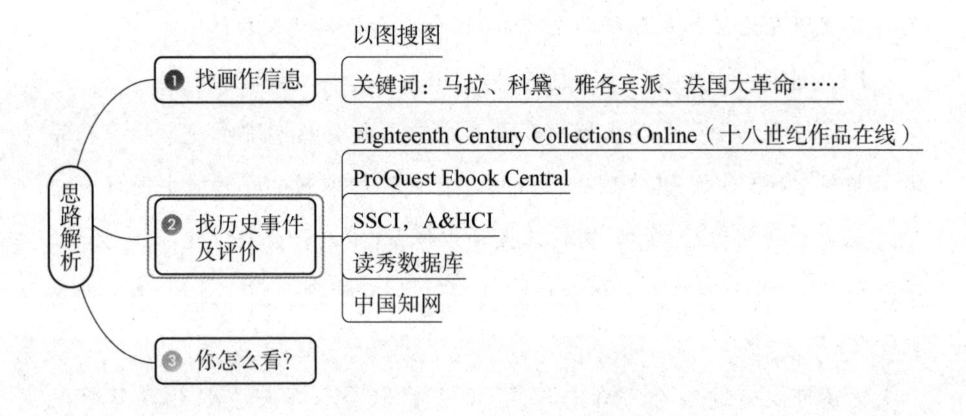
思路解析
❶ 找画作信息
以图搜图
关键词：马拉、科黛、雅各宾派、法国大革命……
❷ 找历史事件及评价
Eighteenth Century Collections Online（十八世纪作品在线）
ProQuest Ebook Central
SSCI，A&HCI
读秀数据库
中国知网
❸ 你怎么看?

第五章

演练（上）："以一当十"的数据库代表

本章可以看作前四章的实战演练，整个章节采用"总一分"的结构来演绎，先介绍数据库使用的一般方法，再用两个诺贝尔奖的科学案例带大家领略学术数据库的独特魅力。通过讲解大案例，可以检验很多东西，比如五步搜索法、检索词和检索式、确定信息源的步骤等。

| 第一节 |
数据库使用的一般方法

· 亘古不变的三种检索方式　·“TI”与“SU”是什么?　· 优秀的数据库分析功能

学术数据库有很多种类型,但使用方法都万变不离其宗。下面我们来看数据库使用的一般方法。

一、五分钟之内结束的“浏览功能”

数据库提供的浏览功能建议大家在五分钟之内聚精会神地完成,不需要花再长的时间了。

数据库浏览会提供哪些内容呢? 其一,资源导航。比如综合性平台的子库资源介绍,这个部分是必须了解的,否则无法有的放矢地去用它;其二,基于学科或题名的出版物浏览。如 Science Direct 数据库中出版物分别按学科及题名进行浏览;其三,基于字段的浏览。如 EI 数据库中“Browse Index”提供作者、作者机构、受控词、出版者、来源出版物名称五种字段浏览。当我们不太明白某一作者、机构、来源出版物等在 EI 数据库中该怎么表述的时候,可以浏览这些字段。

二、需要重点攻克的“检索功能”

“检索功能”肯定是数据库使用的关键,在这个步骤中,大家可能会体会到权威数据库的简洁严谨、细致周到,也可能会遇到某一个数据库的思路不清、漏洞频出。但无论如何,所有数据库的检索功能都有且只有三样:检索方式、检索字段(途径)、检索语法。

(一) 哪种检索方式适合你?

“简单检索、高级检索、专业检索”,是数据库亘古不变的三种检索方式,只不过根据开发深度的不同,它们可能会进行合并。初学者很容易认为用任何一种检索方式其结果都一样,其实不然,每一种检索方式的底层逻辑和适用范围都有所不同,请看表 5-1。

表 5-1　三种检索方式的简要介绍

中文数据库	外文数据库	适用范围	是否支持专业检索式
简单检索 (一框式检索)	Basic Search Easy Search Quick Search	你要找的是一篇特定文献,比如你已经知道它的篇名、作者等信息	大多数都不支持
高级检索 (菜单式检索)	Advanced Search	你要找一些逻辑关系比较简单的文献,比如检索词不超过五个	一般会支持,但过于复杂的检索式容易出错
专业检索	Expert Search	你做的选题逻辑关系复杂,比如同时需要很多检索词	支持

为什么会如此强调这三种检索方式一定要对号入座?因为很多时候系统并不会提示语法错误,但这并不能怪它,机器总是尽可能地提供给你答案,之所以出错是我们忽略了它的规则。

此外,还会有一些特殊的检索方式。如 EI 数据库中的叙词检索(Thesaurus search),Web of Science 平台的被引参考文献检索(Cited Reference Search)、化学结构检索(Structure Search)等。这些可以临时用临时学。

(二) 常用的和特殊的"检索字段"

了解了一个数据库提供的常用和特殊字段,就意味着抓住了这个数据库的检索特色。关于检索字段第三章已经很详细地讲解过,这里主要归纳一些常用的和特殊的检索字段(见表 5-2、表 5-3)。

表 5-2　常用的检索字段

字段名称(中文数据库)	字段名称(外文数据库)
题名	Title
主题 (题名—关键词—摘要、复合字段)	Subject-Title-Abstract Topic
来源出版物 (文献来源、期刊名称)	SourceTitle Publication Name
作者	Author
机构(作者单位)	Auther Affiliation

表 5-3　特殊的检索字段

特殊字段类型	特殊字段举例
与词表相关的检索字段	EI 数据库中的“EI main heading(标题词)” “Controlled Term(受控词)” “Uncontrolled Term(非受控词)”等
与引文相关的检索字段	Web of Science 平台的“Cited Author(被引作者)”“Cited Title(被引标题)“Cited Work(被引著作)”;中国知网的“被引频次”等

(三) 临时看“帮助”的检索语法

关于布尔逻辑检索、截词检索、短语检索等检索语法,第三章已经详细地讲过了它们的基本规则。但当需要具体用某个数据库的时候,一定还要去认真阅读它的检索语法帮助。

三、越来越受重视的“分析功能”

对检索出的文献进行分析是近年来信息素养中越来越受重视的环节,也许大家会希望能用 CiteSpace 或 VOSviewer 软件做出计量文献分析,或者用 Python 程序提取高频关键词,但对于初学者来说,掌握数据库自带的分析功能也可以达到事半功倍的效果。与专门的分析软件相比,两者提供的分析内容其实一样,比如针对某个主题内的文献进行年代、作者、机构、关键词、出版物、引文等分析,找出此领域目前的研究特点与规律。数据库自带的分析功能的优势是简单易学一键完成,劣势是不能汇集多次检索和多平台的数据。

如果要在全球和国内各选一个分析功能特别优秀的代表的话,当属Web of Science平台和中国知网(见图5-1、图5-2)。

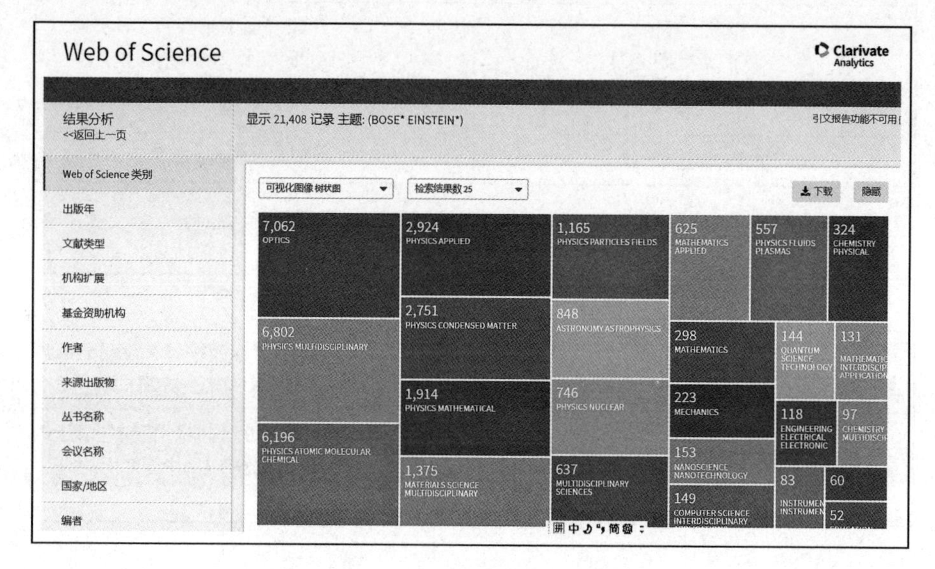

图5-1　WOS平台分析功能

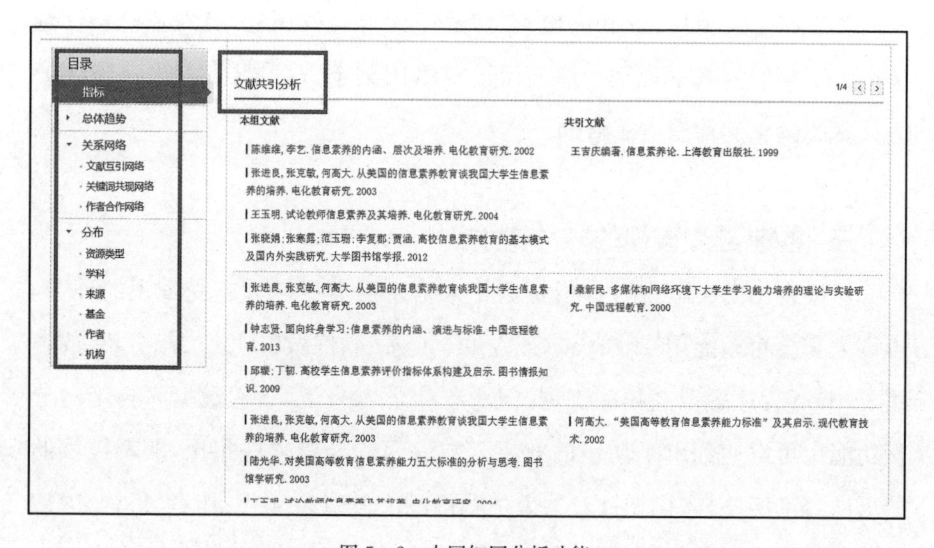

图5-2　中国知网分析功能

| 第二节 |
用引文追溯学科发展的前世今生

· 谁是文献计量学里的“爱因斯坦”？　· 从一篇高质量的文献出发能得到什么？

引文索引是反映文献之间关联的重要功能，本节将用一个真实的案例展示 Web of Science 平台引文索引的魅力。

一、樱花时节的例行邮件

每到毕业季，我都会收到学生们关于撰写毕业论文“江湖救急”的请求，下面是 2023 年 3 月我收到的一位学生发来的邮件：

龚老师好：

我是物理学院的一名学生，大一的时候上过您的课，现在我正正写毕业论文，这时才深感找文献的系统知识缺乏。我的毕业论文选题方向初步锁定在著名的“玻色-爱因斯坦凝聚”，具体研究问题还没定。老师就给了一篇论文“OBSERVATION OF BOSE-EINSTEIN CONDENSATION IN A DILUTEATONIC VAPOR”，我不知道从哪里入手才能找到关于这个选题的外文重点文献。

学生的需求是：找到关于“玻色-爱因斯坦”的外文重点文献，了解选题发展。而已知的线索一是一篇题名为“OBSERVATION OF BOSE-EINSTEIN CONDENSATION IN A DILUTE ATOMIC VAPOR”的文献（目前并不清楚是什么文献类型），线索二是检索词“玻色-爱因斯坦凝聚(bose einstein)”。

很显然目前需要先解决三个问题：第一，已知的文献是什么类型？第二，选择线索一还是线索二入手？第三，到哪里去找重点文献？看到这里，是否又感觉回到了五步搜索法——“分析文献类型，找到最优化条目以及确定信息源。”

弄清文献类型比较简单，根据百度学术和 Bing 学术两个搜索引擎的相互印证，可以很快锁定此文献为期刊论文，完整的题录信息是：

Anderson MH, Ensher JR, Matthews MR, **Wieman CE, Cornell EA.** OBSERVATION OF BOSE-EINSTEIN CONDENSATION IN A DILUTE ATOMIC VAPOR [J]. Science, 1995,269(5221):p.198－201

下面的分析将对整个搜索起到重要作用,它其实考察的是我们专业知识的宽度。物理学的同学应该具备一眼洞悉的能力。仔细看论文的最后两位作者:卡尔·维曼(Wieman C. E.),埃里克·康奈尔(Cornell E. A.),这是2001年因为在原子蒸汽中观测到玻色-爱因斯坦凝聚现象而获得诺贝尔物理学奖的两位美国科学家。同年还有一位德国科学家沃尔夫冈·克特勒(Wolfgang Ketterle)因为实现了钠原子的玻色-爱因斯坦凝聚而与他们一起获奖。文献真是一种神奇的存在,它能承载伟大的思想、技术与创新,并不分贫富贵贱地让我们拥有和世界顶级科学家们交流的机会。

现在已经确定这条线索是一篇诺奖作者署名的期刊论文,那么其重要性自然不言而喻。很显然应该顺着线索一入手。信息源当然应该选择Web of Science平台的SCI(科学引文索引)数据库,因为它收录了全球高影响力的自然科学类期刊近万种,当然,选择Web of science平台还有一个重要原因,就是它的引文索引功能:“将一篇文献作为检索字段从而跟踪一个idea的发展过程及学科之间的交叉渗透的关系。”

大家可以比较一下,Web of Science平台引文索引的这一宗旨与案例中学生的需求是否高度契合?

二、引文索引的魅力

我们现在将案例搁置一会儿,先弄清楚什么是引文索引。

下面这张引文索引的文献网络图(见图5－3)我看了不下数百次,它可以让我们一目了然地理解引文索引的精髓。讲解词一般是这样的:“从一篇高质量的文献出发(如图5－3中2010年的文献),沿着科学研究的发展道路往前追溯,可以查找该文献的参考文献(References),了解选题的研究背景、依据以及奠基性文献;往后追溯,可以查找该文献的施引文献(Citations),了解选题的最新成果、发展、应用及评价;而相关记录(Related Records)是与该文献有共同引用参考文献的文献,通过共引文献可以进一步确定选题内总被大家引来引去的重点文献,且相关记录可以横向拓展选题领域,找到交叉研究问题和成果。”

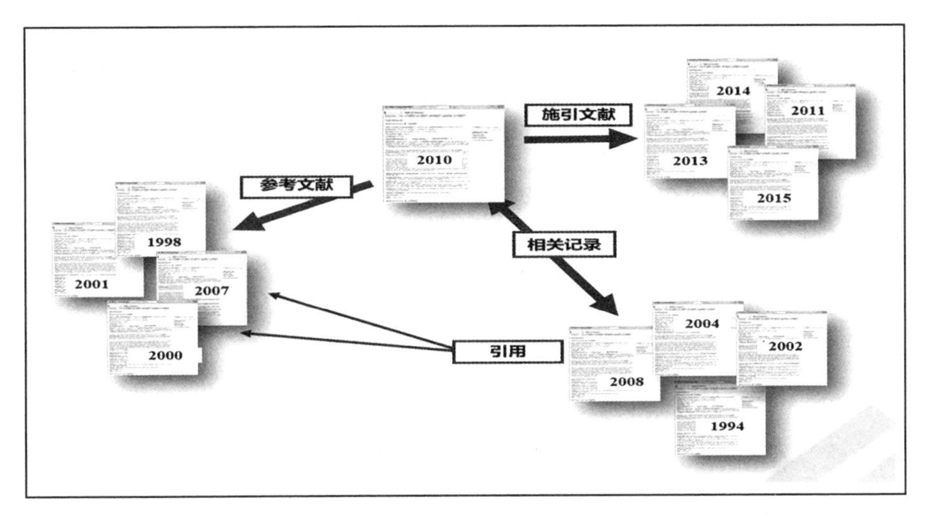

图 5-3　引文索引文献网络图

虽然有图有真相,但这样的解释对于初学者估计有些难以理解,我用一个真实的选题来演绎。

理解引文索引的关键在于理解为什么要用一篇文献来追溯查找文献。像以前一样用关键词、主题词等等查找不行吗?可能有一种情况仅仅用关键词还真不行,那就是在选题发展过程中,关键词发生了重大变化。比如“少儿多动症(ADHD)”这样一个常见的选题,现代医学认为它属于心理及精神症状,我们目前提取的检索词是:

注意力缺失/多动症

ADHD/Attention Deficit Hyperactivity Disorder

但通过引文索引的追溯查找我们最终发现,在 20 世纪二三十年代,ADHD 被归为由脑炎引起的脑部损伤,检索词是:

脑炎后行为障碍

post-encephalitic behavioral disorder

在20世纪六七十年代，人们发现即使没有受到脑伤，也会引发这种症状。检索词发展为：

脑功能轻微失调

Mild brain dysfunction

可以看出，在近百年间，选题的关键词发生了很大的变化，如果没有引文索引的追溯，我们很有可能会漏掉选题发展过程中的一些重要文献。

这种现在看起来十分简单且应用广泛的引文索引方法，其实正是揭示科学文献之间关系的一个"创举"。它不仅可以利用文献之间的引证关系进行多种类型的检索，避免漏检，还可以通过引文分析，揭示文献影响力，成为评价个人、团体乃至国家的科研能力与水平的工具。比如 Web of Science 平台、CSSCI（中文社会科学引文索引）以及 CSCD（中国科学引文索引）等都是国内外著名的学术评价工具。

这个创举是在20世纪50年代由美国情报学家尤金·加菲尔德（E. Garfield）根据法律上的"谢泼德引文"（Shepard's citation）的引证原理而研制的。1955年，加菲尔德将他的研究成果发表在著名的期刊 *Science* 上（见图5-4）。这位目光睿智的老人曾自诩"文献计量学"中的爱因斯坦，仔细看

Citation Indexes for Science

A New Dimension in Documentation through Association of Ideas

Eugene Garfield

"The uncritical citation of disputed data by a writer, whether it be deliberate or not, is a serious matter. Of course, knowingly propagandizing unsubstantiated claims is particularly abhorrent, but just as many naive students may be swayed by unfounded assertions presented by a writer who is unaware of the criticisms. Buried in scholarly journals, critical notes are increasingly likely to be overlooked with the passage of time, while the studies to which they pertain, having been reported more widely, are ...discovered...

approach to subject control of the literature of science. By virtue of its different construction, it tends to bring together material that would never be collated by the usual subject indexing. It is best described as an association-of-ideas index, and it gives the reader as much leeway as he requires. Suggestiveness through association-of-ideas is offered by conventional subject indexes but only within the limits of a particular subject heading.

If one considers the book as the macro unit of thought and the periodical article ...

图5-4　尤金·加菲尔德及其引文索引原文

来,与爱因斯坦本人倒确有几分相似。

三、科学家的午餐会

现在回到案例。我们暂且把找重点文献的过程看成是组织一场小型的主题午餐会,我们需要邀请“玻色-爱因斯坦凝聚”这个选题中的一些重要科学家们前来,被邀请的唯一条件是在此领域发表过重要文献。考虑到午餐会的规模,时间暂定为从1924年玻色提出“普朗宁定律和光量子假说”开始,到2001年“玻色-爱因斯坦凝聚”获诺贝尔物理学奖结束,我们手中的线索和工具只有一篇文献和Web of Science平台的SCI数据库,可以借鉴引文索引的方式,由一篇文章追溯所有的被邀请者及他们的文献。

(一) 从原文中直接邀请的卡尔·维曼和埃里克·康奈尔

首先需要邀请的一定是卡尔·维曼和埃里克·康奈尔两位科学家,因为根据那篇1995年的论文已经知道他们获得了2001年诺贝尔物理学奖。然后可以利用SCI数据库的“被引参考文献”检索功能,将这两位科学家共同撰写的文献“Observation of bose-einstein condensation in a dilute atomic vapor”进行检索,从而找到了这篇高质量文献的38篇参考文献和5 998篇施引文献(见图5-5、图5-6)。

图5-5　被引参考文献检索

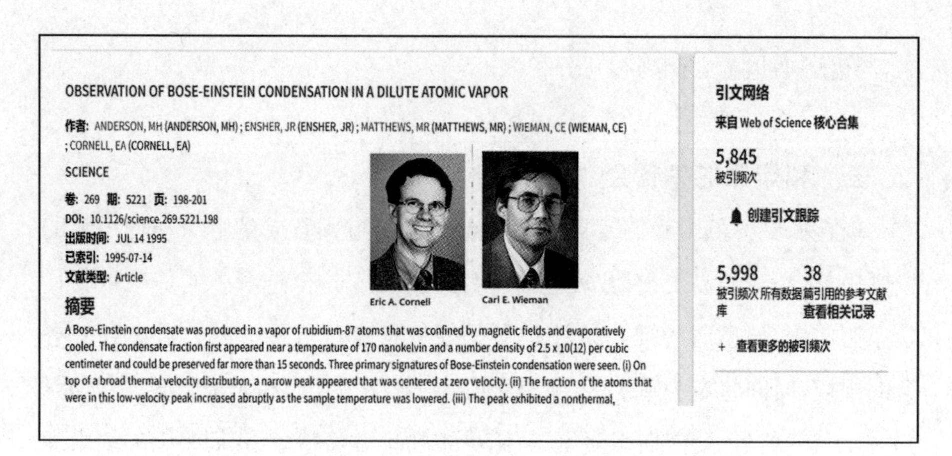

图 5-6　被邀请的科学家卡尔・维曼和埃里克・康奈尔

(二) 从参考文献中邀请的玻色和爱因斯坦

往前追溯,需要敏锐地寻找 38 篇参考文献中有哪些科学家是需要被邀请的,根据参考文献越查越旧的特点,考量其中有无可能找到奠基性的重要文献。38 篇文献虽然不多,但无目的地胡乱寻找也颇费时间,此时建议大家优先查看被引频次高的文献(被引频次是决定文献影响力的重要指标),系统会提供"被引频次(降序)"的排列方式方便查找,于是在排名靠前的七位中可以惊喜地发现玻色和爱因斯坦两位科学家的文献,分别是 1924 年玻色发表的关于"普朗宁定律和光量子假说"以及 1925 年爱因斯坦发表的"预言新物质形态存在"。于是,我们在 38 篇参考文献中成功地又邀请到了此次主题午餐会的两位奠基性大咖(见图 5-7)。

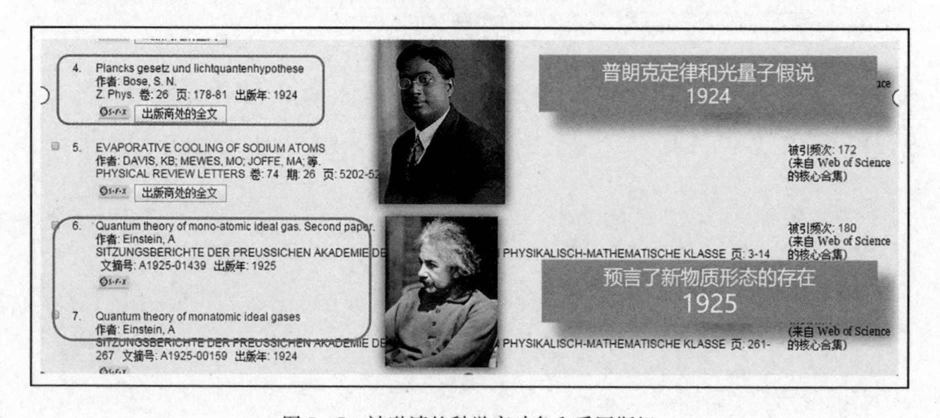

图 5-7　被邀请的科学家玻色和爱因斯坦

(三) 从施引文献中邀请的沃尔夫冈·克特勒

往后追溯,会自然想到去看 5 998 篇施引文献。如此庞大的文献数量该如何快速确定下一个名单? 同样,可以用被引频次(降序)排序,优先查看高被引论文及综述文献,能很快地把握施引文献中的高质量文献和核心文献,快速了解选题的延续与发展。此时,在被引频次排名第二的文献中我们可以找到沃尔夫冈·克特勒(Wolfgang Ketterle)的身影,他是 2001 年诺奖的第三位科学家,论文同样发表于 1995 年(见图 5-8)。至此,2001 年获诺奖的“三剑客”已经全部邀请到了。

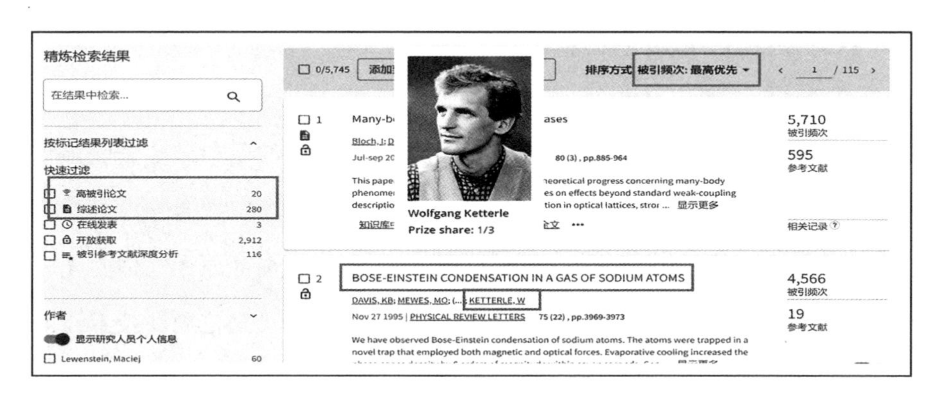

图 5-8　被邀请的科学家沃尔夫冈·克特勒

(四) 引文报告里的“突变值”

真的都找全了吗? 从 1925 年一种新物质形态的提出,到 1995 年三位诺奖科学家实现了玻色-爱因斯坦凝聚的实验室提取,再到 2001 年获得诺贝尔物理学奖,近百年间难道再没有其他研究成果和技术推动吗? 我们把目光再次投向 SCI 数据库,发现这个数据库可以推送主题为“bose einstein”文献的引文报告(任意主题检索出的批量文献都可以),在这个引文报告中,会发现在 1990—1995 年左右有一个非常明显的文献爆发点(见图 5-9)。是什么原因导致了这一现象的发生? 1995 年三位诺奖科学家的研究又是在什么基础上取得如此大的突破呢?

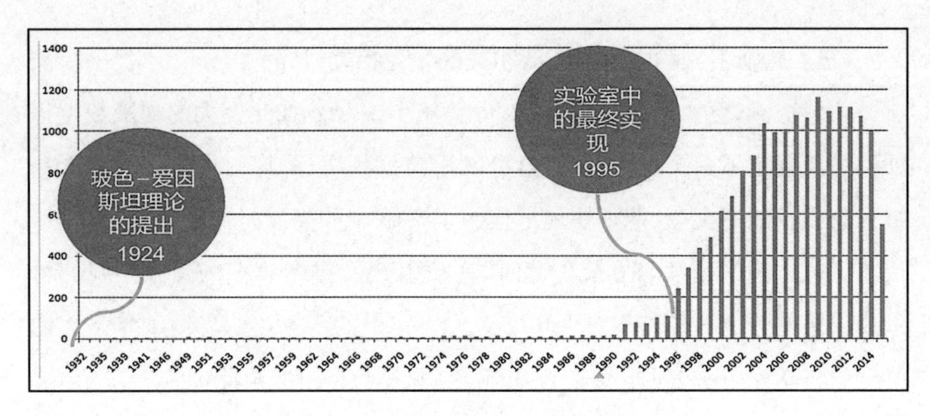

图 5-9　SCI 引文索引与文献百年回溯

这时候我们可能需要补充一些专业知识。在综合选题的搜索过程中，这是大家必须有的信息意识：不断检视认知局限，及时补充学科知识，寻求多种信息源及学科社区的帮助。建议此时可以求助于搜索引擎或者物理学的学科交流社区。经过了解得知，在物理学领域有一项名为“激光冷却和陷俘原子”的新技术，让科学家们 1988 年到 1995 年间在稀薄原子气体中先后观察到了一维、二维甚至三维的玻色-爱因斯坦凝聚。正是这项新技术让玻色-爱因斯坦凝聚的实验室提取得以成功实现。这项新技术也获得了 1997 年诺贝尔物理学奖，得奖科学家分别为朱棣文（Stephen Chu）、科恩·塔诺季（Claude Cohen. Tannoudji）和菲利普斯（William D. Phillips）。那么，要不要把这三位也纳入邀请人名单呢？此时你可能会斩钉截铁地说：“当然必须邀请啊。”不过别忘了，受邀请的唯一条件是文献，你找到他们在玻色-爱因斯坦选题中的重要文献了吗？

优秀的检索系统和检索方法会在搜索过程中的每一个转折点帮助我们。再一次回到那 38 篇参考文献和 5 998 篇施引文献中，我们依然会有重大发现！首先看 38 篇参考文献，在全世界都熟悉的爱因斯坦和选题创始人玻色因为过于引人注目被第一批挑选出来以后，还有一篇以被引频次 1 111 次雄踞榜首的文献一定会再次引起你的注意，他就是华裔科学家朱棣文

(Stephen Chu)撰写的关于“激光冷却和陷俘原子”的新方法(见图 5 - 10)!进一步查找后,会发现在参考文献和施引文献中,还有多篇朱棣文的文献。于是,朱棣文被成功加入了我们的邀请清单。

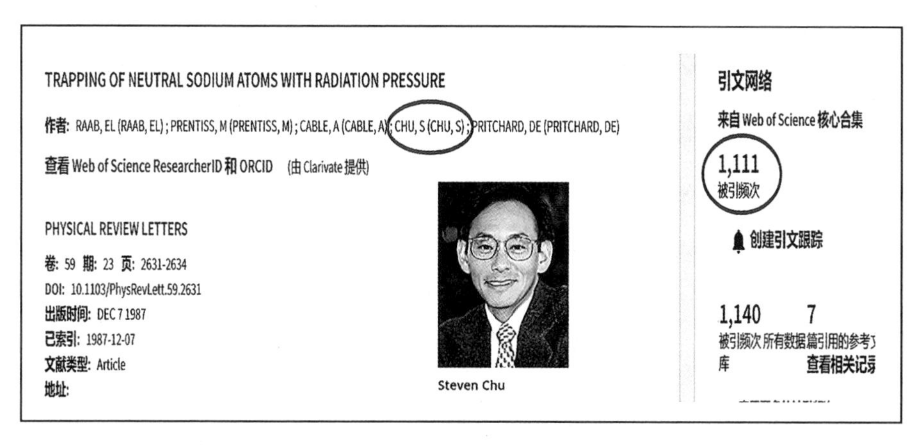

图 5 - 10　被邀请的科学家朱棣文

剩下的两位大咖怎么办呢?我们把眼光再投向施引文献,可以在 5 000 多篇施引文献中搜索作者科恩·塔诺季和菲利普斯,发现菲利普斯有 28 篇文献,而且不乏被引频次较高的文献。说明这位大胡子科学家不仅“发展了用激光冷却和捕获原子的方法”,而且在玻色-爱因斯坦凝聚这个选题中也有较多的成果,那么,他也应该被列上受邀清单(见图 5 - 11)。而科恩·塔诺季,很遗憾他可能不能入选,原因是在 38 篇参考文献和 5 998 篇施引文献中,我们没有

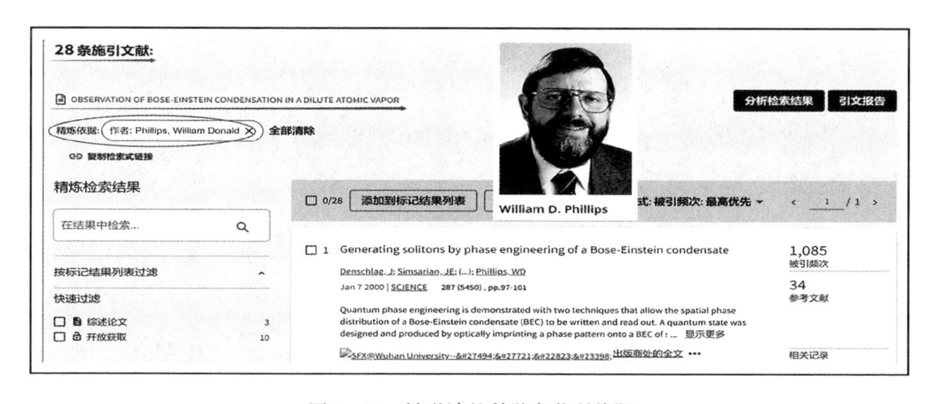

图 5 - 11　被邀请的科学家菲利普斯

发现他的身影。当然,为了慎重起见,还应该直接用他的姓名"Tannoudji C C"在SCI数据库中搜索一下,最后发现,科恩·塔诺季只有两篇文献,除了"用激光冷却和捕获原子的方法"的文献,没有关于玻色-爱因斯坦方面的文献。

(五) 最后的邀请单

最后我们再顺着引文索引的那张著名路线图,重新整理一下受邀科学家的清单(见图5-12)。按照玻色-爱因斯坦选题发展的重要时间阶段排序,他们分别是:

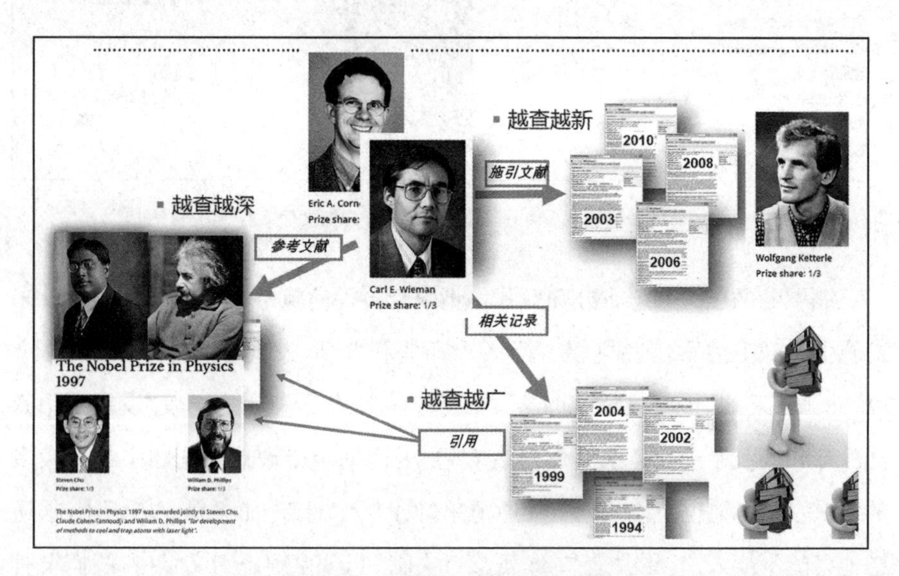

图5-12　被邀请的所有诺奖科学家

第一组

玻色(提出了普朗宁定律和光量子假说,玻色-爱因斯坦凝聚理论的雏形)

爱因斯坦(预言了一种新物质形态的存在,形成理论)

第二组

菲利普斯、朱棣文(发展了用激光冷却和捕获原子的方法,促进玻色—爱因斯坦凝聚的实验室提取)

第三组

卡尔·维曼、埃里克·康奈尔(在原子蒸汽中观测玻色—爱因斯坦凝聚现象)

沃尔夫冈·克特勒(钠原子的玻色—爱因斯坦凝聚)

全程需要用到的知识和工具有:

(1) Web of Sicence 平台。

(2) 在描述性问题中迅速解析信息需求和找到对应方法的能力。

(3) 明白用一篇高质量文献能串起选题的前世今生。

(4) 能敏锐地发现引文报告中的突变值。

(5) 审视认知局限,知道何时补充学科知识。

| 第三节 |
屠呦呦的礼物

·屠呦呦的早期青蒿素文献到底有多少? ·为什么是屠呦呦? ·搜索还将继续

“青蒿素是中医药给世界的一份礼物”。

最早开始想做青蒿素的案例并不是因为诺贝尔奖,而是这句平实而自信的获奖致辞。于是我特意找来了屠呦呦 2015 年在瑞典颁奖典礼上的演讲视频,了解了从在中国已有两千多年沿用历史的中药青蒿中发掘出青蒿素的艰难历程。这让我萌生了挖掘青蒿素重点文献的迫切愿望,我想亲眼看看那些拯救了全世界无数人的伟大成果。

一、文献计量网络图中的青蒿素

(一) 制定检索策略

在开始搜索之前必须了解基本的课题背景知识:

青蒿素(Artemisinin)是一种有机化合物,分子式为 $C_{15}H_{22}O_5$。

青蒿素为无色针状结晶,熔点为 156～157℃,易溶于氯仿、丙酮、乙酸乙酯和苯,可溶于乙醇、乙醚,微溶于冷石油醚,几乎不溶于水。因其具有特殊的过氧基团,它对热不稳定,易受湿、热和还原性物质的影响而分解。

青蒿素是治疗疟疾耐药性效果最好的药物,以青蒿素类药物为主的联合疗法,也是当下治疗疟疾的最有效最重要手段。但是近年来随着研究的深入,青蒿素的其他作用也越来越多被发现和应用研究,比如辅助治疗红斑狼疮、抗肿瘤、治疗肺动脉高压、抗糖尿病、胚胎毒性、抗真菌、免疫调节、抗病毒、抗炎、抗肺纤维化、抗菌、心血管作用等多种药理作用。

2015年11月,屠呦呦因创制新型抗疟药——青蒿素和双氢青蒿素的贡献,与另外两位科学家获2015年度诺贝尔生理学或医学奖。

对于综合性的选题,需要制定检索策略。还记得主题信息检索的流程吗?我们一起来梳理一下:

(1) 要回答以上这些问题需要获取哪些类型的资料?——期刊论文、专利、图书

(2) 这些资料分布在哪些学科?——生物医药

(3) 对这些资料的时效性有怎样的要求?——2015年10月之前

(4) 在哪里能找到这些资料?——中国知网、读秀、web of science 平台、学术搜索引擎。

(5) 用什么方法能找到这些资料?——倒查法

(6) 从哪里打开突破口?——(主题=青蒿素) OR (主题=C15H22O5)

(7) 怎么确定哪些资料是值得看的?

(二) 检索结果与分析

1. 检索结果

为了节省篇幅,我只展示在中国知网的检索结果[①]。中国知网一共获得3098篇期刊论文,258篇专利。期刊论文用被引频次排序后,发现排名第三

① 此案例检索时间为2020年11月。

和第七的均为屠呦呦的文献。专利中按照申请日期排名最早的也是屠呦呦的一篇专利(见图 5-13、图 5-14)。

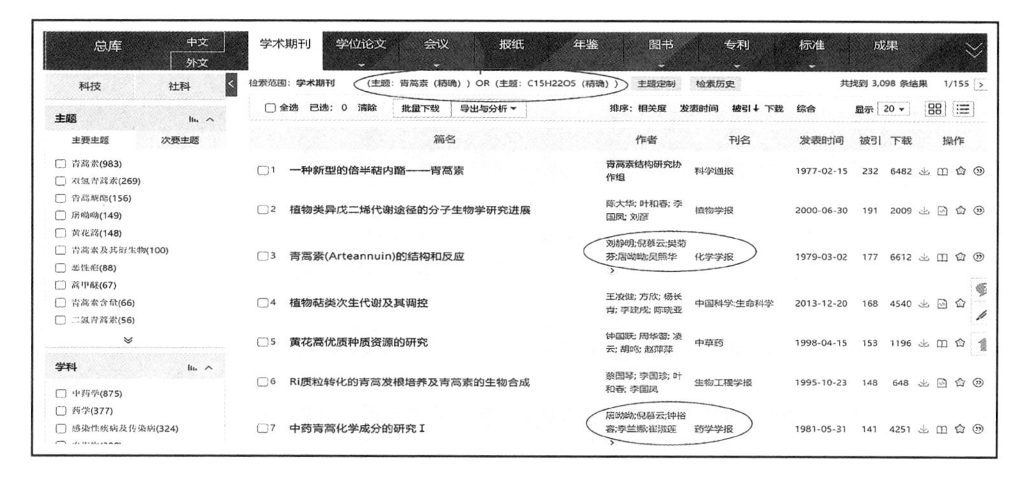

图 5-13 主题为青蒿素的期刊

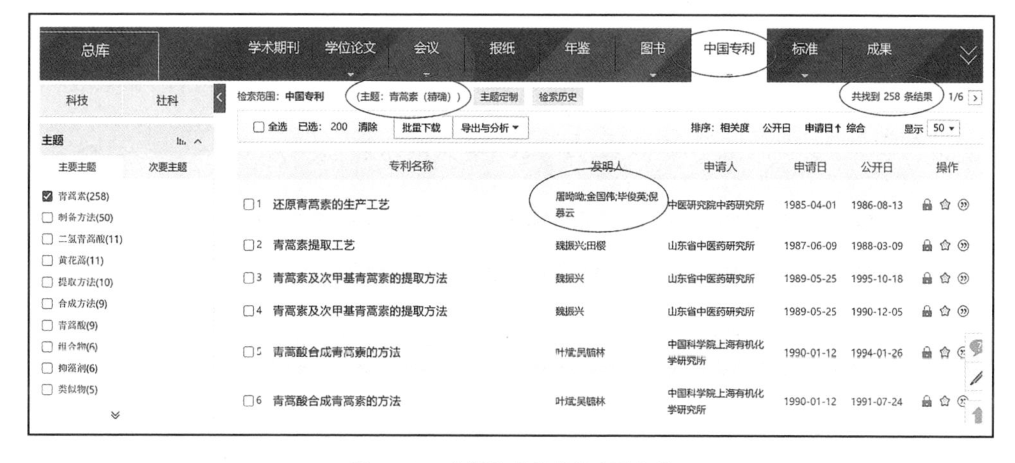

图 5-14 主题为青蒿素的中国专利

2. 主题分析

这么简单就结束了吗？显然不是，别忘了还有最重要的一个问题：怎么确定哪些资料是值得看的？所以下一步很自然地会想到需要对 3 000 多篇文献进行筛选和分析，具体解决两个问题：第一，析出青蒿素获诺奖前的重点文献；第二，分析青蒿素选题获诺奖前的整体发展态势。

我用中国知网的分析功能，一点点呈现文献计量网络中的青蒿素。首先看主题分析(见图 5－15)：

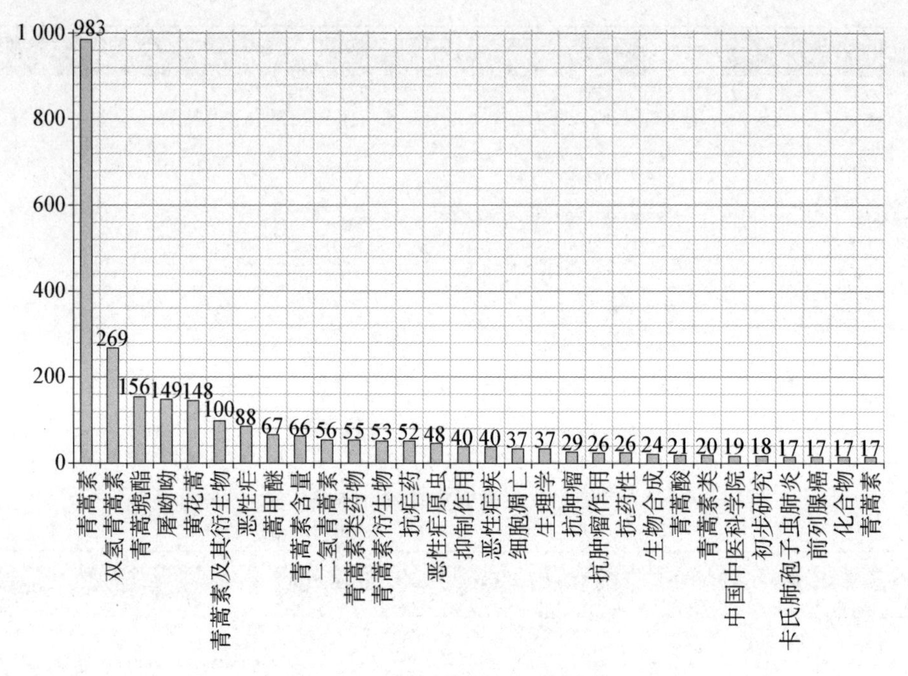

图 5－15　青蒿素期刊论文主题分析

从图 5－15 可以看出，排名靠前的主题词分别有“青蒿素”“双氢青蒿素”“屠呦呦”，完美验证了前文“课题背景知识”中呈现的：“屠呦呦因创制新型抗疟药——青蒿素和双氢青蒿素的贡献，与另外两位科学家共同获 2015 年度诺贝尔生理学或医学奖”这句话，看到这样的主题呈现，我们不仅会击节赞叹文献反应科学发展的真实性。

“黄花蒿”“恶性疟”“恶性疟原虫”“抗疟药”等主题词同时展示了青蒿素主题文献的研究热点；此外，“抗肿瘤作用”“细胞凋亡”“青蒿素衍生物”“卡氏肺孢子虫肺炎”等主题词的加入也印证了概况中所述“青蒿素其他作用越来越多被发现和应用研究，如抗肿瘤、治疗肺动脉高压、抗糖尿病、胚胎毒性、抗真菌、免疫调节、抗病毒、抗炎、抗肺纤维化、抗菌、心血管作用等多种药理作用”。

3. 年代分析

我们来看青蒿素的年代分析(见图 5-16):

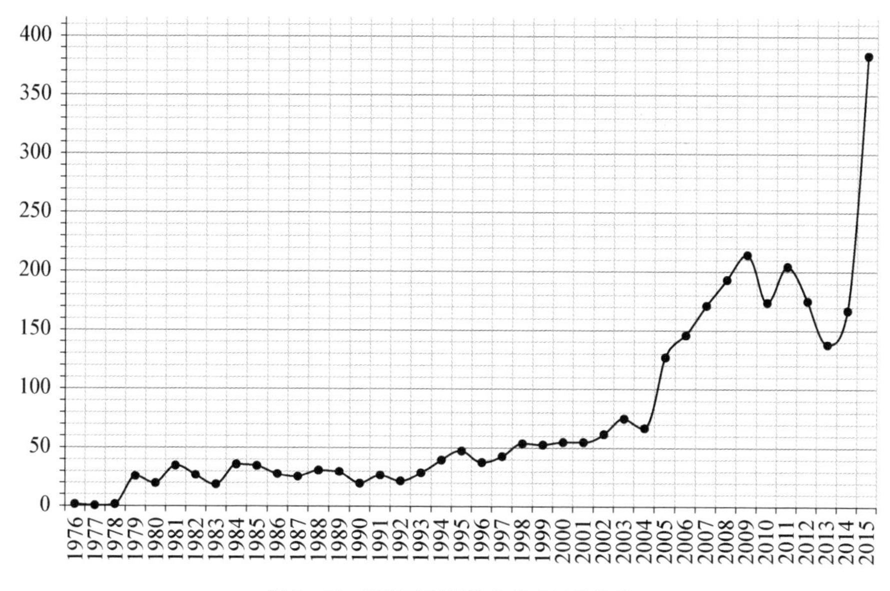

图 5-16　青蒿素期刊论文发表年代分析

从图 5-16 可以看出,青蒿素的选题发展经历了两个小高峰和一个大高峰。小高峰分别出现在 2009 年和 2011 年,大高峰出现在 2015 年。每一次文献的高峰期都反映了科学研究的高潮,计量图中的每一个突变值都需要我们去探索。通过查找有关资料得知,2009 年和 2011 年,屠呦呦分别因为青蒿素获得中国中医科学院唐氏中药发展奖和美国拉斯克医学奖。而 2015 年那条几乎笔直上升的线条毋庸置疑是诺贝尔奖引起的。

4. 来源出版物分析

分析文献来源出版物,可以对课题研究的整体质量得出客观的评价。在图 5-17 中我发现发文量居前十位的期刊均被国内高影响力期刊数据库中国科学引文索引(CSCD)数据库收录,其中《中国中药杂志》《科学通报》同时被全球高影响力数据库 SCI 收录,《化学学报》被 EI 数据库收录。排名前十位的期刊均为国内外高影响力期刊,说明青蒿素选题整体研究成果质量很高。

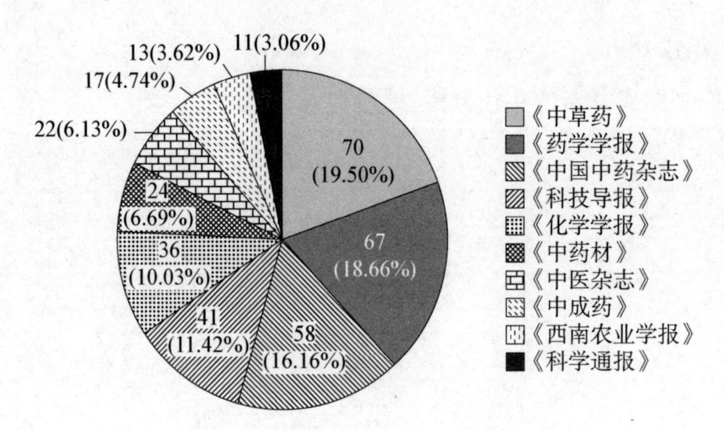

图 5-17　青蒿素期刊论文出版物质量分析

此外,我还进行了学科、研究层次、机构、基金等多项分析,这些分析无一例外地验证了前文中我们所了解的青蒿素课题背景知识。

5. 作者分析

最后,进行了作者分析(见图 5-18)。

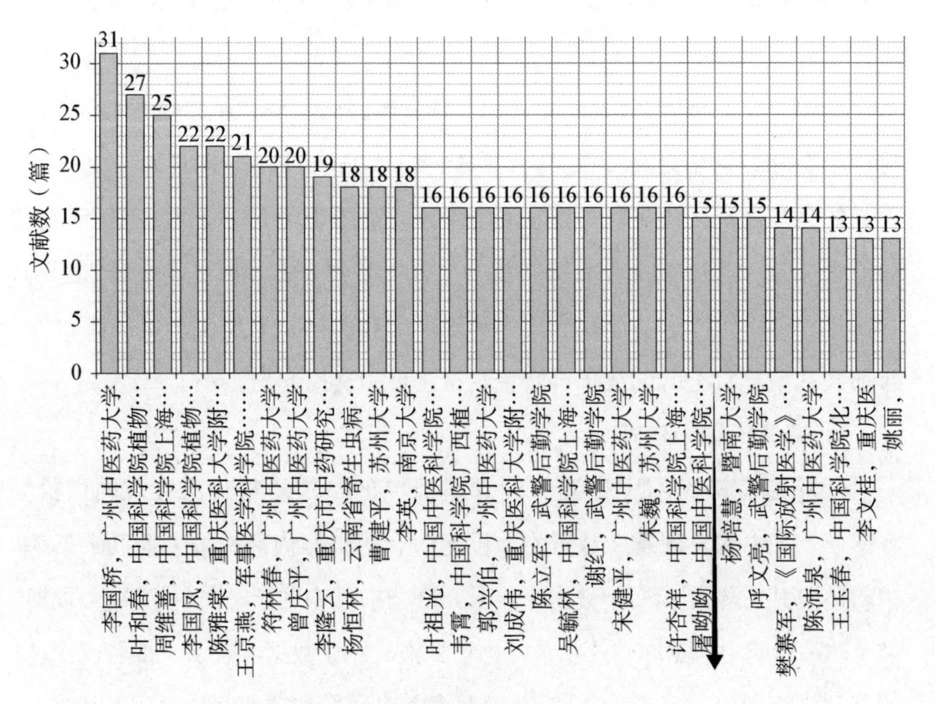

图 5-18　青蒿素期刊论文的作者分析

我惊奇地发现,在2015年关于青蒿素研究的高质量文献中,屠呦呦的排名并不靠前!这种现象应该引起检索者的足够重视。结合早期搜索的另外一条线——被引频次较高的期刊文献和申请日期最早的专利文献均为屠呦呦的论文来看,至少说明两个问题:第一,从主题检索途径的分析来看,屠呦呦作为青蒿素的主要研究者,以自己名字署名的早期文献数量不多;第二,从已发表的文献来看,屠呦呦在青蒿素课题研究中的影响力很高。这两个问题并不矛盾,但我们需要验证前者的真实性和成因,以便在析出青蒿素重点文献时着重考虑到这个因素。

二、早期青蒿素重点文献之谜

作为青蒿素的主要研究者和诺奖获得者,屠呦呦早期关于青蒿素的文献到底有多少?想要找到青蒿素选题的重点文献,这就是一个绕不开的问题。

(一)知网两种检索途径结果比较

据前面知网期刊论文的作者分析,屠呦呦在2015年以前关于青蒿素主题的期刊论文只有15篇,排在第20位(见图5-18),为了验证这一结果的真实性,我用“AU=屠呦呦 and PY≤2015”做了重新检索(见图5-19),结

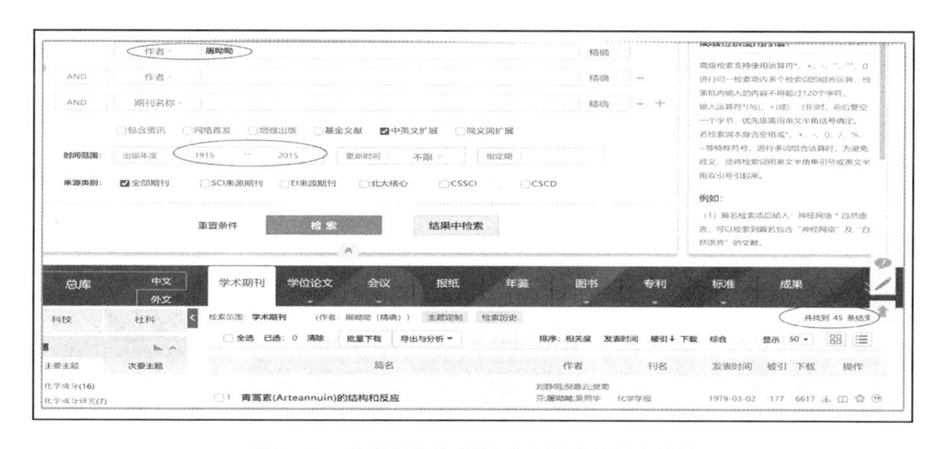

图5-19 作者字段搜索“屠呦呦”的期刊论文数量

果显示屠呦呦署名的期刊论文共45篇,其中有关青蒿素的期刊论文共28篇(从论文标题判断),说明通过知网的两种检索途径(主题、作者)检索出的结果是不相符合的。究竟哪一种更可信呢? 我当然倾向于后者,因为前者可能与数据库对主题标引方式的不同理解有关。

(二) 从一篇重点文献追溯查找

为了进一步验证这个问题,我又继续查找了 Web of Science 平台,发现此平台一共收录了屠呦呦的71篇文献,2015年前的文献有4篇,这些都是早期屠呦呦署名的重要文献。尤其是她2011年发表在著名期刊 *Nature Medicine* 上,题名为"The discovery of artemisinin (qinghaosu) and gifts from Chinese medicine(青蒿素的发现和中药的馈赠)"(见图5-20)的一篇论文,详细梳理了青蒿素研制的背景及过程,介绍了青蒿素的分子结构。从文章的内容及发表时间可以判断,此篇是在屠呦呦获得拉斯克医学奖之后所撰写,而且她在诺奖致辞中也基本以此篇论文为脉络,足以说明此篇论文的重要程度。

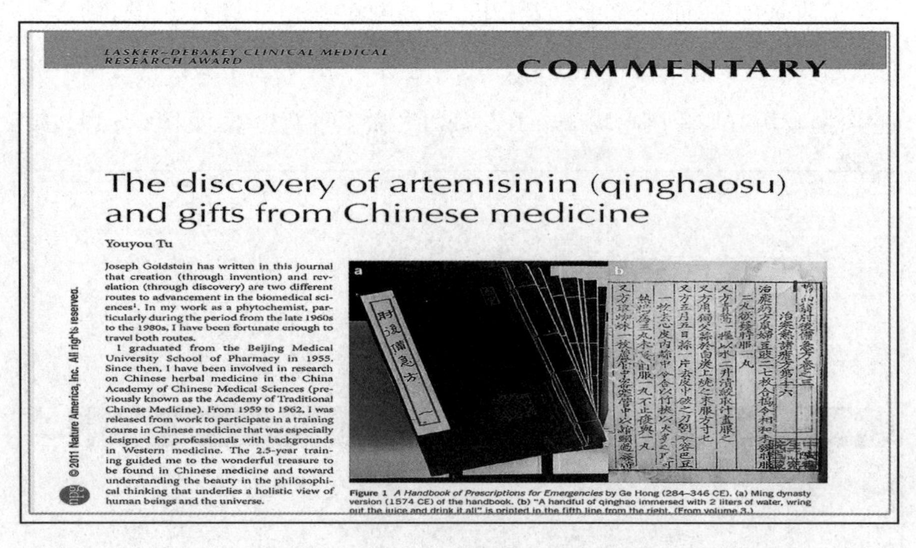

LASKER~DEBAKEY CLINICAL MEDICAL RESEARCH AWARD

COMMENTARY

The discovery of artemisinin (qinghaosu) and gifts from Chinese medicine

Youyou Tu

Joseph Goldstein has written in this journal that creation (through invention) and revelation (through discovery) are two different routes to advancement in the biomedical sciences[1]. In my work as a phytochemist, particularly during the period from the late 1960s to the 1980s, I have been fortunate enough to travel both routes.

I graduated from the Beijing Medical University School of Pharmacy in 1955. Since then, I have been involved in research on Chinese herbal medicine in the China Academy of Chinese Medical Sciences (previously known as the Academy of Traditional Chinese Medicine). From 1959 to 1962, I was released from work to participate in a training course in Chinese medicine that was especially designed for professionals with backgrounds in Western medicine. The 2.5-year training guided me to the wonderful treasure to be found in Chinese medicine and toward understanding the beauty in the philosophical thinking that underlies a holistic view of human beings and the universe.

Figure 1 *A Handbook of Prescriptions for Emergencies* by Ge Hong (284–346 CE). (a) Ming dynasty version (1574 CE) of the handbook. (b) "A handful of qinghao immersed with 2 liters of water, wring out the juice and drink it all" is printed in the fifth line from the right. (From volume 3.)

图5-20　Web of Science 平台收录的屠呦呦论文原文(摘选)

验证信息来自这篇外文文献的参考文献，我从此论文的 46 篇参考文献中发现了以下二个问题：第一，屠呦呦在 20 世纪 70—90 年代青蒿素的主要研究时期，确实发表了不少于 24 篇关于青蒿素研究的文献(从 46 篇参考文献的署名可知)，只是这些文献由于所处年代的原因多见于国内期刊，这就进一步验证了屠呦呦早期的青蒿素论文应该是 28 篇而不只是 15 篇；第二，早期青蒿素文献中有几篇奠基性的文献均是以“青蒿素研究协作组”的集体名义发表！(见图 5－21)

2. Collaboration Research Group for Qinghaosu. A new sesquiterpene lactone—qinghaosu [in Chinese]. *Kexue Tongbao* **3**, 142 (1977).
3. Liu, J.M. *et al.* Structure and reaction of qinghaosu [in Chinese]. *Acta Chimi. Sin.* **37**, 129–143 (1979).
4. Collaboration research group for Qinghaosu. Studies on new anti-malarial drug qinghaosu [in Chinese]. *Yaoxue Tongbao* **14**, 49–53 (1979).
5. Collaboration research group for Qinghaosu. Antimalarial studies on qinghaosu [in Chinese]. *Chin. Med. J.* **92**, 811–816 (1979).

10. Collaboration Research Group for Qinghaosu. Chemical studies on qinghaosu. *J. Tradit. Chin. Med.* **2**, 3–8 (1982).

图 5－21　以集体名义发表的青蒿素早期重点文献

至此，早期青蒿素研究的重点期刊论文就全部呈现了，它们的发表时间多在 20 世纪 70 年代到 90 年代之间，由“青蒿素研究协作组”和屠呦呦署名的文献组成，为节省篇幅，这里就不一一呈现了。

(三) 青蒿素课题其他重点文献

而重点文献除了期刊论文、专利以及成果以外，还有一本屠呦呦 2009 年编著的图书《青蒿及青蒿素类药物》不可或缺，这是一部系统阐述青蒿素的发现和发展历程的专著，从青蒿的本源，青蒿素的原创发明，其第一个衍生物——双氢青蒿素的创制及其后的青蒿素类药物研究进行了系统论述。据人民出版社出版的《屠呦呦传》记载：“她总对来访的人说，有这本书就够了，作为科学家，她只愿意用这本 260 页厚的学术著作与世界对话，对于更多其他的,她似乎无话可说。”

三、搜索是一门科学还是一项艺术?

英国图书馆员拉姆齐说过:“意外收获在发掘有趣的相关资源中非常重要,这不断地向我们提出一个问题:资料检索到底是一门科学还是一项艺术?”

我想,这句话想表达的是信息搜索过程同时也是一个学习过程,对搜索结果进行选择可以探索信息需求的可能性范围,允许意外相遇或意外发现。搜索中需要对信息的具体情境进行审视与思考。比如个人的认知情境、具体的社会背景与文化情境、特定的学术交流社区情境等。在这个案例中,我有很多意外收获与思考,而这些与案例搜索呈现出相互推动的模式。

比如,因为对知网的作者分析结果有疑问,在寻找原因的过程中我阅读了许多相关文献:《屠呦呦获诺奖对大学学术管理的启示》①、《科技发明权与屠呦呦青蒿素发现争端的化解》②、《论我国科研评价体制中的二律背反——对屠呦呦获诺贝尔奖引发争议的再思考》③、《科学社会学视野中的屠呦呦获诺奖》④等。从这些文献中,我了解到青蒿素的研究是源于1967年研发抗疟药物的“523项目”,是在战争背景下响应国家号召和人民需要而设立的一项集体科研项目,青蒿素的成功研制也是集体协作攻关的智慧结晶,所以早期的重要文献多以“青蒿素研究协作组”的名义集体发表,这也是屠呦呦获诺奖会引起国内学术界广泛讨论的主要原因。

后来,我又找到了人民出版社的《屠呦呦传》,在“享誉世界”一章中,“为什么是屠呦呦”的标题再一次吸引我将问题彻底厘清。文中用大量史料证实了屠呦呦是第一个发现青蒿的乙醚中性提取物具有高抗疟功效,以及是

① 周程.屠呦呦与青蒿高抗疟功效的发现[J].自然辩证法通讯,2016,38(01):1-18.

② 黄松平,朱亚宗.科技发明权与屠呦呦青蒿素发现争端的化解[J].科技导报,2012,30(22):15-18.

③ 邹太龙,张学敏.论我国科研评价体制中的“二律背反”——对屠呦呦获诺贝尔奖引发争议的再思考[J].高校教育管理,2017,11(04):76-82.

④ 李伯聪.科学社会学视野中的屠呦呦获诺奖[J].自然辩证法通讯,2016,38(01):19-24.

她第一个将青蒿的乙醚中性提取物应用于临床试验的事实,屠呦呦无可争议地享有青蒿素的发明权。而这其中科研奖励的价值取向是集体在场还是个人在场,科研评价的根本标准是外显指标还是内在价值,以及中西方对创新理念的界定等问题依然吸引我将搜索一直进行到底。

文末彩蛋

★检索工具

1. SCI(Science Citation Index)数据库

著名的 Web of Science 平台三大期刊索引之一。SCI(科学引文索引)数据库大家更是久闻大名,收录全球高影响力的自然科学期刊论文,这从正文案例中的诸多诺奖作者文章就可见一斑。

2. Social Science Citation Index(SSCI)(社会科学引文索引)

著名的 Web of Science 平台三大期刊索引之一。SSCI 收录社会科学的 50 多个核心学科领域的 3400 多种最具影响的期刊文献信息。数据可回溯到 1900 年。

3. Arts & Humanities Citation Index(A&HCI)(艺术与人文科学引文索引)

著名的 Web of Science 平台三大期刊索引之一。收录 20 多个艺术与人文学科领域内 1800 多种学术期刊,数据可回溯至 1975 年。

4. Conference Proceedings Citation Index-Science (CPCI - S)(会议录引文索引—自然科学版)

著名的 Web of Science 平台会议录索引之一。收录自然科学学科的重要会议文献及被引情况。

5. Conference Proceedings Citation Index-Social Science & Humanities (CPCI - SSH)(会议录引文索引—人文与社会科学版)

著名的 Web of Science 平台会议录索引之一。收录社会科学学科的重要会议文献及被引情况。

6. SpringerLink

施普林格(Springer-Verlag)是全球著名的科技出版集团之一,业务范围涵盖电子图书和学术期刊。它收录全学科的文献,但基于历史渊源,还是侧重自然科学。

7. Wiley

John Wiley 是全球著名的科技出版集团之一,有近 200 年历史。在化学、生命科学、医学以及工程技术等领域学术文献的出版方面颇具权威性。核心产品有 Wiley 电子教材、电子图书与电子期刊。还有被多所一流国际知名院校指定为教学参考书的 Wiley 电子教材。

8. Science Direct online(Elsevier)

Elsevier 是全球最大的科技与医学文献出版发行商之一,Science Direct online(SDOL)是其旗下的著名全文数据库,WOS 平台、EI 数据库之类国际著名的文摘数据库诸多全文都是它来提供全文链接。主要收录期刊、图书、丛书、手册和参考书的全文和书目信息,是全学科的全文数据库。

9. Gale 数据库

Gale 集团是美国著名出版机构,是全球最大、最权威的参考书出版商,多年来以出版人文和社科工具书著称,尤其是文学及传记工具书以及机构名录方面颇具权威性。

★请查查看

2010 年度诺贝尔生理学或医学奖被誉为“试管婴儿之父”的英国科学家罗伯特·爱德华兹获得,他因“在试管受精技术方面的发展”而被授予该奖项。请检索有关“试管婴儿”的中外文文献,分析此选题的发展趋势及重点文献,并结合当时社会对此领域的争议,用具体文献说明各方观点,探讨影响科学研究的伦理、宗教、文化、技术等各方面的因素。

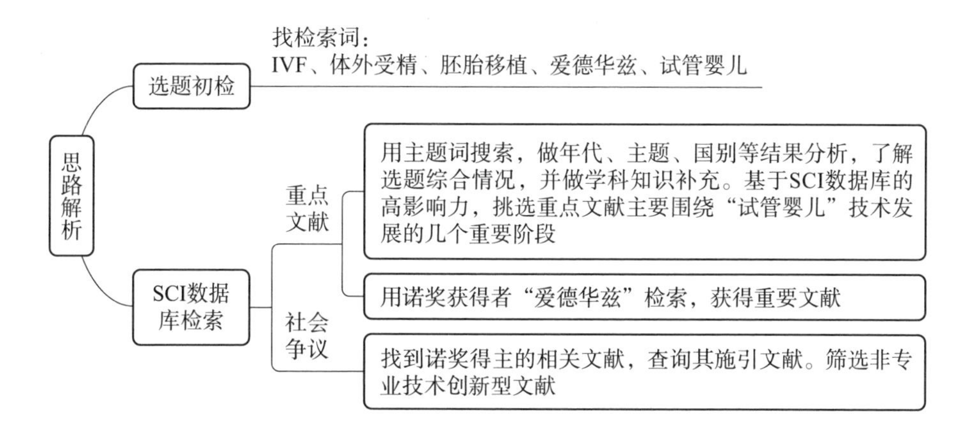

第六章

演练（中）：不容忽视的搜索引擎

“

我一直认为，搜索引擎的最大用处在于解决小问题，这些小问题看起来不复杂，但在我们的固有知识系统中毫无头绪，而且时间紧急，亟待解决。简单来说就是需要用最少的时间，最小的精力来完成。

根据中国互联网络中心（CNNIC）发布的第 50 次《中国互联网络发展状况统计报告》，截至 2022 年 6 月，我国搜索引擎用户规模达 8.21 亿，占网民整体的 78.2%。“互联网之父”温顿 · 瑟夫（Vinton G. Cerf.）也曾说过，“搜索引擎已经成为人类记忆的替代品”。搜索引擎在各种场景的使用频率之高，让我感觉小任务也实在不容忽视。

”

|第一节|
完成一个小任务

·迅速提炼需求和线索　·为什么选 CSDN?　·你要找的是“词频统计”还是“词云图”?

回顾一下我们上一次使用搜索引擎的场景:

- 为什么搜索?
- 有哪些线索?
- 使用了什么搜索引擎?
- 从哪里找到突破口?
- 怎么挑选信息?
- 感受如何?

是否似曾相识?它与前文的主题信息检索流程几乎一样。所以问题一下变得简单起来,既然流程都一样,那么只要掌握搜索引擎的种类和基本搜索技巧就可以了。我们用一个小任务来感受一下。

一、为什么搜索(需求表达)

这次的小任务来源于队友林老师,他组织了一个十五天共读一本书的打卡活动,书名是《我教过的苦孩子》。活动收集了多名学生共计 251 条记录的阅读感想(见表 6-1),文档格式为 EXCEL 工作表,任务是做出这些阅读感想的关键词词云图,限定一小时内完成。

表 6-1　阅读打卡记录(摘选)

打卡日期	阅读感想
2022-12-05	“如果不能前程似锦,那就俯下身去铺设自己的前程,你蹚出来的每一步都是未来的风景。”是的,未来的路是要靠自己一步一步走出来的。

(续表)

打卡日期	阅读感想
2022-12-04	在看后传,贫困生毕业后,比别人少很多信息资源,未来会如何呢?这本书勾画出了一个基本群像,他们背负着全家人的希望,背负着改变贫穷的义务和宿命,毕业后依旧要摸爬滚打。“摸爬式努力”,他们身上的韧劲、不屈服、努力的精神一直是他们的宝贵财富。
2022-12-03	遇到难事挫折失败和不如意,没什么大不了的,深呼吸,十秒钟,然后继续在人生的道路上摸爬滚打,一路前行。共勉。
2022-12-02	要有重新开始的勇气,人不要给自己设限,人生的魅力之一是充满各种可能性,不去尝试怎么知道行不行呢?这本书里的大部分主人公都是特别敢于尝试,从来没有说遇到挫折就一蹶不振的,他们遇到困难也不怕依旧去尝试去寻找机会,这种精神有被感染到。
2022-12-01	在看第46个小故事《网贷是个坑》,文章的最后主人公反省自己为什么会网贷为什么会乱花钱,他说:“从小到大没掌管过钱,对钱的认知很片面。”“网贷最初像魔术师的袋子,变出来很多我想要的东西,结果那个袋子破了,魔术师追着我要我偿还。不是偿还那些变出来的东西,而是要我偿还他一个金袋子。”万幸的是他还完了网贷,没有欠下更多。网贷确实是个坑,千万不能陷进去。
2022-11-30	越长大越认识到自己的平凡普通,小时候梦想很大,想着出人头地,想着工作要挣好多好多钱。现在在读研究生,找实习发现自己简历上没什么可写的,一无所长,“平凡的学历,没有可加持的技能,做着重复简单的事情却经常会犯简单的错……”感觉这就是我的真实写照。很残酷但很真实。

二、有哪些线索(分析课题)

需求是为一个近4万字的文本制作关键词词云图。而且有别于一般学术论文的关键词聚类只有实质性意义的名词,这个任务要求将代词、动词、形容词均做聚类,因为这是做社科文献计量的重点,不容忽略。比如代词“你们”“我们”“他们”可能在学术论文中无意义,但在此次阅读打卡中会指代某一类人,比较有意义。已知线索只有一个EXCEL工作表,这个工作表应该需要先转换成文本文档。

三、使用了什么搜索引擎(确定信息源、工具)

接下来的工作便是挑选工具。

可以做词云图的软件很多,我大概知道 CiteSpace、Python、VOSviewer

等都可以做,甚至连 EXCEL 和 NoteExpress 都可以做,但问题是,前者需要繁琐的安装运行过程,且大多是基于具有作者关键词的学术论文聚类,后者需要词频统计的基础数据(这是实践后才发现的),而我之前也没有做过这种纯文本的关键词聚类。时间紧迫,不容我现学现安装复杂的程序,于是我的考虑重点落在了搜索轻量级的小软件上。而信息源我则选择国内知名的IT 社区搜索引擎 CSDN (https://www. csdn. net/)。

四、从哪里找到突破口(提取检索词、筛选信息)

从哪里找到突破口呢?其实这个问题的本质是选择什么样的信息源以及搜索关键词,尤其是搜索关键词。我选中了国内知名的 IT 社区搜索引擎 CSDN (https://www. csdn. net/),在主页分别搜索了“词云”“分词”,发现搜索出来的都是已知的 Python、JAWA 等不合适的软件,最后我将检索式转换成:“词频统计 and 应用”,因为我已清楚直接将“词云图”作为检索词无法满足此次搜索需求,而“词云图”的本质正是“词频统计”,所以我真正需要的是“词频统计”的软件。果然,通过筛选最新结果,发现了一个叫“微词云”的中文小软件(见图 6-1)。为了进一步节省时间,我又飞快地转回百度搜索

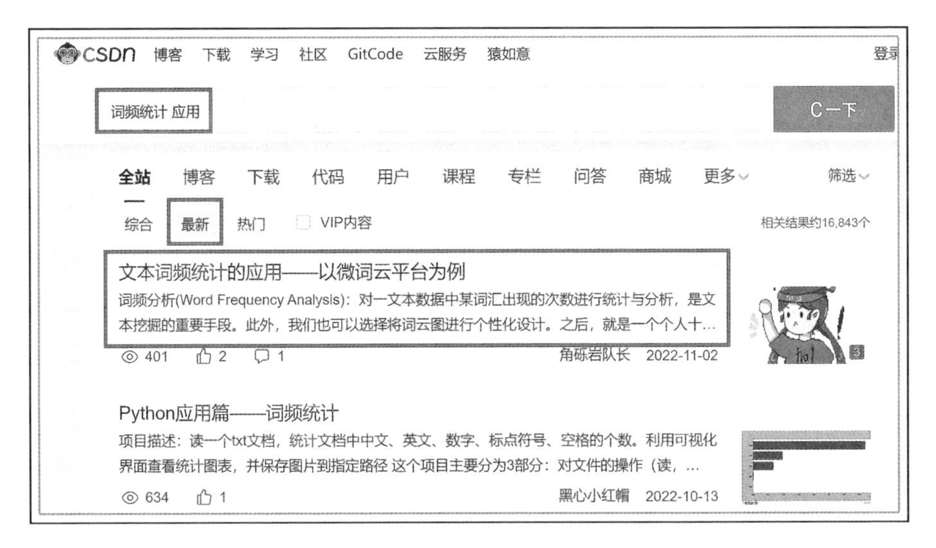

图 6-1 CSDN 搜索结果

到了“微词云”的2分钟使用指南，迅速掌握了此款小软件的词频统计及制作词云图的方法。

后面的结果便有如神助了。按照视频中极其简单的操作，我打开微词云官网，不需要下载和安装，注册过程也很简单，3分钟便实现了文本的词频统计、词云图制作（见图6-2、图6-3）。

全部单词　名词　动词　副词　代词　形容词

xlsx	A	B	C	D
1	单词	勾选	词频	词性
2	自己	否	175	代词
3	他们	否	146	代词
4	我们	否	126	代词
5	故事	是	108	名词
6	孩子	是	103	名词
7	生活	否	94	名动词
8	没有	否	75	动词
9	一个	否	71	数词
10	人生	是	69	名词
11	努力	否	66	副形词
12	但是	否	60	连词
13	可以	否	54	连词
14	主人公	是	49	名词
15	什么	否	48	代词

图6-2　阅读打卡词频统计表（节选）

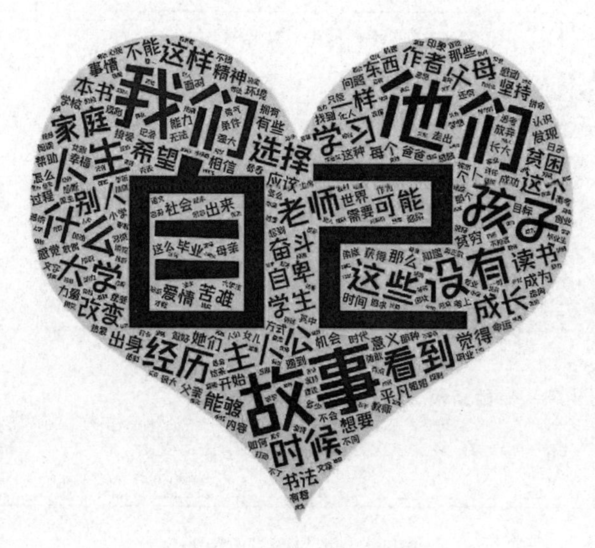

图6-3　阅读打卡关键词词云图

五、有什么收获(结论)

全程需要用到的知识和工具有：

(1) 迅速提炼需求与线索的能力。

(2) 掌握搜索引擎的种类并明晰何时该用哪一种。

(3) 知道如何在搜索引擎中准确使用检索词。

(4) 在词云生成器自动忽略代词、动词、数词、介词之类的时候记得手动加上。

(5) 学软件找视频比看文字快得多。

| 第二节 |
搜索引擎知多少

· 助你一臂之力的宝藏图 · 学会优雅地挑选 · 如何在搜索引擎中进行恰当的表达?

不知大家是否发现，在前一节的小任务中，解决问题的关键在于选择合适的搜索引擎以及准确地使用检索词。关于检索词我们已经学习和实践了很多，目前需要解决的重点是到底有多少种搜索引擎，以及如何在遇到问题时选择合适的搜索引擎。

一、到底有多少种搜索引擎?

搜索引擎可以用多种标准分类，比如按信息内容的组织方式划分、按专业范畴划分，按检索功能划分、按搜索运营方式划分等，这里呈现日常学习和工作中用得比较多的两种分类方式。

(一) 按照信息内容的组织方式分类

搜索引擎按照信息内容的组织方式主要可分为全文搜索引擎(Full Text Search Engine)、目录搜索引擎(Search Index/Directory)和元搜索引擎

(Meta Search Engine)。

全文搜索引擎(见图 6-4)是我们平时最熟悉的搜索引擎,它们的工作原理是用“网络爬虫”从互联网上提取各个网站的信息(以网页文字为主),建立自己的内容索引数据库,然后经过链接分析合理地评估这些信息资源的质量,最后与检索需求匹配后按一定的排列顺序将结果返回。比较有代表性的有:百度、Bing、Yandex、Qwant、Google 等。

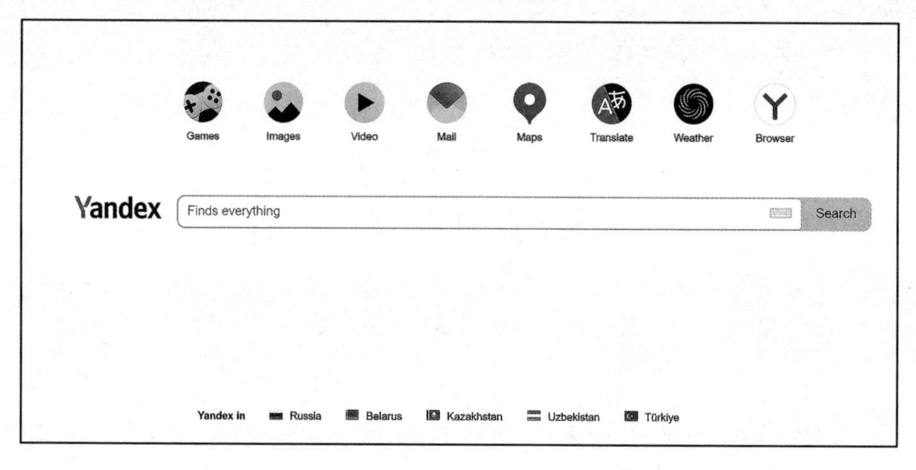

图 6-4 全文搜索引擎示例:Yandex (https://yandex.com/)

目录搜索引擎(见图 6-5)在国外一般被称为“Directory”,它是指一种主题分类目录,工作原理是由人工对网站进行标引和组织,提供分类检索。由于分类目录已按照学科或主题对网络信息进行了标引,所有网站在分类体系中“纵向成枝,横向成网”,只需“按图索骥”,同一类属或相关主题的信

图 6-5 目录索引类搜索引擎示例:搜狐网(https://www.sohu.com/)

息即可“循类以求”。目录搜索是门户网站不可缺少的检索方法。比较有代表性的目录搜索引擎包括 Yahoo!、Project(DMOZ)、LookSmart、About、搜狐、新浪、网易搜索等。

元搜索引擎(见图 6－6、图 6－7)十分有趣,它接受查询请求后,会同时在多个搜索引擎上搜索,这样用户就可以第一时间在相同主题下获得不同

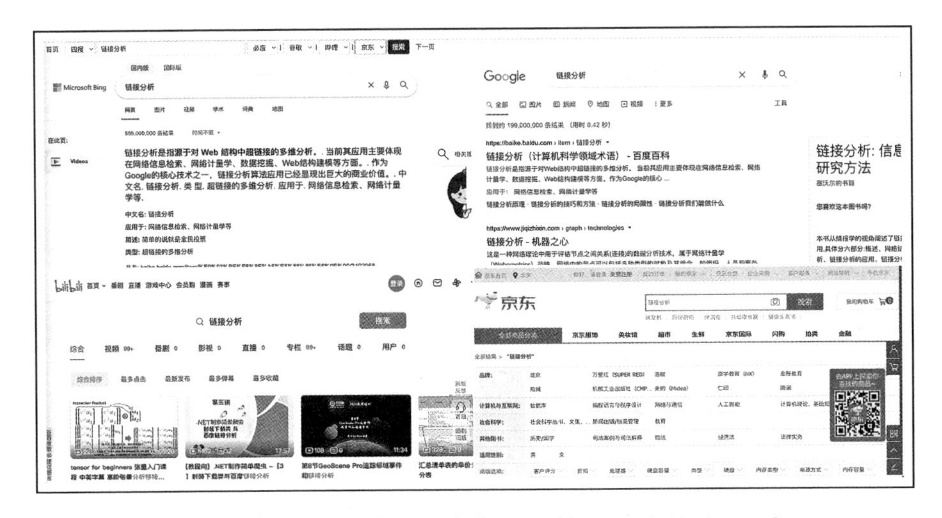

图 6－6　元搜索引擎示例:谷百度歌(https://www.gobaidugle.com/)

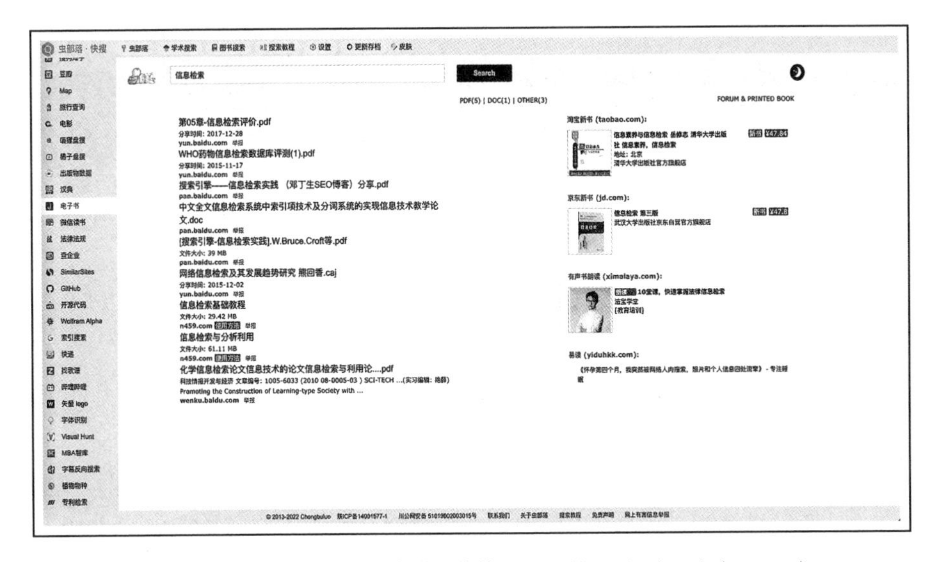

图 6－7　元搜索引擎示例:虫部落·快搜(https://search.chongbuluo.com/)

搜索引擎的结果。比较熟悉的元搜索引擎有谷百度歌、虫部落(快搜)、科塔学术导航、InfoSpace、Dogpile、VIsisimo 等。

(二) 按照搜索运营方式分类

按照搜索运营方式,搜索引擎可以分为通用搜索引擎和垂直搜索引擎(见图 6-8、图 6-9)。

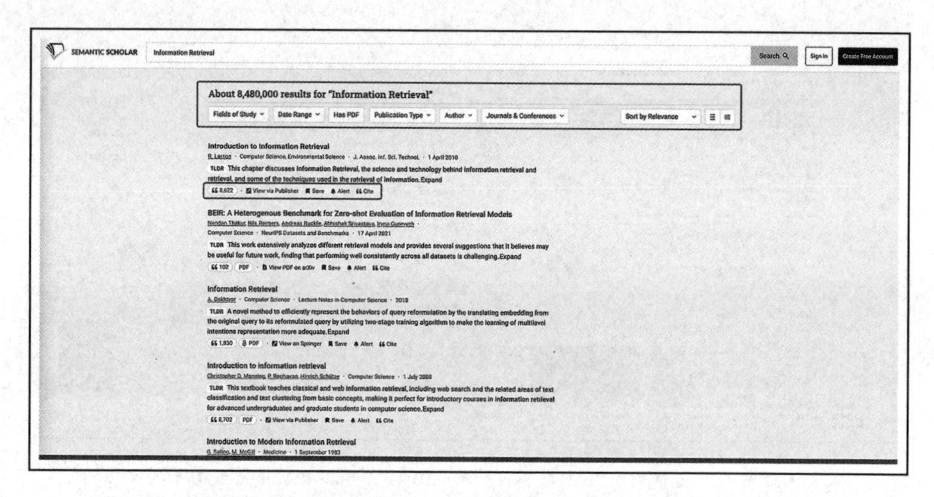

图 6-8 垂直搜索引擎示例:Semantic Scholar (https://www.semanticscholar.org/)

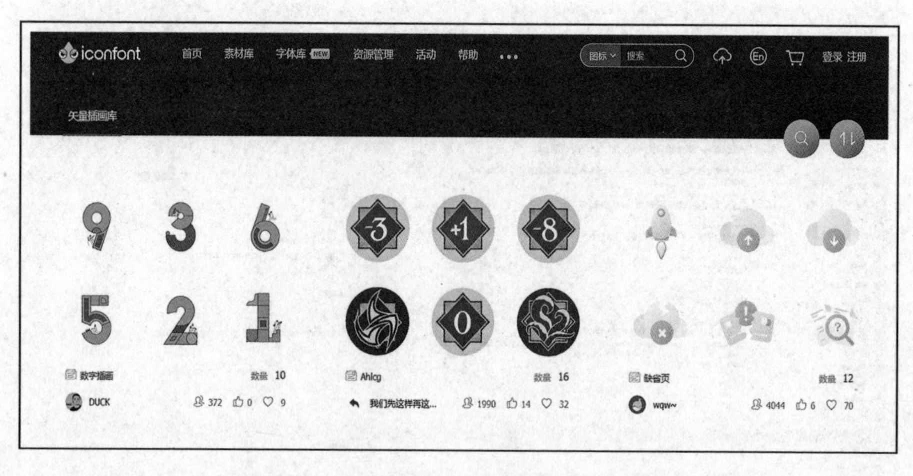

图 6-9 垂直搜索引擎示例:阿里巴巴矢量图标库(https://www.iconfont.cn/)

通用搜索引擎实际上等同于全文搜索引擎,我们需要重点关注的是垂直搜索引擎。

顾名思义,垂直搜索引擎是针对某一行业某一领域的专业搜索,具有“专、精、深”的特点,可以满足用户的个性化的需求。手机里关于衣食住行的APP,大多数都有内嵌的搜索系统,比如淘宝、美团、链家、高德、B站等等,都可以称为垂直搜索引擎。为了便于记忆,还可以将它们进一步分为学术类、生活类、图片类、视频类等等。尤其是学术类搜索引擎,依然是我们关注的重点。

(三) 我收集的宝藏图

清晰地了解了搜索引擎的分类以后,下一步的工作就应该是收集各种类目中靠谱的搜索引擎。下面是我调研了中国知网学术论文、百度及其他搜索引擎信息并结合自己的搜索体验绘就的宝藏图,筛选过程中只保留了国内能正常访问的搜索引擎。

1. 通用搜索引擎

除了表6-2所列以外,国外通用搜索引擎还有很多,比如老牌的AltaVista、Lycos、HotBot、AstaLaVista等,因为这些站点目前在国内都无法访问,所以没有列出。其实习惯用什么样的通用搜索引擎是比较个人的选择,无需太多,所以不用过多费神,可以参考我的推荐,也可以自己去发现。

表6-2　通用搜索引擎示例

		名称	网址
通用搜索引擎	国内	百度	https://www.baidu.com/
		搜狗	https://www.sogou.com/
		360	https://www.so.com/
		中国搜索	https://www.chinaso.com/
		神马搜索	
		夸克搜索	

(续表)

		名称	网址
	国外	Google(美国)	https://google.com/
		Bing(美国)	https://cn.bing.com/
		Yandex(俄罗斯)	https://yandex.com/
		Ask	https://www.ask.com/
		Naver(韩国)	https://www.naver.com/
		Qwant(法国)	https://www.qwant.com/

2. 目录搜索引擎

目录搜索引擎比较适合浏览,这与大家平时的搜索需求和习惯相关。

表 6-3 目录搜索引擎示例

		名称	网址
目录搜索引擎	国内	网易	https://www.163.com/
		新浪	https://www.sina.com.cn/
		搜狐	https://www.sohu.com/
		凤凰网	https://www.ifeng.com/
	国外	Yahoo!(美国)	https://www.yahoo.co.jp/
		Dmoz(美国)	https://www.dmoz-odp.org/
		Rambler(俄罗斯)	https://news.rambler.ru/starlife/

3. 垂直搜索引擎

垂直搜索引擎中我挑选了一些自己用过的学术类、图片类和文件类推荐给大家(见表 6-4、表 6-5)。

表 6-4 学术搜索引擎示例

		名称	网址
学术搜索引擎	国内	百度学术	https://xueshu.baidu.com/
		科塔学术	https://www.sciping.com/
		青泥学术	https://www.xueshuchuangxin.com/
		虫部落	https://scholar.chongbuluo.com/
		soopat 专利搜索引擎	http://www.soopat.com/Home/Index

(续表)

		名称	网址
	国外	Google scholar	https://scholar.google.com/
		Bing 学术	https://cn.bing.com/academic/
		SCI-Hub	https://www.sci-hub.se/
		OALib	https://www.oalib.com/
		Semantic Scholar	https://www.semanticscholar.org/
		Cnpiec LINK servic	http://cnplinker.cnpeak.com/
		Semantic Scholar	https://www.semanticscholar.org/
		The World Digital Library	https://www.loc.gov
		XERFI	http://www.xerfi.com/

表 6-5　图片和文件搜索引擎示例

		名称	网址
垂直搜索引擎	图片	Google 识图	https://www.google.com/imghp
		百度识图	https://image.baidu.com/
		搜狗识图	https://pic.sogou.com
		必应可视化搜索	https://cn.bing.com/visualsearch
		SauceNAO	https://saucenao.com/
		TinEye	https://www.tineye.com
		findicons	https://findicons.com/
		觅知网	https://www.51miz.com/
		阿里巴巴矢量图标库	https://www.iconfont.cn/
	文件	Find-pdf-doc	http://www.findpdfdoc.com/
		docjax	http://docjax.com/
		Book Gold Mine	https://www.bookgoldmine.com/
		Research Index	https://citeseer.ist.psu.edu/

关于学术搜索引擎,在“信源”一章中我已经列出了国内外开放获取资源的信息源,所以表 6－4 中不包括 DOAJ、PUBmed、arXiv、BASE 以及中国科技期刊开放获取平台等国内外著名的开放获取资源类学术搜索引擎。

找图片有两种需求:一种是识别图片,比如寻找图片的出处、作者、名称等,可以利用诸如百度识图等以图识图的功能;另一种是找图片素材,可以利用觅知网等高质量图片素材搜索引擎。

找文件也有两种方法:一种是利用专门的文件搜索引擎,更常见的一种是利用特殊命令在通用搜索引擎中寻找,这种方法我在下一节会教给大家。

二、优雅地挑选

虽然上面的宝藏图中收集的搜索引擎只是九牛一毛,但也足以让我们眼花缭乱了。所以依然需要掌握一些基本的筛选搜索引擎的原则(见表6-6)。如同我在完成词云图的任务时,为什么第一时间脑海里会反应出CSDN而不是百度?有时候知识就是如此矛盾,多了会繁琐混乱,少了又觉书到用时方恨少,要实现成竹在胸的优雅,实在需要一些归纳和实践。

表6-6　搜索引擎筛选原则

需求		搜索引擎类型	任务示例
学术	用于解决小问题(请不要用搜索引擎进行学术研究)	学术搜索引擎	查找某篇精确文献、需要某种文献的规范参考文献格式、大致了解某个学者或者机构的影响力等
日常	一般了解某陌生领域的信息	通用搜索引擎	了解某个领域的基本理论、概念等,比如“诱导多能干细胞(IPS)”
	全面了解或比较某领域的信息	元搜索引擎	了解各个主流搜索引擎关于“数字素养”的定义与观点
	特定领域的信息	目录搜索引擎或垂直搜索引擎	了解关于健康、运动、旅游、美食、经济等方面的信息
	文件	文件搜索引擎或文件类型搜索命令	查找doc(.docx)、.ppt(.pptx)、.xls(.xlsx)、.pdf、.txt等特定格式的文件
	图片、视频	图片搜索引擎、通用搜索引擎的以图搜图功能、视频搜索功能等	查找图片来源信息;需要高质量图片

三、想什么就说什么吗?

我经常看见学生们用搜索引擎进行自然语言搜索,诸如“上海到成都有多远?”“怎样成功面试”等等,简单来说就是心里想什么就说什么,搜索引擎其实也不会拒绝,它会耐心地给出答案,但这样会直接导致筛选信息的工作量加重。在搜索引擎中进行恰当的表达,成为提升效率的关键。

例 1:查找同时包含“信息素养”“信息检索”两个概念的内容

这个案例是典型的布尔逻辑“与”的检索,可以有两种检索方法:第一种是在概念中间加空格:“信息素养　文献检索”或者“Information literacy”“Information retrieval”;第二种是概念中间用“+”号:信息素养+文献检索或者“Information literacy”+“Information retrieval”(见图 6-10)。

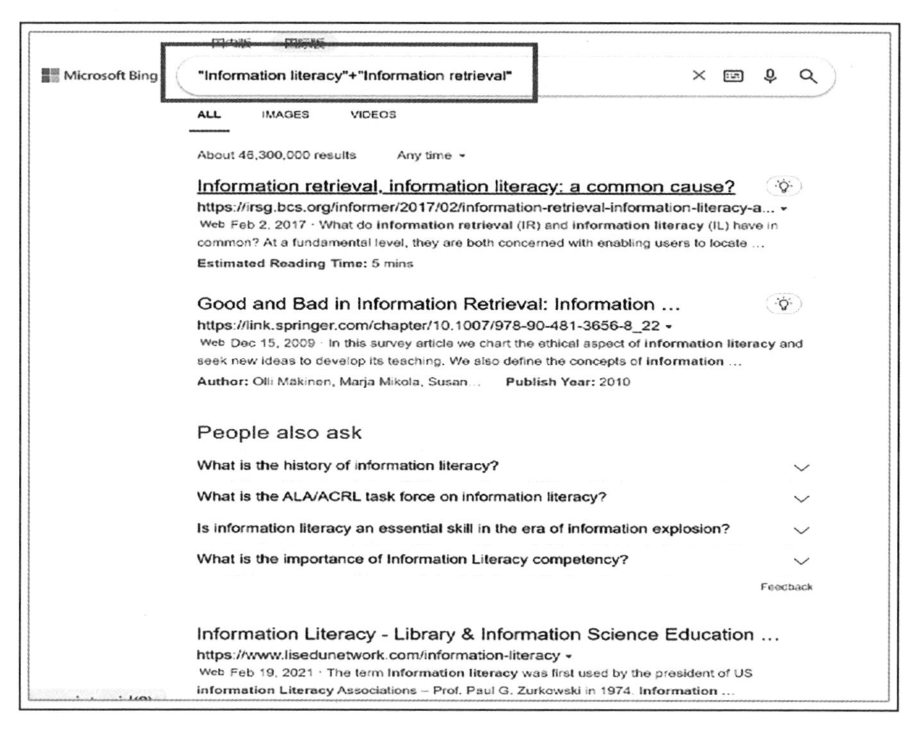

图 6-10　Bing 检索结果

例 2:想搜水果苹果,但是总是出现苹果公司?

这个案例是布尔逻辑检索中的逻辑“非”,即在一个概念中排除另一个概念。检索式为:“苹果- iphone”(不要忘记空格),测试的三个搜索引擎中,Google 结果最好(见图 6 - 11),Bing 次之,百度比较差,还是会出现关于 iphone 手机的信息。

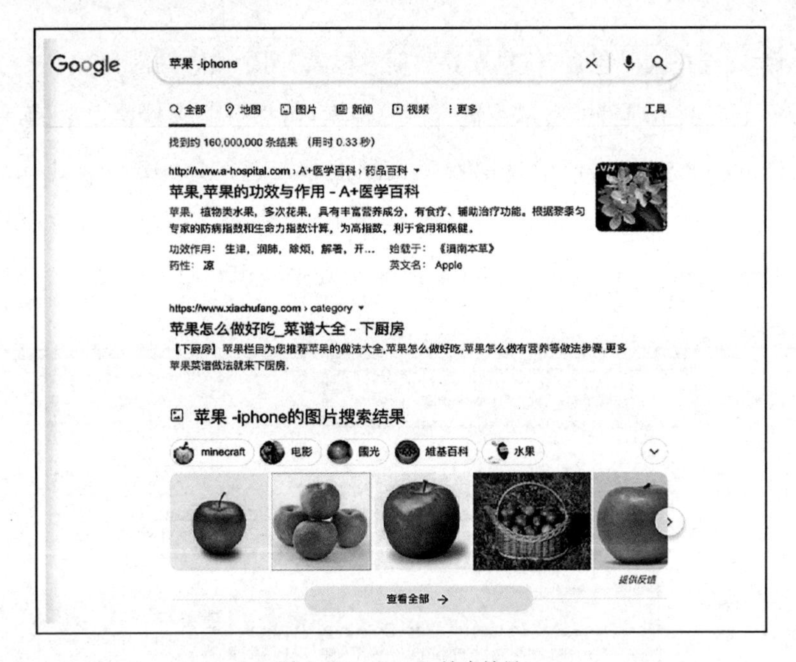

图 6 - 11　Google 搜索结果

例 3:你的代码报错了,显示“You may need an additional loader to handle the result of these loaders”,怎么搜索?

这时候需要用到精确检索,因为如此庞大的一句话(尤其是英文)直接搜索是肯定会被拆分的,如果想得到唯一的结果,必须限定系统将它当成一个整体进行查找,因此要加上双引号(见图 6 - 12)。

例 4:有没有突然想不起来某句话的某个词的时候?

这种情况用截词算符“ * ”“?”可以解决,与学术数据库用法相同(见图 6 - 13)。

Yandex "You may need an additional loader to handle the result of these loaders"

Web Images Video Translate Disk Mail Ads

javascript - "You may need an additional loader to handle..."
stackoverflow.com › ...may...handle...result...these-loaders
path/to/agile/dist/runtime.js 116:104 Module parse failed: Unexpected token (116:104) File was processed with these loaders Consumers of your library will therefore need to have appropriate configuration to handle this kind of code.

vue.js - Error: "You may need an additional loader to..."	7 July 2020
javascript - React & Babel: You may need an additional...	15 May 2021
javascript - You may need an additional loader to handle...	27 May 2022
webpack - You may need an additional loader to handle...	31 December 2021
android - Error is saying You may need an additional loader...	13 December 2022

You May need additional loader to handle the result of...
github.com › PaulLeCam/react-leaflet/issues/881
./node_modules/@react-leaflet/core/esm/path.js 10:41 Module parse failed: Unexpected token (10:41) File was processed with these loaders ... Create config-overrides.js in the project's root according to instructions for react-app-rewire-babel-loader

Fix The Error: "You may need an additional loader to..."
ittutoria.net › ...additional...handle...result...loaders/
path/to/agile/dist/runtime.js 116:104. Module parse failed: Unexpected token (116:104). File was processed with these loaders: * ./node_modules/babel-loader/lib/index.js. You may need an additional loader to handle the result of these loaders. |

[Solved] You may need an additional loader to handle the...
exerror.com › ...may...additional...handle...result...loaders/
path/to/agile/dist/runtime.js 116:104 Module parse failed: Unexpected token (116:104) File was processed with these loaders: * ./node_modules/babel-loader/lib/index.js You may need an additional loader to ... Categories Javascript. Tags loader to handle the result.

图 6－12　Yandex 搜索结果

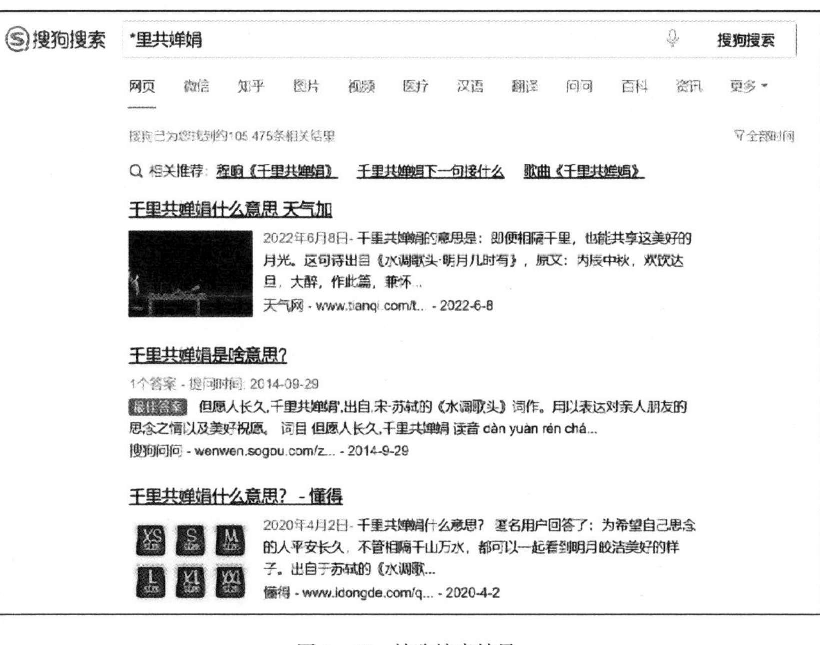

图 6－13　搜狗搜索结果

例 5:我不记得武汉大学信息管理学院的网址了,但我知道肯定有学院的缩写 sim 和武汉大学的缩写 whu,怎么去找(见图 6－14)?

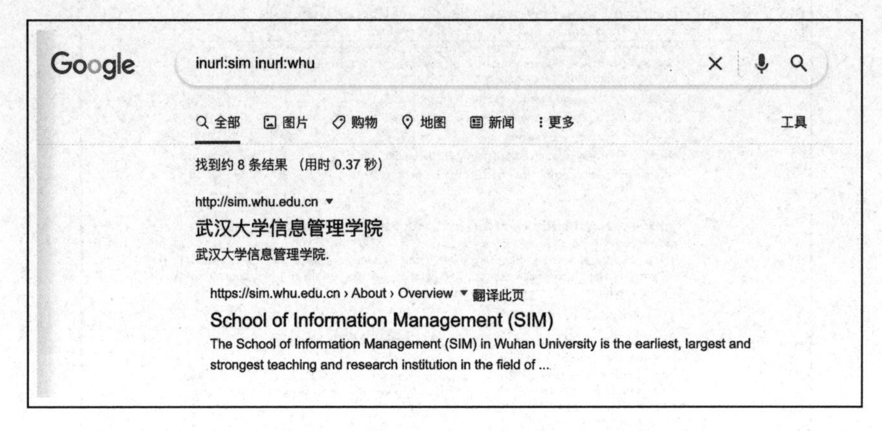

图 6－14　用“inurl:”命令搜索武汉大学信息管理学院网址

这个问题可以用“inurl:”命令解决。“url”书面表述为“统一资源定位符”,俗称“网址”,在搜索中加入“inurl:”可以限定在网站 url 链接中搜索。它还可以用在找图片、数据、视频等特殊资源上,比如“信息素养 inurl:video”“人工智能 inurl:image”(见图 6－15)。与直接输入关键词再点击图

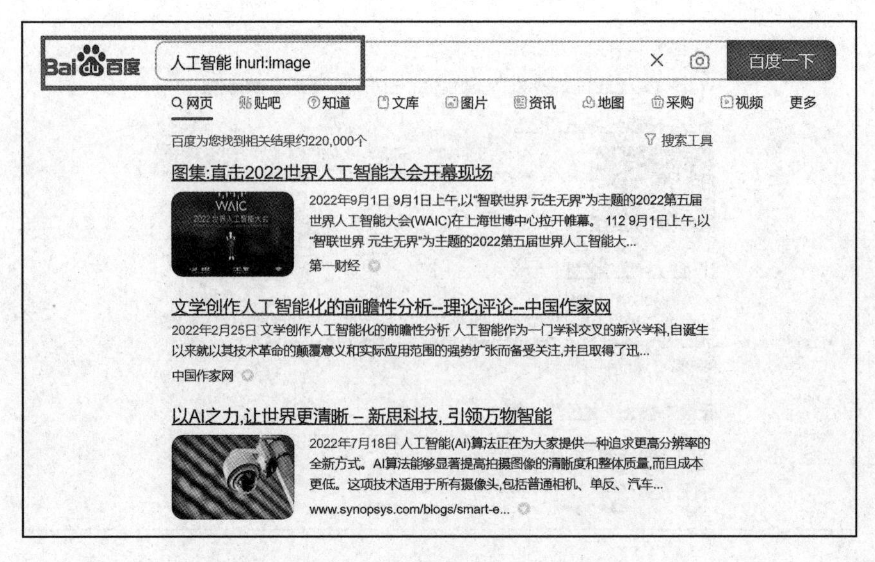

图 6－15　用“inurl:”命令搜索“人工智能图片

片或视频搜索不同,通过“inurl:”命令推送的结果会更详细和有条理性。

例 6:想搜武汉大学图书馆的龚芙蓉,但是这个名字太普遍?

如果搜某人的名字推送的结果有很多重名,可以用他(她)的其他信息限定一下。这里限定的是只在站点“lib. whu. edu. cn”中进行搜索。这样会大大节省筛选时间(见图 6-16)。

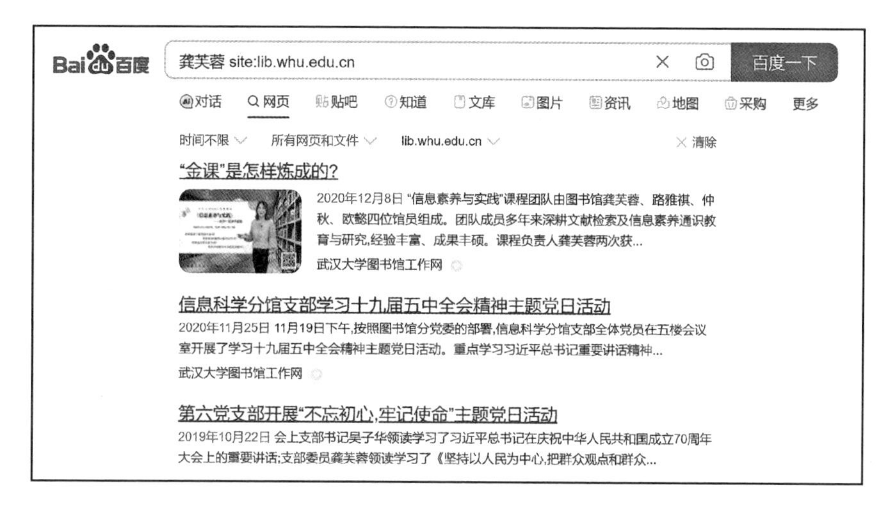

图 6-16 百度“site”命令搜索结果

例 7:想搜 *Introduction to Information Retrieval* 的 pdf 资源?

实际搜索中需要这种特定格式文件资源的例子非常多,所以用搜索引擎搜索“filetype:命令”比较常见(见图 6-17)。如果你要查找关于“Introduction to Information Retrieval”的 PPT,可以表述为“Introduction to Information Retrieval filetpye:PPT”。

例 8:想搜《中国奇谭》中的第二个故事“鹅鹅鹅”,但总是出现一些不相关的信息,怎么办?

解决这个问题需要注意两点:其一,必须提升“鹅鹅鹅”这个关键词的搜索地位,用“intitle:命令”将它提升至必须出现在标题中;其二,加上《中国奇谭》这个关键因素。所以检索式可以写成“intitle:鹅鹅鹅+中国奇谭”(见图 6-18)。

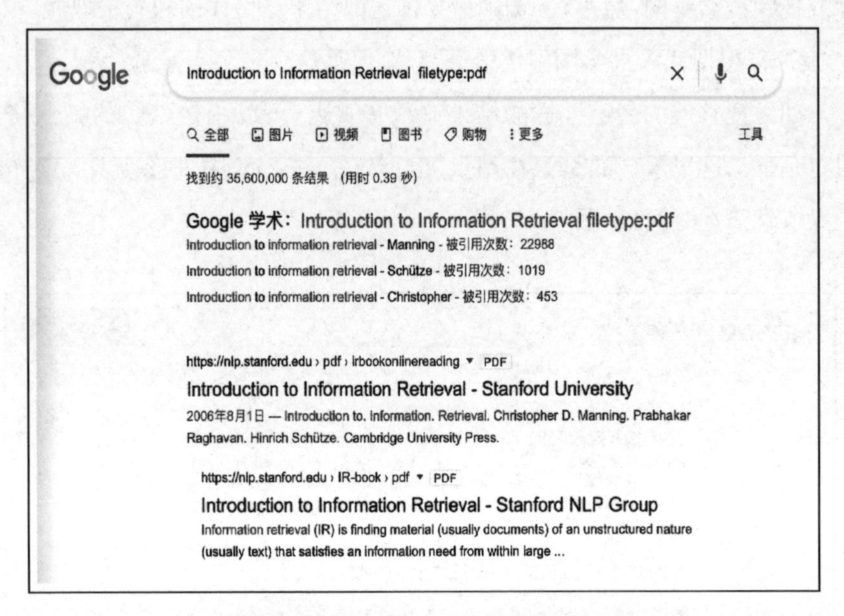

图 6 - 17 Google “filetype:”命令搜索结果

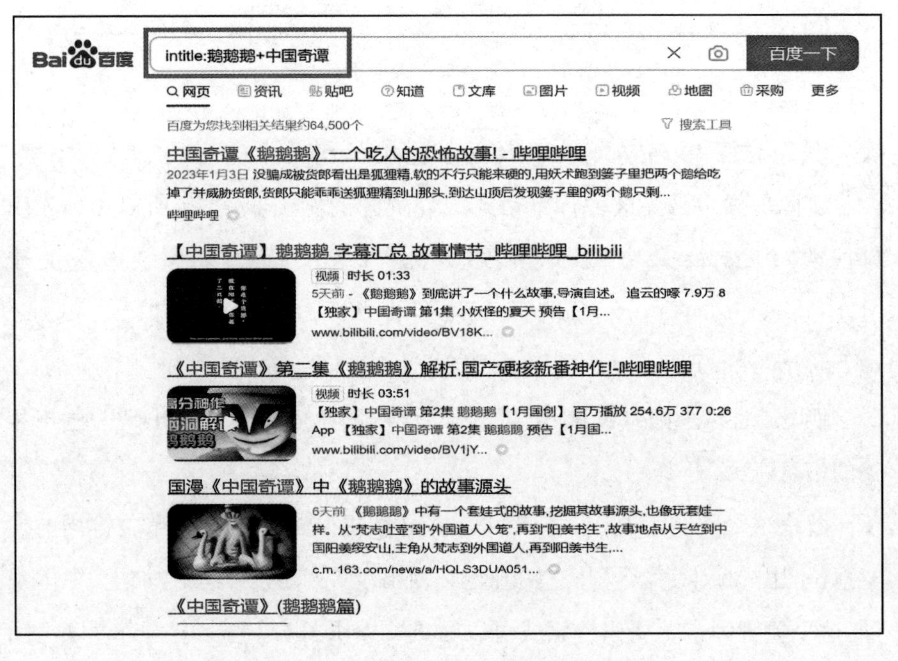

图 6 - 18 百度”“intitle:”命令搜索结果

例 9：想在门户网站或搜索引擎中搜索数据信息，有没有什么比较好的技巧？

表 6-7　搜索数据信息的一些技巧

检索技巧	检索式	检索示例	说明
Filetype	关键词 filetype：文件格式	专利 filetype：excel	检索含有专利相关的表格文件
Site	关键词 site：站点域名	shuju site：www.gov.cn	在中国政府网站上搜索数据栏目
inurl	关键词 1 inrul：检索词 2	1. edu inurl：data 2. china inurl：data	在教育机构网站或者中国相关网站上检索相关数据
混合语法	检索内容 site：站点域名 filetype：文件格式	table site：gov.cn filetype：pdf	在政府或地方政府网站上搜索 pdf 格式的表格文件
直接网址输入法	www.机构名称缩写.gov/data	www.epa.gov/data	查看欧盟政府网站上的数据

文末彩蛋

★检索工具①

1. 新闻门户

1）国内

人民网、央视网、新华网、搜狐新闻、网易新闻、腾讯新闻、观察者网(新闻时评集成网站)等。

2）国外

CNN(美国最大的新闻门户网站之一)、Google News(谷歌搜索支持的新闻聚集地)、The New York Times(美国高级报纸、严肃刊物代表的官方新闻门户网站)等。

2. 名校教育

1）国内

- 教育部:高等学校教学资源网、中国大学 MOOC、爱课程网、国家精品资源共享课程等。
- 门户课程:网易公开课、Bilibili、新浪公开课、清华的学堂在线等。

2）国外

- COURSERA:有中文官网,课程数量最大。
- Udacity、Cognitive Class 等:以职业为导向,侧重计算机科学。
- edX:名校高质量课程,无检索功能、按分类查找。

3. 求职招聘

- 求职 APP:实习僧(大学生找工作的招聘平台)、领英职场(全球招聘平台)、BOSS 直聘、智联招聘、58 同城等其他招聘 APP。
- 求职就业平台/网站:牛客网(求职就业一站式智能平台)、超级简历 WonderCV(专业、高效、智能的简历工具)、高校人才网(硕博士高层次人才

① 涉及国外的网站,只列举国内可以正常访问的网站。

招聘)、求职 APP 的同源官方网站等。

● 其他招聘/实习信息:公务员考试网、高等学校/院系汇总并发布的企业招聘/选调信息等。

4. 社交媒体

1) 国内

微信(最多用户数量)、微博(公共信息传播)、腾讯 QQ(多平台即时通信)、豆瓣(书影音评分、泛娱乐分享)、知乎(综合知识交流)等。

2) 国外

Meta(海外流行在线社交)、Tumblr(全球最大的微博客平台)、LinkedIn(专业网络和人才职业社交)、Pinterest(世界规模最大、图片社交分享)、Kakoo/Line(日韩等国用户使用率较高)等。

5. 远程办公

钉钉、Zoom、腾讯会议、石墨文档、Microsoft Teams 等。

6. 购物网站

1) 国内

淘宝/天猫(阿里巴巴)、京东/微选(京东集团)、网易严选/网易考拉(网易)、拼多多、苏宁易购、唯品会等。

2) 国外

Amazon(全品类国际性电商平台)、eBay(全球线上拍卖及购物网站)、Rakuten(日本最大的全品类电商集团)、Gmarket(韩国最大的综合购物网站)、Target/Newegg(美国大型零售服务商/电商服务网站)、Cdiscount/Laredoute/Spartoo(法国最大的电商平台、顶级时装或家具销售商)、Allegro/Bol. com/Fruugo(波兰/芬兰/荷兰最大的电商平台)等。

7. 在线支付

1) 国内

● 支付宝:全球最大的移动在线支付厂商,与国内外 180 多家银行以及 VISA、MasterCard 国际组织等机构建立战略合作关系。

- 微信支付:依托于微信超过 10 亿用户的 C2C 超级平台,为个人用户创造了多种便民服务和应用场景。
- 云闪付:汇聚了各家机构的移动支付功能与权益优惠。

2) 国外

- PayPal:美国跨国金融技术公司,在大多数支持在线汇款的国家运营在线支付系统并收取费用。
- Amazon Pay:亚马逊拥有的在线支付处理服务,立足于 Amazon. com 的消费者基础,并专注于为用户提供在外部商家网站上使用其亚马逊账户支付的选项。
- PingPong:主推在线跨境支付和相关增值服务,全球最大的跨境贸易综合服务商之一。

8. 时装搭配

1) 国内

VOGUE(vogue. com. cn)、观潮时尚网(fashiontrenddigest. com)、GQ 男士网(gq. com. cn)、有货 yoho(yohobuy. com)、时尚芭莎(bazaar. com. cn)等。

2) 国外

LEE OLIVEIRA(leeoliveira. com 美国街头时尚抓拍)、CFDA(cfda. com 时尚动态)、CHICTOPIA(chictopia. com 个性化时装分享)、firstView(firstview. com 秀场时尚)、Wayne Tippetts(waynetippetts. com 街头时尚)、FashionSnap(fashionsnap. com 日本街拍资讯)、StyleShare(styleshare. kr 韩国穿搭分享)等。

9. 美食分享

1) 国内

美团、大众点评、饿了么/口碑、开饭啦(香港最具规模的餐厅指南及美食搜索网站)、Bilibili 美食区、下厨房(美食菜谱分享社区)等。

2) 国外

Tablelog(日本的“大众点评”,由 Kakaku. com 集团运营的美食评论网站)、YELP(欧美美食点评界在线网站的鼻祖)、The Kitchen(在线提供家庭烹饪和厨房生活信息)、Epicurious(关于食物和烹饪的美食网站)等。

10. 安居找房

1) 国内

自如、贝壳、链家、YOU+国际青年社区(youplus. net. cn)等。

2) 国外

Booking(预定欧美地区酒店及房屋)、Zillow(美国房屋销售咨询网)、Realtor(美国房屋销售房地产数据库和美国房地产经纪人协会官方网站)、Trulia(基于 Google Maps API 的房地产搜索引擎)、Redfin(在线寻找、购买和销售房屋)等。

11. 度假旅行

1) 国内

飞猪旅行、携程、去哪儿旅行、途牛等。

2) 国外

猫途鹰 Tripadvisor(国际性旅游评论 UGC 网站)、Expedia(在线旅游网站)、Orbitz(领先的在线旅游网站)等。

12. 在线视听

1) 国内

- "御三家"爱优腾:爱奇艺、优酷、腾讯视频。
- "后起之秀"流媒平台:Bilibili、人人视频、西瓜视频。
- "独具一格"传统平台:芒果 TV、央视频、咪咕视频。
- TME(QQ 音乐、酷狗音乐、酷我音乐)、网易音乐平台(网易云音乐)、阿里音乐平台(前虾米音乐→音螺)、中国移动音乐平台(咪咕音乐)等。

2) 国外

- Hulu:由 NBC 环球、新闻集团及迪士尼联合投资的视频网站(hulu. com)。
- HBO:《权力的游戏》《欲望都市》的制作和发行商(hbo. com)。
- Disney+:迪士尼流媒体服务推出的在线流媒体平台(disneyplusoriginals.

disney. com)。

- IMDB:互联网电影资料库,世界著名电影评分网站(imdb. com)。
- Rotten Tomatoes:烂番茄,电影资讯、评价(rottentomatoes. com)。
- Spotify(正版流媒体音乐服务平台)、iTunes(Apple Music)、Amazon Music(亚马逊旗下音乐频道网站)、Tidal(高品质音乐网站)、MySpace Music(元数据支持的英国在线音乐网站)等。

★请查查看

你知道吗?鲁迅也曾经看过米老鼠。据《鲁迅日记》记载:“1933 年 12 月 23 日　午后同广平邀冯太太及其女儿并携海婴往光陆大戏院观儿童电影《米老鼠》及《神猫艳语》。”后来又于 1935 年 4 月、6 月两次在日记中记载观看米老鼠电影。可见迪斯尼动画在民国时期的上海十分风靡。请以“迪士尼与上海的渊源”为题,运用文献资料考证有声卡通片进入上海院线的大致时段。

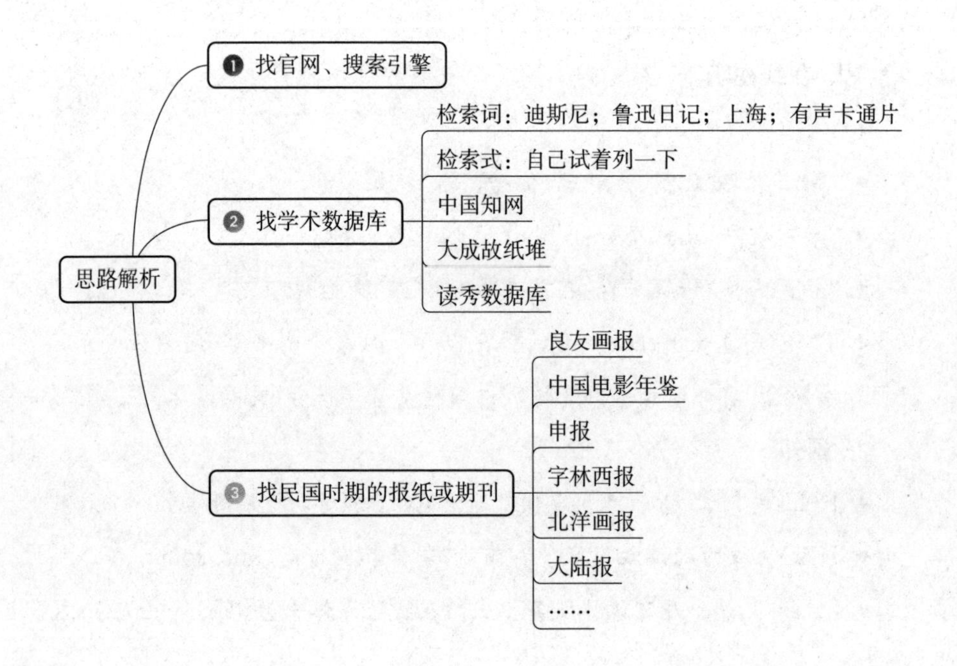

第七章

演练（下）：人工智能新玩法

“

2022 年 11 月 30 日，OpenAI 公司发布了基于 GPT-3.5 的聊天机器人模型 ChatGPT，这一天也成为人工智能发展历程中的重要时刻，因为它使得原本被认为不太可能实现的通用人工智能重新显现了希望，也带来了人机智能交互与协同的新突破。比尔·盖茨甚至认为 ChatGPT 这类技术将变得和 PC 互联网一样重要。

在信息检索领域，ChatGPT 类生成式 AI 在检索模式、响应质量、解答范围、理解程度、迭代能力等方面都有了质的飞跃，但它也会对学习者能力发展提出更高的要求。在本章中，我将带大家领略人工智能工具助力信息检索的“新玩法”。

”

| 第一节 |
初识 ChatGPT

· 为什么 ChatGPT 实时搜索功能差？ · 明确回答问题就一定是好事吗？

一、从 ChatGPT 到 ChatGPT Plus

ChatGPT 的名称来源于生成式预训练语言模型 GPT（Generative Pretrained Transformer)和聊天功能"chat"的组合,是基于 GPT 进一步开发的对话式生成模型。GPT 技术采用了 Google 公司开发的 Transformer 作为底层结构,由 OpenAI 公司开发,短短几年就发生了天翻地覆的变化。

GPT 系列模型主要包含 GPT、GPT - 2、GPT - 3、InstructGPT、GPT - 3.5 和 ChatGPT - 4(见图 7 - 1)。

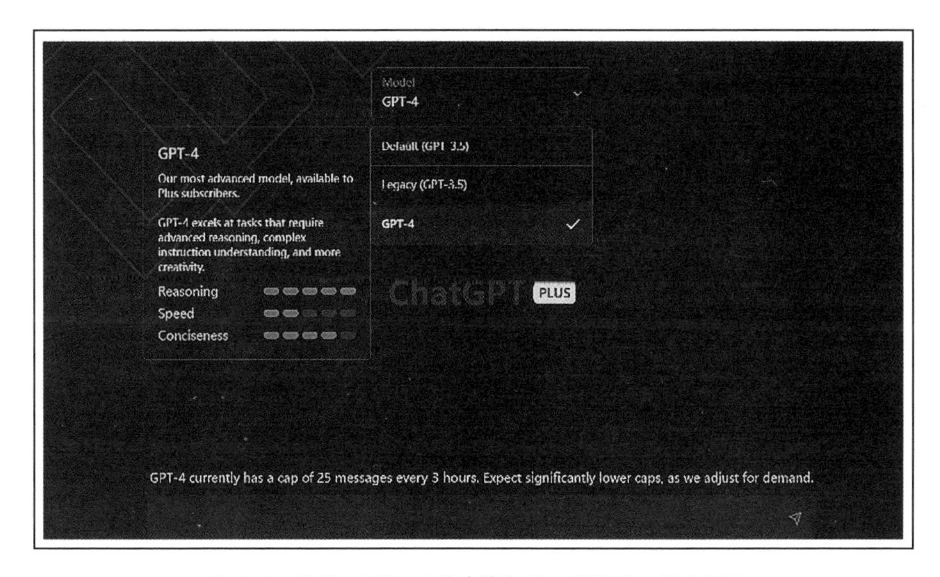

图 7 - 1 以 ChatGPT - 4 为支撑的 ChatGPT Plus 用户界面

目前,GPT－4 已嵌入微软公司的搜索引擎和办公套件中,推出了 New Bing 和 Microsoft 365 Copilot,在搜索引擎和办公自动化领域形成了新技术革命。随后,微软旗下代码托管平台 GitHub 发布接入 GPT－4 的编程辅助工具 Copilot X 和各类 Apps 集成应用,新增聊天和语音功能,允许开发人员用自然语言询问如何完成特定的编码。

二、ChatGPT 的工作原理

对于普通人来说,要弄懂 ChatGPT 复杂的工作原理并非易事,所以我们抛开数据、算法、算力这些专业术语,只在应用层面理解一下。

总体来说,ChatGPT 是通过对大量数据和历史对话的学习,构建一个深度学习模型,然后将这个模型应用于文本生成任务,以生成符合人类语言习惯的输出。大致分为以下几个步骤:

(1) 数据收集:ChatGPT 会收集大量的文本数据,包括网页、新闻、书籍等,目前的数据截至 2021 年 9 月。同时,它也会分析网络上的热点话题和流行文化,以了解最新的语言模式和表达方式。

(2) 预处理:ChatGPT 对收集到的数据进行预处理,包括分词、去除停用词、翻译等。这个过程可以帮助模型更好地理解输入的文本,并提高生成的文本的质量。

(3) 建立模型:在预处理的基础上,ChatGPT 会构建一个深度学习模型,该模型包含了多个卷积层、循环神经网络和池化层等。这些层的协同工作能够使模型更好地捕捉语言的模式和语义。

(4) 生成文本:一旦建立了模型,ChatGPT 就可以生成与人类语言相似的输出文本。它使用的就是我们前文提到的“Transformer”深度学习架构,该架构能够实现从输入文本到输出文本的映射关系。

(5) 输出控制:ChatGPT 的生成文本输出后,还需要进行一系列的输出控制,包括语法、语义、情感等方面,以确保生成的文本符合人类语言习惯。

三、是 AI 还是搜索引擎?

ChatGPT 发布之初,大多数人会将它习惯性地当作搜索引擎来用,但由于 AI 的强项不在搜索而在于生成内容,所以得到的结果并不理想。这里我用表格(见表 7-1)来比较一下两者的区别,以便于大家在了解两者的工作原理后更好地引导 AI 获取信息。

表 7-1　ChatGPT 与搜索引擎的比较

	信息来源	工作机制	呈现方式
搜索引擎	从互联网上的各种网站中搜集信息,并使用爬虫和索引技术来检索和存储信息	基于关键字的查询工具,它依靠用户输入的关键字来确定搜索结果	以列表形式呈现搜索结果,用户需要浏览各个结果项以找到所需的信息
ChatGPT	从大量文本数据的训练过程中得到信息,并在运行时使用这些信息回答问题	基于深度学习的技术,它利用神经网络的多层结构来理解自然语言并回答问题	通过语言模型生成文本,以明确的语言回答问题

从表 7-1 的比较中,应该能得到一些重要信息:其一,为什么 ChatGPT 的实时搜索功能比较差?因为同样是抓取数据,ChatGPT 的长处在于抓取后的训练,而搜索引擎在于提供最新的信息;其二,搜索引擎需要一定的检索技巧,而 ChatGPT 完全能理解自然语言;其三,也是最重要的一点,搜索引擎给出的结果是列表式的多样结果,需要我们具备筛选信息的能力,而 ChatGPT 会给出明确的答案,无论这个答案正确与否。

从两者的工作机制和呈现方式比较我们可以看出,ChatGPT 在搜索中给出极大便利的同时,也在一定程度上削弱了使用者学习的机会和意外发现的能力。传统的信息搜索过程同时也是一个学习过程,对搜索结果进行选择可以探索信息需求的可能性范围,允许意外相遇或意外发现。ChatGPT 在不显示其信息来源或引导用户完成搜索过程的情况下产生结果,其实是剥夺了这种可能性。

| 第二节 |
跨时代的"万能属性"

· ChatGPT 是你工作、学习和生活的好帮手　　· 除了聊天,AIGC 还能干什么?

ChatGPT 和相关 AIGC[①] 工具为什么会被公认为是数智时代人工智能的突破性技术?它们到底有哪些跨时代的"万能属性"?基于体验者的角度,我认为目前 AIGC 工具具备以下三个突出特点:

(1)既可以回答具体的知识性问题,也可以回答复杂的、具有不确定性的非结构化问题。

(2)通过语义分析和联系上下文等语言理解技术来确定对话意图,可以针对一个问题不断深入交流,让对话保持一定的连续性。

(3)在理解自然语言的准确性、容错率,生成文本的流畅性、逻辑性、完整性、多样性等方面远超其他产品,用户体验极佳。

下面我将根据各种场景和多种 AIGC 工具给大家带来实践的案例。

一、ChatGPT

(一)生活场景

这种场景最常见,也许很多问题在搜索引擎中都能找到答案,但 ChatGPT 的好处在于大家完全可以像和老朋友聊天一样得到生活的经验和启发,且可以就一个问题不断深入(见图 7-2)。

---

① AIGC(Artificial Intelligence Generated Content):生成式人工智能。是指基于生成对抗网络、大型预训练模型等人工智能的技术方法,通过已有数据的学习和识别,以适当的泛化能力生成相关内容的技术。

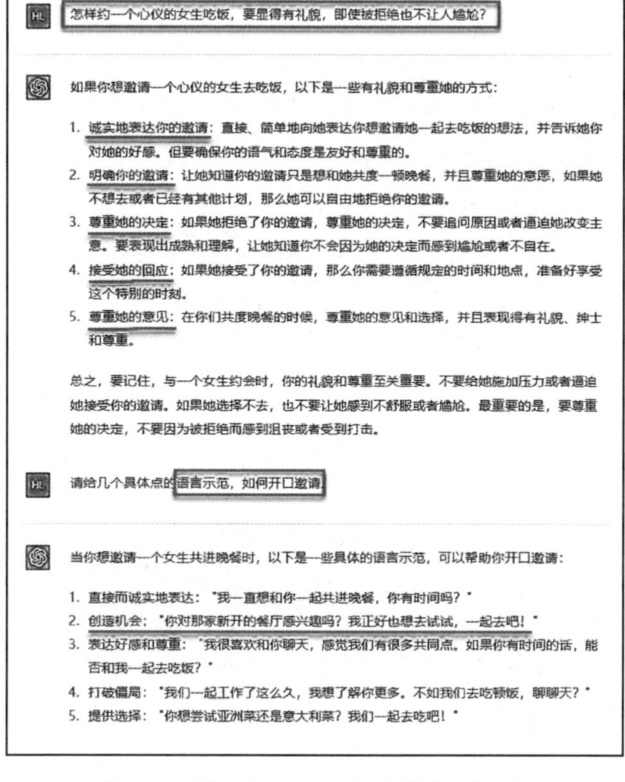

图 7－2　利用 ChatGPT 解决生活场景中的问题

(二) 学习场景

学习场景有多种需求，比如搜索文献、学科分析、实验方案设计、选刊发表、文本润色修改、英文翻译等(见图 7－3、图 7－4)。在实际应用中，ChatGPT－4 的版本要比 ChatGPT－3.5 的版本进步很多，这一点在推荐文献的准确程度上体现最明显。比如 ChatGPT－3.5 的版本推荐文献有可能 80%都是“一本正经”地胡说八道，会推送一些幻觉性信息，但 ChatGPT－4 的版本推荐文献准确性有很大提升。

(三) 工作场景

工作场景中可以利用 ChatGPT 制定商业计划书、设计教学案例、分析

请分析最近5年来全球领域医工融合的主要研究方向，罗列每个研究方向下5篇最重要的研究论文、主要研究人员信息、主要发文期刊、主要研究机构，并注明数据来源。请列表显示。

由于篇幅限制，这里仅简要介绍全球医工融合的主要研究方向和相关信息，详细的论文和作者信息可以在相应的数据库和期刊中查询。以下数据来源于Google Scholar、PubMed、IEEE Xplore以及各大高校和研究机构官方网站。

1. 人工智能与医学影像诊断
   重要论文：
   - Esteva, A., et al. "Dermatologist-level classification of skin cancer with deep neural networks." Nature 542.7639 (2017): 115-118.
   - Gulshan, V., et al. "Development and validation of a deep learning algorithm for detection of diabetic retinopathy in retinal fundus photographs." JAMA 316.22 (2016): 2402-2410.
   - Choy, G., et al. "Current applications and future impact of machine learning in radiology." Radiology 288.2 (2018): 318-328.
   - Ardila, D., et al. "End-to-end lung cancer screening with three-dimensional deep learning on low-dose chest computed tomography." Nature Medicine 25.6 (2019): 954-961.
   - Topol, E.J. "High-performance medicine: the convergence of human and artificial intelligence." Nature Medicine 25.1 (2019): 44-56.

   主要研究人员：Andrew Ng, Geoffrey Hinton, Yann LeCun, Fei-Fei Li, Eric Topol
   发文期刊：Nature, JAMA, Radiology, Nature Medicine
   研究机构：Stanford University, University of Toronto, MIT, Google DeepMind
2. 生物医学信号处理与可穿戴设备
   重要论文：

图 7-3 利用 ChatGPT 进行学科分析及文献推荐

你是一位人工智能专业教授，计划带领团队开展有关大语言模型的研究，但由于实验条件有限，具体说就是算力不足，请根据这种情况设计一个可行的研究方案。

针对实验条件有限，特别是算力不足的情况，我们可以设计一个研究方案，既能达到研究目的，又能在一定程度上降低对算力的要求。以下是一个可行的研究方案：

1. 研究目标：
   研究大语言模型的可解释性、有效性和适用性，并尝试通过一些优化方法来提高模型性能，以适应算力有限的环境。
2. 数据准备：
   收集适量的多领域、多语言的文本数据，用于训练和测试我们的模型。为了降低计算复杂度，可以选择一些相对较小的数据集。
3. 模型选择与优化：
   选择一个相对较小的预训练语言模型，如GPT-2或DistilGPT，作为我们的基础模型。对这些模型进行一定程度的微调，以满足研究需求。尝试采用一些优化方法，如知识蒸馏、模型裁剪、权重共享等，以降低模型复杂度和计算需求。
4. 研究内容：
   a. 可解释性：探索模型内部的运作机制，分析隐藏层的表示、注意力权重等因素，提高模型的可解释性。
   b. 有效性：通过不同任务的评估指标，如分类准确率、生成质量等，验证模型的有效性。
   c. 适用性：在不同领域和场景下测试模型性能，探索模型的广泛适用性。

图 7-4 利用 ChatGPT 设计实验方案

财务报表、创建 web 应用(代码、托管空间、应用地址)、进行头脑风暴等(见图 7－5、图 7－6)。

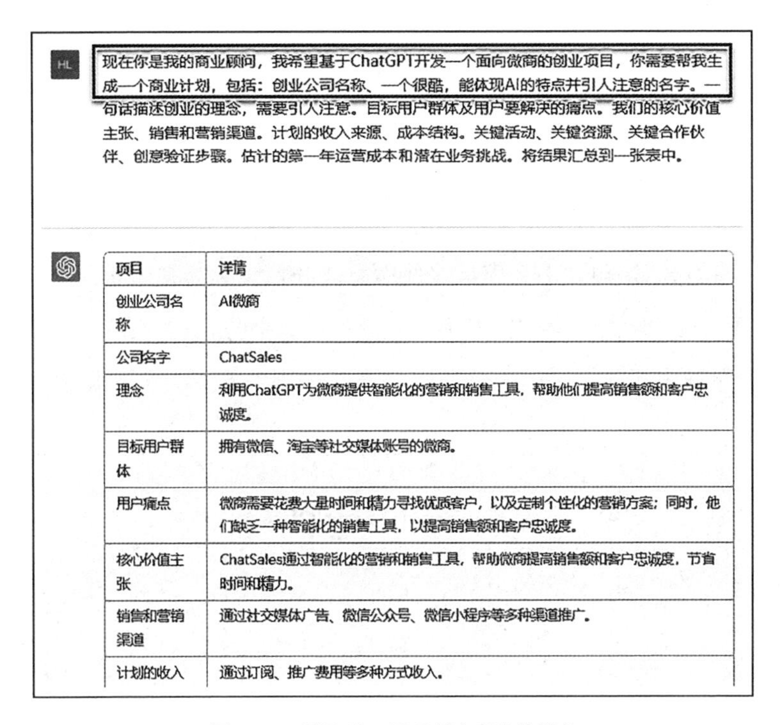

项目	详情
创业公司名称	AI微商
公司名字	ChatSales
理念	利用ChatGPT为微商提供智能化的营销和销售工具，帮助他们提高销售额和客户忠诚度。
目标用户群体	拥有微信、淘宝等社交媒体账号的微商。
用户痛点	微商需要花费大量时间和精力寻找优质客户，以及定制个性化的营销方案；同时，他们缺乏一种智能化的销售工具，以提高销售额和客户忠诚度。
核心价值主张	ChatSales通过智能化的营销和销售工具，帮助微商提高销售额和客户忠诚度，节省时间和精力。
销售和营销渠道	通过社交媒体广告、微信公众号、微信小程序等多种渠道推广。
计划的收入	通过订阅、推广费用等多种方式收入。

图 7－5　利用 ChatGPT 制定商业计划书

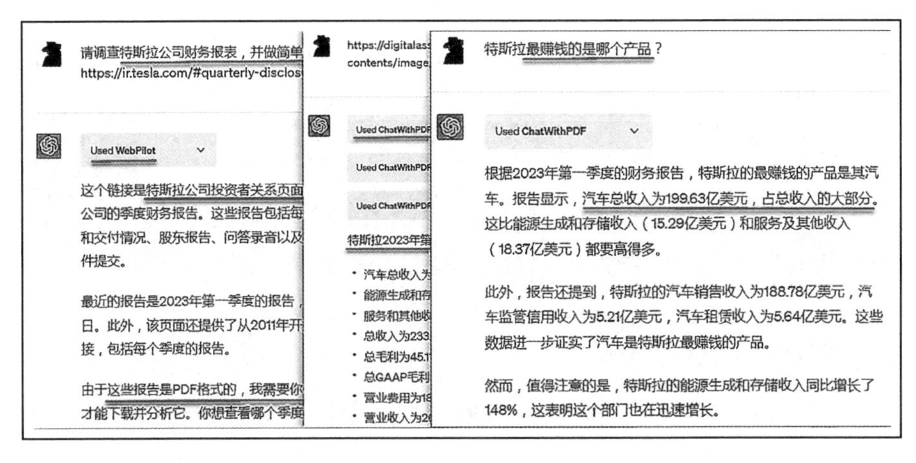

图 7－6　利用 ChatGPT 分析财务报表

二、其他 AIGC 工具

目前,除了 Chat 类聊天机器人应用之外,GPT 类技术的典型应用还体现在自动文本生成、自动代码生成、语义搜索与判识、智能信息处理、智能图像生成等。我摘选了一些与学习场景密切相关的应用作为案例。

(一) 文献阅读智能工具

ChatPDF(https://www.chatpdf.com)可以从 PDF 文件中快速提取有用信息,并通过 ChatGPT 来解读这些信息。我们可以直接上传 PDF 文档到 ChatPDF,它会准确告诉你文章的相关信息。比如小说的故事情节和主要人物,学术论文的研究问题、方法与结论,操作手册中的某项具体功能等(见图 7-7)。

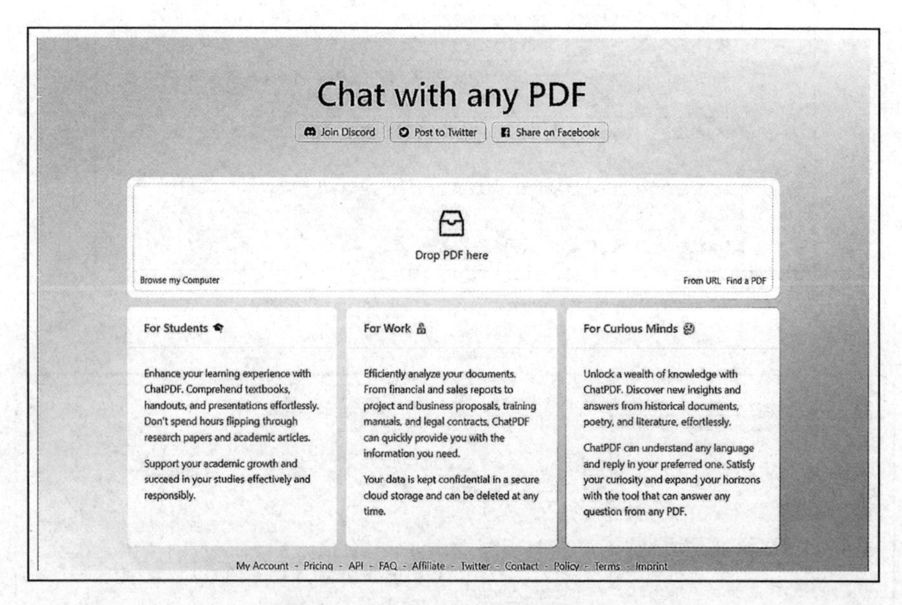

图 7-7 文献阅读智能工具 ChatPDF

(二) PPT 制作智能工具

Gamma.app(https://gamma.app)可以快速生成工作演示文稿、文档或网页,无需格式和设计工作。此外,它还具有内置分析工具、快速反应和评论功能,可以在任何设备上与用户互动(见图 7-8)。

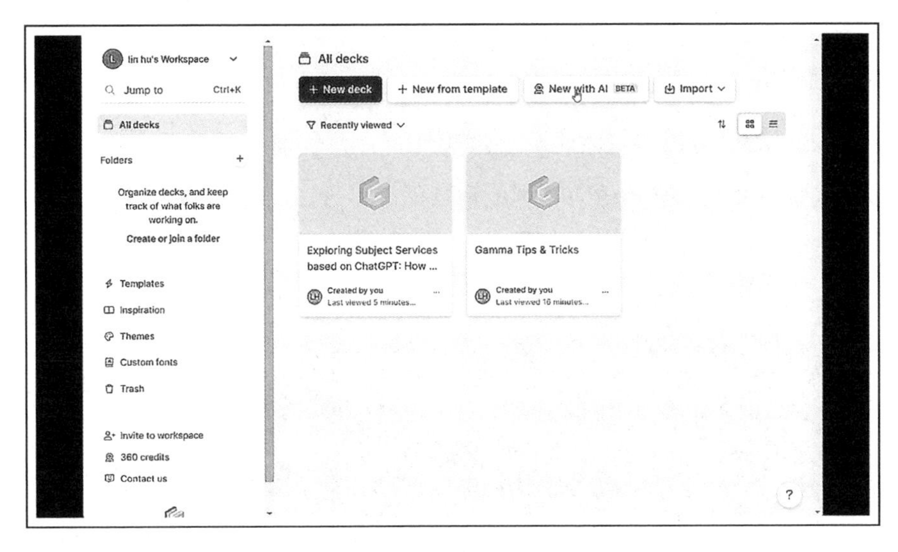

图 7－8　PPT 制作智能工具 Gamma. app

(三) Excel 处理智能工具

ChatExcel(https://chatexcel. com)可以通过文字聊天,完成 Excel 的交互控制,无需记函数、手动设置公式,只需在表格下的对话框内输入自然语言,ChatExcel 就能完成自己运行,并可一键导出 Excel 表格(见图 7－9)。

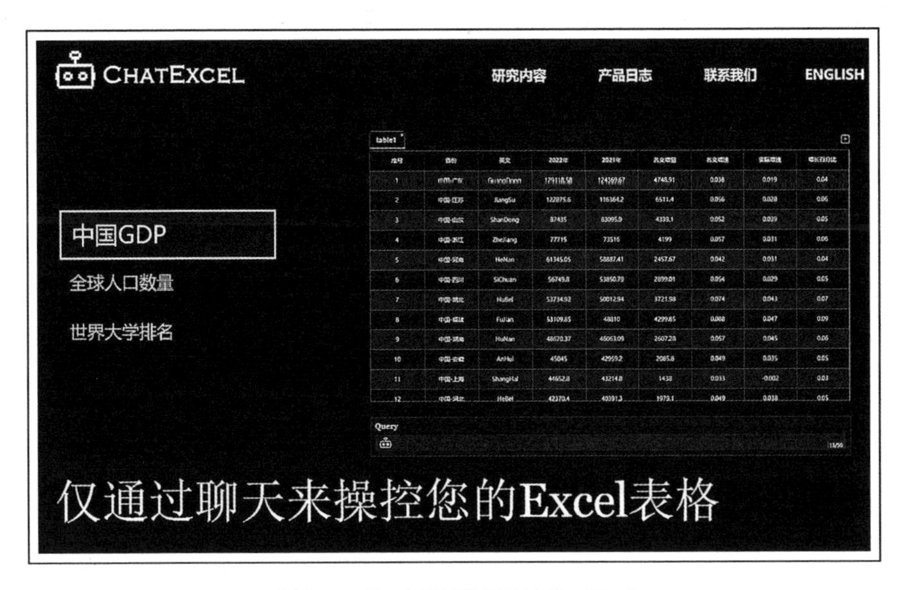

图 7－9　Excel 处理智能工具 ChatExcel

(四) 思维导图智能工具

ChatMind 可以快速创建和整理思维导图。同其他 AI 工具一样,它可以自动理解我们的自然语言并生成清晰的思维导图(见图 7-10)。

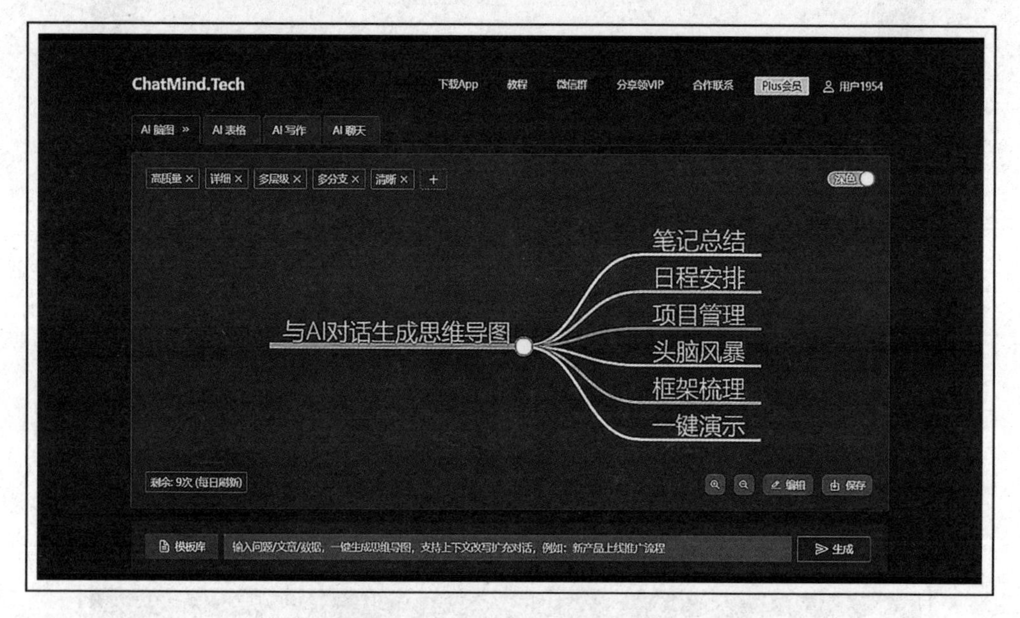

图 7-10　思维导图智能工具 ChatMind

(五) 任务驱动的自主 AI 代理

AgentGPT(https://agentgpt.reworkd.ai)是一个基于 GPT-4 的开源 AI 自动化机器人工具,可以在浏览器中配置和部署自主的 AI 机器人。可以给机器人一个目标,然后点击部署按钮,就可以看到机器人进行的行为和输出,完全不需要人为干涉地进行自动任务(见图 7-11)。

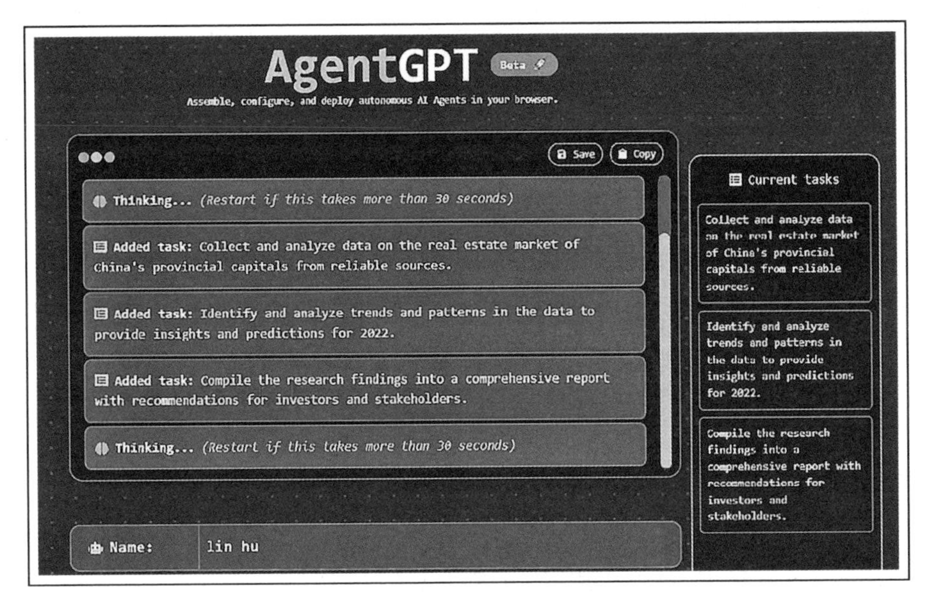

图 7－11　自主 AI 代理 AgentGPT

|第三节|
能力的边界

· ChatGPT 有多少种骗人方式? · 注意隐私安全 · 用 AI 复制粘贴能检测出来吗?

ChatGPT 利用人工智能技术生成具有创意和质量的内容，为社会各行业带来了巨大的机遇，但同时其也有局限性，这些主要来自其能力的短板以及所引起的一系列信息伦理问题。

一、虚假信息

大多数体验者在使用 ChatGPT 时都有“被骗”的经历，归纳起来 ChatGPT 生成的虚假信息主要包括事实性虚假信息和幻觉性虚假信息两种。

事实性虚假信息指 ChatGPT 提供的信息存在明显的事实错误，造成事实性虚假。大致可分为数据错误、作者作品错误、客观事实错误、编程代码错误、机器翻译错误等。比如,需要查找2010—2016年期间国内航线数量(不包含港澳台)同比增长率最低的是哪一年,ChatGPT会直接给出一个错误答案和查找依据,极具迷惑性;询问作家"老舍"和"舒庆春"是否为同一个人,ChatGPT也会给出错误答案,有时候还会编造虚假的作家"舒庆春"的简历。

幻觉性虚假信息是指ChatGPT在生成内容时形成无中生有的虚假信息。这种错误来源于ChatGPT大模型的本质。ChatGPT的工作原理是通过分析大量语料库数据,学习如何生成语言,通过预测每一个词出现在另一个词后的概率来产生回答,所以可能会因为训练数据的缺陷或误解生成"看似合理但不正确或荒谬的答案"。最典型的是当需要ChatGPT推荐某一方面的文献时,其推荐的文献在ChatGPT-3.5界面下,几乎都是虚构的,但无论从参考文献格式、期刊类别以及论文题名来看都足以以假乱真。

二、数据与隐私泄露

在使用ChatGPT时,使用者比较容易忽视一些有风险的情况,主要体现在数据与隐私泄露两个方面。数据泄露不仅会出现在科学数据的采集和检索中,也很可能会出现在论文撰写过程中。比如要求ChatGPT辅助进行经济数据的采集和检索时,可能会无意中输入已掌握的一些未公开的经济数据信息;希望ChatGPT帮助撰写论文或者文本润色时,可能会无意中提供处于未公开状态的研究选题或研究内容。哪怕是在生活场景与ChatGPT轻松地聊天,也有可能泄露自己的个人身份、社交网络账户、财务、健康信息或者位置轨迹等。

三、学术不端

ChatGPT存在被用来帮助学生作弊的可能性,加重学术不端的风险。例如撰写论文或完成作业时,ChatGPT生成的内容会很容易诱导使用者大段复制或仿造。针对这一问题目前也相继出现一些AI内容检测网站,如GPT-ZERO、OpenAI GPT2 Output Detector、Hello-SimpleAI、ChatGPT

Detector、Writers AI Content Detector 等(见图 7-12)。

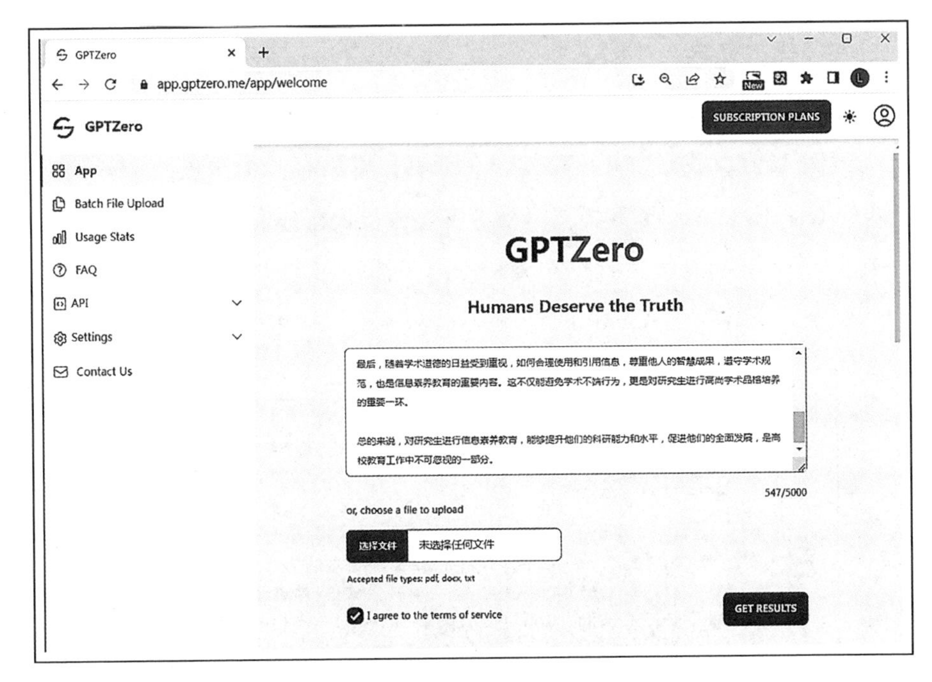

图 7-12　AI 内容检测网站 GPT-ZERO

除了以上这些由 ChatGPT 引发的典型问题，ChatGPT 还存在形成大量信息垃圾、算法歧视、黑箱模型、工具依赖等局限性。而当 AI 模型生成了创新性想法或内容时，如何确定这些内容的归属也可能会成为社会伦理问题。

| 第四节 |
如何生成有效提问?

· 商业大佬也可以成为你的顾问　· 怎样避免 AI 偷懒?　· 化整为零，循循善诱

在与同行和学生们基于 ChatGPT 的体验进行交流的时候，我发现个体的感受有很大的不同。究其原因，是因为 ChatGPT 解决复杂问题时需要引

导。所以,是否能进行“高效提问”,成为 ChatGPT 对我们帮助大小的关键。

一、代入角色

向 ChatGPT 提出要求的时候,最直接的方式是让自己代入角色。

案例 1: 假设我是公司 CEO,现在董事会里面有几个角色:Steve Jobs, Bill Gates, Elon Musk,我需要几位董事会成员根据他们各自的历史观点和个性特点,对我的决策(“我想在大学校园开连锁串串店”)提出独特的意见(见图 7-13)。

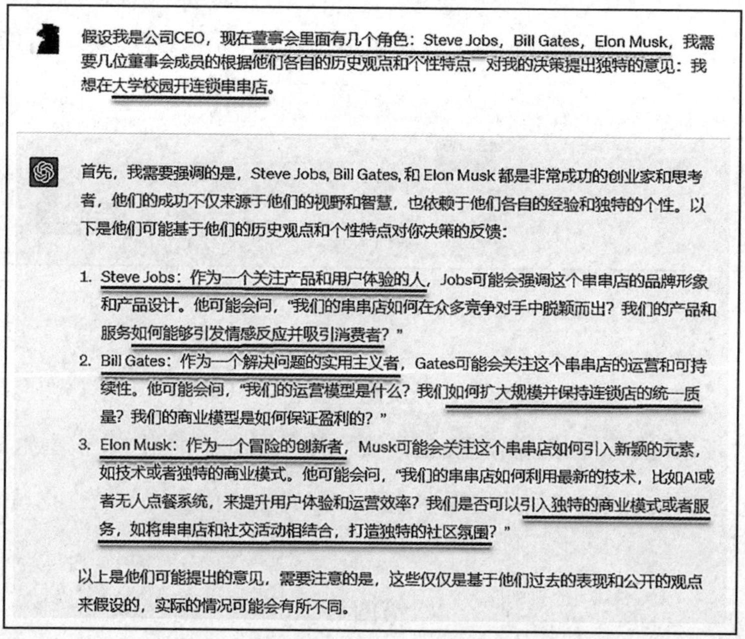

假设我是公司CEO,现在董事会里面有几个角色:Steve Jobs,Bill Gates,Elon Musk,我需要几位董事会成员的根据他们各自的历史观点和个性特点,对我的决策提出独特的意见:我想在大学校园开连锁串串店。

首先,我需要强调的是,Steve Jobs, Bill Gates, 和 Elon Musk 都是非常成功的创业家和思考者,他们的成功不仅来源于他们的视野和智慧,也依赖于他们各自的经验和独特的个性。以下是他们可能基于他们的历史观点和个性特点对你决策的反馈:

1. Steve Jobs:作为一个关注产品和用户体验的人,Jobs可能会强调这个串串店的品牌形象和产品设计。他可能会问,“我们的串串店如何在众多竞争对手中脱颖而出?我们的产品和服务如何能够引发情感反应并吸引消费者?”
2. Bill Gates:作为一个解决问题的实用主义者,Gates可能会关注这个串串店的运营和可持续性。他可能会问,“我们的运营模型是什么?我们如何扩大规模并保持连锁店的统一质量?我们的商业模型是如何保证盈利的?”
3. Elon Musk:作为一个冒险的创新者,Musk可能会关注这个串串店如何引入新颖的元素,如技术或者独特的商业模式。他可能会问,“我们的串串店如何利用最新的技术,比如AI或者无人点餐系统,来提升用户体验和运营效率?我们是否可以引入独特的商业模式或者服务,如将串串店和社交活动相结合,打造独特的社区氛围?”

以上是他们可能提出的意见,需要注意的是,这些仅仅是基于他们过去的表现和公开的观点来假设的,实际的情况可能会有所不同。

图 7-13 有效提问的基本方法——“代入角色”案例

解析: 从图 7-13 的回答可以看出,ChatGPT 依据商界顶尖人物乔布斯、比尔·盖茨、马斯克的经营理念和个人特点,给出了“在大学校园开连锁串串店”所关注的不同问题。同样的问题也适用于学术研究的提问,比如针对一个物理学的研究问题咨询牛顿、爱因斯坦、普朗宁等物理学家的意见。

二、分解与启发

大多数时候,我们对 ChatGPT 提出要求的时候必须将问题化整为零,循循善诱才能得到比较好的回答,这其实很大程度上依赖于大家的专业深度和知识宽度。

案例 2:查找 Beach House Group Limited(2021-12-15). GB2563146. 全文。

解析:如果将案例 2 的题目直接输入给 ChatGPT,大概率得到的答案会是"很抱歉,我是一个语言模型,无法直接检索实时信息"。但如果具备一定的信息检索能力,我们应该会敏锐地知道"GB2563146"这串数字才是关键,可以先从确定它的文献类型开始(因为在搜索引擎中它会被告知是标准),而 ChatGPT 会明确告诉你它是英国专利,然后根据它推荐的国内外专利信息源就可以轻松找到原文了(见图 7-14、图 7-15)。

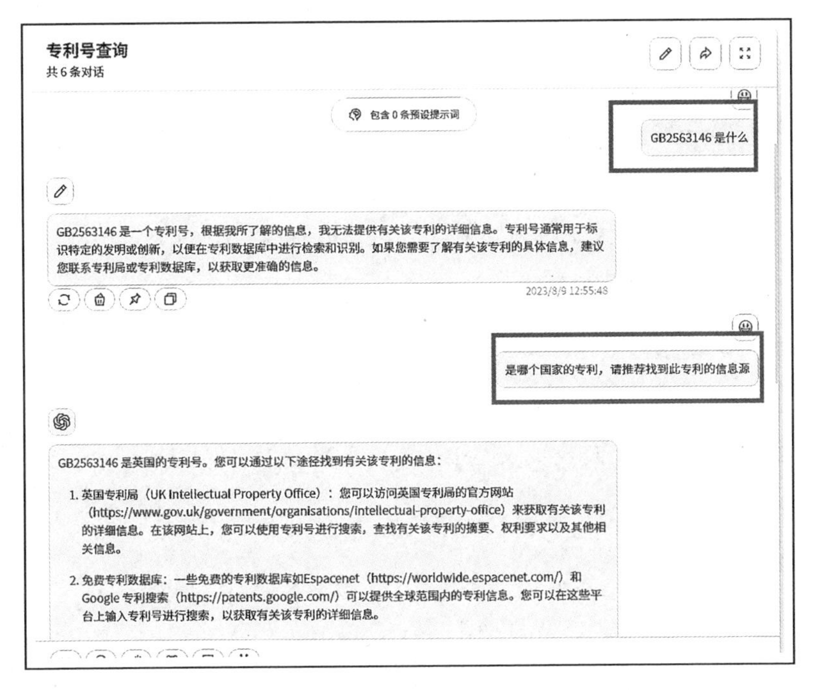

图 7-14 提问的基本方法——"分解与启发"案例

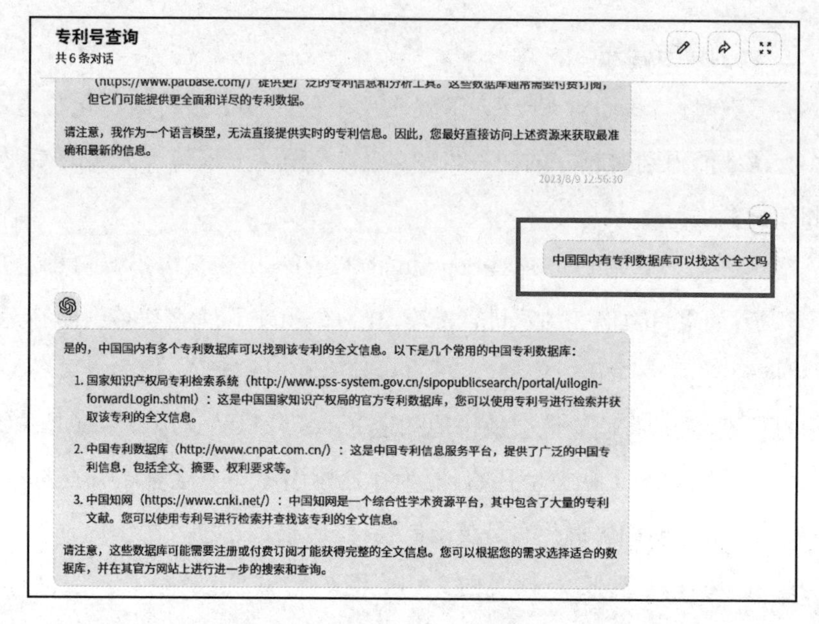

图 7-15　提问的基本方法——“分解与启发”案例

三、换一种语言

基于英文语料在 ChatGPT 模型中绝对优势的占比(Github 平台可查询到 ChatGPT-3 的英文语料占比 92.1%)①,我们在用中文提问时,如果 ChatGPT 给出的答案不够准确,可以换成英文再次提问。

案例 3:请推荐 5 个全球最具影响力的人工智能研究机构。

解析:此案例中,用中文提问时,ChatGPT 推荐的人工智能工具大多限于国内机构,将语言换成英文后提问,推荐的机构明显着眼于全球(见图 7-16)。

① gpt-3/dataset_statistics/languages_by_character_count.csv at master·openai/gpt-3 [EB/OL]. [2023-8-16]. https://github.com/openai/gpt-3/blob/master/dataset_statistics/languages_by_character_count.csv.

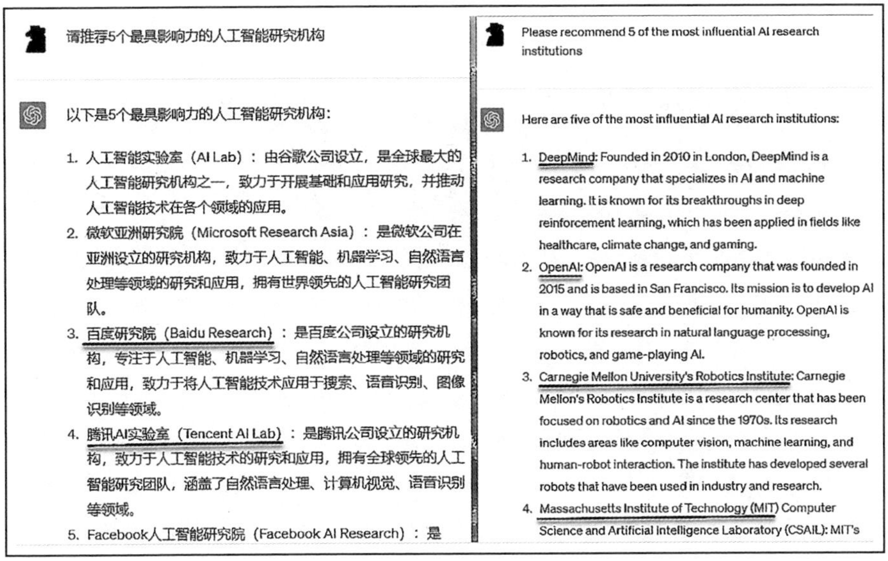

请推荐5个最具影响力的人工智能研究机构

以下是5个最具影响力的人工智能研究机构:

1. 人工智能实验室（AI Lab）：由谷歌公司设立，是全球最大的人工智能研究机构之一，致力于开展基础和应用研究，并推动人工智能技术在各个领域的应用。
2. 微软亚洲研究院（Microsoft Research Asia）：是微软公司在亚洲设立的研究机构，致力于人工智能、机器学习、自然语言处理等领域的研究和应用，拥有世界领先的人工智能研究团队。
3. 百度研究院（Baidu Research）：是百度公司设立的研究机构，专注于人工智能、机器学习、自然语言处理等领域的研究和应用，致力于将人工智能技术应用于搜索、语音识别、图像识别等领域。
4. 腾讯AI实验室（Tencent AI Lab）：是腾讯公司设立的研究机构，致力于人工智能技术的研究和应用，拥有全球领先的人工智能研究团队，涵盖了自然语言处理、计算机视觉、语音识别等领域。
5. Facebook人工智能研究院（Facebook AI Research）：是

Please recommend 5 of the most influential AI research institutions

Here are five of the most influential AI research institutions:

1. DeepMind: Founded in 2010 in London, DeepMind is a research company that specializes in AI and machine learning. It is known for its breakthroughs in deep reinforcement learning, which has been applied in fields like healthcare, climate change, and gaming.
2. OpenAI: OpenAI is a research company that was founded in 2015 and is based in San Francisco. Its mission is to develop AI in a way that is safe and beneficial for humanity. OpenAI is known for its research in natural language processing, robotics, and game-playing AI.
3. Carnegie Mellon University's Robotics Institute: Carnegie Mellon's Robotics Institute is a research center that has been focused on robotics and AI since the 1970s. Its research includes areas like computer vision, machine learning, and human-robot interaction. The institute has developed several robots that have been used in industry and research.
4. Massachusetts Institute of Technology (MIT) Computer Science and Artificial Intelligence Laboratory (CSAIL): MIT's

图 7-16　提问的基本方法——“换一种语言”案例

四、构成完整的主题体系

可能很多使用者会忽视 ChatGPT 的“历史对话”功能，其实这个功能对于构成研究问题完整的主题系统极其有用。它可以将每一次有效的对话形成一条历史记录，并自动归纳产生一个精炼、准确的标题，比如“数字素养的重要性”“ChatGPT 工具网站”等，便于快速回顾、查找之前的对话内容。而在实际的学习和工作中，当我们需要持续研究某个主题时，可以依赖此功能反复提问，从而激发灵感，让问题不断深入，而不至于陷入碎片化的无效提问中。

文末彩蛋

★ AIGC 工具汇集

1. 智能聊天工具

1) Microsoft XiaoIce

由微软亚洲研究院开发的聊天机器人,最初在中国推出,后来扩展到其他国家。它具有自然语言处理和对话生成的能力,并且在社交媒体和智能助手等领域得到广泛应用。

2) Google Dialogflow

Google 开发的对话平台,提供了开发和部署聊天机器人的工具和 API。它支持多种自然语言处理功能,包括语音识别、文本理解和对话管理。

3) Amazon Lex

亚马逊开发的自然语言处理服务,可用于构建基于文本和语音的交互式聊天机器人。它与亚马逊的 Alexa 语音助手紧密集成,并且在语音识别和对话管理方面具有强大的功能。

4) IBM Watson Assistant

该工具是 IBM 的人工智能平台中的一部分,提供了构建和部署聊天机器人的工具和服务。它支持自然语言处理、对话管理和机器学习等功能,可用于创建智能对话系统。

5) 文心一言

百度全新一代知识增强大语言模型,能够与人对话互动,回答问题,协助创作,高效便捷地帮助人们获取信息、知识和灵感。

6) 智谱清言

基于智谱 AI 自主研发的中英双语对话模型 ChatGLM2,经过万亿字符的文本与代码预训练,并采用有监督微调技术,以通用对话的形式为用户提供智能化服务。具备通用问答、多轮对话、角色扮演、文本生成、代码生成等能力,可在工作、学习和日常生活中为用户解答各类问题,完成各种任务。

7)讯飞星火

科大讯飞开发的新一代认知智能大模型,拥有跨领域知识和语言理解能力,能够基于自然对话方式理解与执行任务。具备多模交互、代码能力、文本生成、数学能力、语言理解、知识问答、逻辑推理等功能。

2. 智能搜索工具

New bing

这是微软与OpenAI公司合作推出的一款由人工智能驱动的AI搜索引擎(基于Chat GPT4.0的先进自然语言生成模型),它能与用户进行流畅、自然、有趣的对话,并提供可靠、及时的搜索结果,以及回答用户的各种问题。

3. 智能办公工具

1)Microsoft 365

Microsoft 365(前身为Office 365)是一个综合的办公套件,其中包含了多种人工智能功能。如自动化任务、智能推荐、自然语言处理和数据分析等功能,可以提高办公效率和协作能力。

2)Google Workspace

Google Workspace(前身为G Suite)是由Google提供的一套云办公工具,其中包括Gmail、Google文档、表格、幻灯片等应用。Google Workspace集成了人工智能功能,如智能回复、自动翻译和实时协作等。

3)Slack

Slack是一个团队协作平台,提供实时通信、文件共享和项目管理等功能。它集成了多种人工智能功能,如智能通知、自动化工作流程和机器人助手。

4)Trello

Trello是一个项目管理工具,以看板的形式组织任务和工作流程。它提供了智能提醒、自动化规则和卡片模板等功能,帮助用户更好地组织和跟踪工作进度。

5)Grammarly

Grammarly是一款语法和拼写检查工具,它使用人工智能技术来提供实时的写作建议和修正错误。可以作为一个浏览器插件或者在 Microsoft Office 中使用,帮助提升写作质量和准确性。

4. 智能绘画、图像处理工具

1) Midjourney

Midjourney 是一个人工智能程式,可以根据文本生成图像。通过 Discord 平台进行访问。Midjourney 可以生成壁纸、插画、漫画、平面设计、logo 等图像。

2) Arti World

Arti World 是一款微信小程序,使用简单,提供自发的 AI 绘画工具和 Midjourney 工具,利用积分可以免费使用有限的次数。

3) Stable Diffusion

SD 更加注重于让用户通过 AI 技术来实现自己的艺术想象。支持用户上传自己的草图或手绘作品,然后通过 AI 技术将其转换为真实的、高质量的图像。与 Midjourney 不同的是,SD 更加注重让用户实现自己的想象,而不是依赖于平台自身的算法。

4) 文心一格

文心一格是百度发布的 AI 艺术和创意辅助平台。用户只需输入自己的创想文字,并选择期望的画作风格,即可快速获取由一格生成的相应画作。现已支持国风、油画、水彩、水粉、动漫、写实等十余种不同风格高清画作的生成,还支持不同的画幅选择。

5. 智能编程工具

1) GitHub Copilot

一款基于 OpenAI Codex 的编程助手,可在使用 VSCode 编辑器时提供代码补全、提示和示例等功能。它可以帮助你编写更优质的代码,并更快地完成项目。

2) OpenAI Codex

OpenAI 旗下的 AI 代码生成训练模型,能够根据自然语言的描述或指令,生成各种类型和语言的代码。它能够辅助您轻松地创建网站、应用程序、游戏、机器人等。

★请查查看

对于明确的检索任务,生成式 AI 一般会拒绝(很抱歉,我是一个语言模型,不能进行实时搜索),请思考如何引导 AI 查找下面这条文献信息的全文:

Sokell, E.; Wills, A. A.; Comer, J. J. Phys. B: At. Mol. Opt. Phys. 1996. 3417.

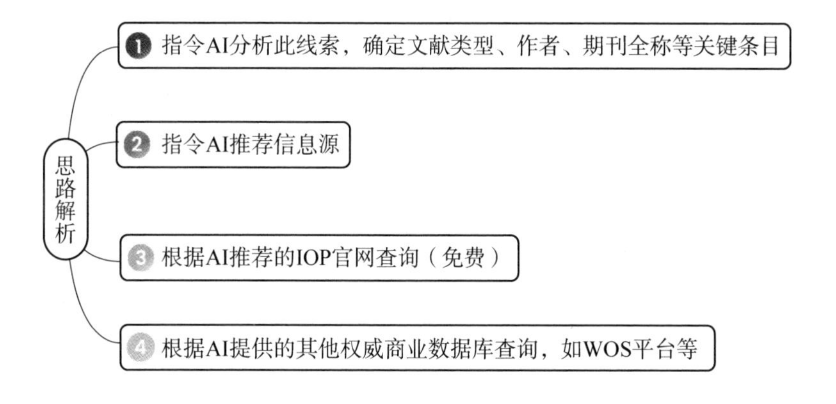

注:因为 AIGC 各类工具发展迅速,目前检索时尚未形成固定的 Prompt,此题思路解析仅供参考。

第八章

评估与分析：隐形的翅膀

“

从这一章开始，我们已经进入了信息素养的另一个阶段——对搜索到的信息进行评估与分析。这一部分取舍很重要，把核心理念弄明白就足够了，所以我挑选了信息评估的指标、方法以及信息分析的工具作为重点。

此章多见枯燥的指标与工具，而信息评估与分析实际具有“科学+艺术”的双重属性。我依然希望大家像之前一样，多关注指标变换的社会推动力，感知数据背后的科学精神与轶闻趣事，拥有热情、思考以及知识的宽度。

”

| 第一节 |
谁是胜出者:信息评估的指标、方法和工具

· 为什么相关度很高的文献会被导师划掉?　　· 怎样走出"信息流行病"的漩涡?

信息评估分为学术文献和网络信息两部分,以前者为主。

一、学术文献评估

我们对研究问题的分析和对需求的界定应该成为文献评估的基础。"该文献与研究项目相关吗?"这是我们遇到每一篇文献都必须考量的问题,从这个角度看,发现、查找和获取文献的整个过程都需要对文献进行评估。

(一) 文献评估的指标和方法

每次在课堂上讲文献评估,学生们都特别渴望我能教给他们一种"神器",用以迅速准确地筛选出一批相关度和质量都极高的文献,或者精准确定某条文献可看可用,结果无一不以失望而告终。但如果严格遵循文献评估的指标和方法(见表 8－1),就可以达到事半功倍的效果。

表 8－1　文献评估的指标和方法

	指标	评 估 要 点
出处	著者	著者在其研究领域内是人们公认的专家吗? 或者与某一公认的组织或机构有关系?
	著作权威	该著作是否已经被专家审核、鉴定或编辑过? 是否得到过某一公认权威的赞助或肯定?
	出版者	该出版者是公认的学术著作出版商吗? 或是其他公认的出版机构?

（续表）

	指标	评估要点
内容	准确性	研究问题与你的需求相关吗？从标题、摘要、关键词还是全文可以看出来？
		研究问题是选题中的主要论题还是外围性问题？如果是外围性问题就可以完全抛弃吗？根据什么来取舍？
		该文献所包含的研究方法是否与你自己拟用或者曾经用过的研究方法类似？
	客观性	作者的观点是否有事实支撑，是第一手资源还是二手资源？
		有没有明显的或微妙的倾向？政治的、商业的或其他？
	独创性	是否包含了开创性的研究或原创的成果？
	时效性	可以从别处找到同样的信息吗？
		出版日期是什么时间？从内容上考量是否属于被淘汰的知识？
学术规范	引用情况	引用其他信息是否注明出处？
写作风格	体系架构	风格如何？学术的还是非正式的？有描述内容的标题、关键词、摘要、参考文献等关键要素吗？
	表述	章节的划分对读者有用吗？图表规范吗？是否真正有助于理解？每一节的长度是否合适？版面是否方便阅读？是否有扩展资料？所有的技术术语、首字母缩微词或其他不常见的术语都有解释吗？
获取与使用	获取	可以获得内容吗？在哪里可以获得？
	使用	格式是什么？格式是否能被接受？有不同语言的版本吗？

（二）文献评估的工具

“我们应该看的文献，不是选题内所有的相关文献，而是选题内所有的高质量相关文献。”从这条文献评估的宗旨里，可以提炼出两个关键词：“内容相关度”和“质量”，这是文献评估的两个维度。两者之间的取舍是文献评估中的重要问题，如同蝴蝶的两只翅膀，必须平衡才能飞翔。

虽然工具的作用有限，但在信息世界里，好的工具依然很重要。下面介绍一些评估文献内容相关度和质量的常用工具。

1. 内容相关度指标

1）内容相关度排序工具

可以利用检索系统中“主题”“相关度”“relevance”等与内容相关的字段

排序进行评估。所有检索系统都会提供这种排序方式，越相关的越靠前。检索系统推送的底层逻辑各不相同，有些是基于严格的文字匹配，有些是基于概念匹配。回忆一下我们自己的检索体验，大多数情况下都会自然而然地先看前面的推送文献，这时候务必要注意系统是否是按照相关度排序的。

但更需要提醒的是，靠后一些的结果就可以不管了吗？显然不是。所以这种方法只能在一定程度上帮到我们，或者说，在你觉得查准比查全更重要的时候，可以只看前面系统推送的文献。

2）与内容相关的精炼检索和引文网络功能

我们还可以利用检索系统中的“关键词”“高频主题词”“类别”“研究方向”“研究层次”等与内容相关的精炼检索进行评估，找到最接近需求的选题文献（见图 8－1）。当我们有了一批相关度高的文献后，还可以充分利用引文网络图，进一步查找参考文献，施引文献、共引文献等等，顺藤摸瓜地串出选题的前期成果、后期延续以及总在选题内被引来引去的经典文献。

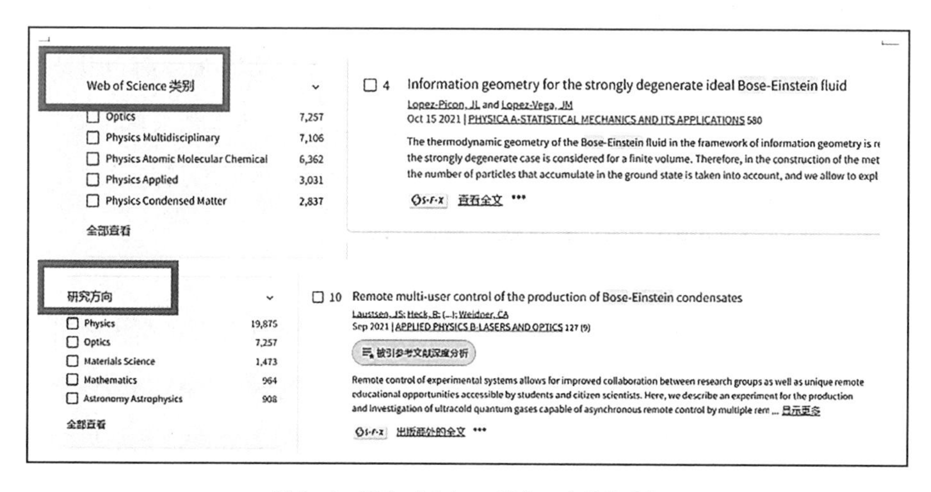

图 8－1 Web of Science 平台二次精炼功能

2. 质量指标

对于文献内容相关度指标，工具能帮助我们的仅此而已，但对于文献质量指标，可能能帮的就稍微多一些，比如出版物质量、被引频次、著名作者和机构、资助基金级别等。从这里其实可以体会工具的优势所在,对于反映文献外部特征的元素(比如文献出处)和可以进行定性分析的指标(比如被引频次、作者),工具会完美诠释。我们来一项项地看。

1) 学术评价工具

来源出版物的质量是评估文献出处的最重要指标。分别可以用国内外重要的学术评价工具、期刊影响因子以及会议级别等途径进行评估。

目前国外重要的学术评价工具有:Science Citation Index (科学引文索引)、Social Science Citation Index (社会科学引文索引)、A&Humanities Citation Index (艺术与人文引文索引)、Coference Proceedings Citation Index (科技会议录索引)、Engineering Index (工程索引);国内重要的学术评估工具有:CSCD(中国科学引文索引)、CSSCI(中文社会科学引文索引)、中文核心期刊要目总览(北京大学)。国内学术评价工具需要注意不同的版本。

同一学科类别的期刊如果被同级别的学术评价工具收录,则可以比较其影响因子和分区。参考工具主要有 Journal Citation Reports(期刊引证报告数据库)、《中国科学院文献情报中心期刊分区表》。如果是会议文献,除了判断其是否被 CPCI、EI 等权威数据库收录以外,还可以通过其是否是学科或行业内高端国际(国内)会议进行评价。

2) 被引频次排序功能

被引频次是指文献公开发表后被其他文献引用的次数。这个指数可以直接说明此文献的学术影响力。重要的外文文摘数据库(如 Web of Science 平台)及中文全文数据库(如中国知网、万方数据库)都会提供检索结果的被引频次排序。

3) 机构、作者、资助基金排序功能

我们还可以通过对某一主题中领先的机构、作者以及资助基金的级别等指标来评估文献质量。同样,重要的外文文摘数据库和中文全文数据库都提供了这些字段的分析功能。如 WOS 平台、中国知网、万方数据库的“分析检索结果”,EI 数据库的“精炼检索”功能。通过这些辅助指标,可以对领域内领先的机构、作者及重要基金资助项目的研究成果进行评估(见图 8-2、图 8-3)。

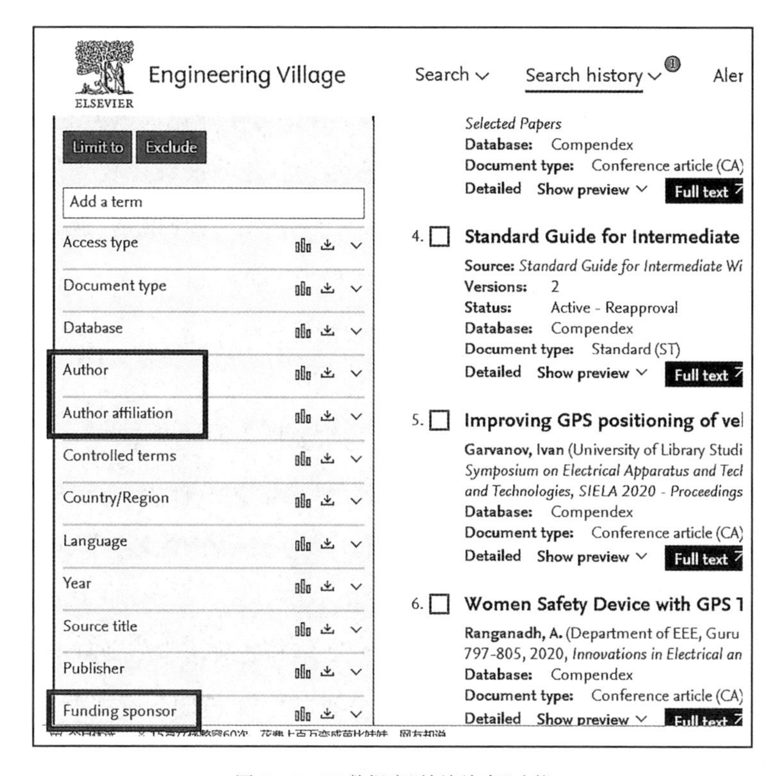

图 8-2 EI 数据库“精炼检索”功能

图 8-3 万方数据库“检索结果分析”

(三) 文献评估案例一:你的参考文献为什么重要性不够?

接下来我要讲的是一个关于文献评估的真实故事,虽然故事还只停留在评估文献出处的层面,但对于我之前强调的文献评估中内容相关度和质量的关系来说,已经非常典型了。

小颖同学是国际政治专业的研究生,正在撰写毕业论文的开题报告,论文题目是“中国与中东欧国家文化交流研究”,但开题报告中找到的相关度比较高的参考文献却被导师划掉了很多。导师给出的理由是:这些参考文献的重要性不够。于是她有些委屈地向我提了三个问题:

问题1:为什么相关度很高的文献会被划掉?

问题2:参考文献重要性不够是什么意思?

问题3:选择文献时如何平衡相关度与重要性之间的关系?

小颖同学的参考文献分为图书、期刊、学位论文三种类型,选取其中最具代表性的期刊论文作为样本进行分析。参考文献中中文期刊论文共48篇,抽取前29篇作为样本(见表8-2)。

对照《CSSCI来源期刊目录(2021—2022年)》的政治学专业期刊和2020年北大版《中文核心期刊要目总览》,发现被抽查的29篇期刊论文中,有14篇来源于CSSCI期刊和北大版核心期刊,重要期刊来源比例为48.2%;有5篇来源于政治学专业CSSCI期刊,专业核心期刊比例为17.2%,均处于比较低的状态(表8-2中用波浪线标记的为政治学专业CSSCI期刊,用直线标记的为非政治学专业CSSCI期刊和北大版核心期刊)。

现在就可以很清楚地回答问题1和问题2了:为什么相关度很高的文献会被划掉?什么是参考文献的重要性不够?原因就是选择文献的过程中,只注重了文献的相关度,没有重视文献的质量,导致漏检了选题中的部分重点文献和经典文献,所以参考文献的重要性不够。

于是我提醒她需要从源头查起,在整个搜索过程中都要注重评估文献质量。经过修改后中文期刊论文整体数量缩减到40篇,我们同样抽取前29篇作为样本来分析(见表8-3)。

表 8-2　初次检索得到的 29 篇参考文献

中文期刊
1. 中国现代国际关系研究所中东欧课题组:《中国对中东欧国家政策研究报告》,《现代国际关系》,2003 年第 11 期。
2. 王明国:《中国对中东欧国家人文外交:发展、挑战与对策》,《江南社会学院学报》,2015 年第 2 期。
3. 王明国:《构建中国—中东欧国家人文交流与合作新格局》,《当代世界》,2016 年第 7 期。
4. 毛锋、孙秋霞、闫静文、何佩文:《从博弈论视角看中国与中东欧国家的文化传播》,《上海对外经贸大学学报》,2017 年第 2 期。
5. 朱晓中:《冷战后中国与中东欧国家关系》,《俄罗斯学刊》,2012 年第 1 期。
6. 朱晓中:《中国—中东欧国家关系发展的阶段及特点》,《世界知识》,2017 年第 1 期。
7. 朱晓中:《中国和中东欧国家关系的发展》,《领导科学论坛》,2016 年第 4 期。
8. 朱晓中:《中国—中东欧合作:特点与改进方向》,《国际问题研究》,2017 年第 3 期。
9. 朱晓中:《中国中东欧研究的几个问题》,《国际政治研究》,2016 年第 5 期。
10. 朱晓中:《大国在中东欧的重新布局》,《当代世界》,2013 年第 9 期。
11. 吴志成:《"一带一路"倡议与中国—中东欧国家合作》,《统一战线学研究》,2017 年第 6 期。
12. 孔寒冰、韦冲霄:《中国与中东欧国家"16+ 1"合作机制的若干问题探讨》,《社会科学》,2017 年第 11 期。
13. 张迎红:《地区间主义视角下"16+ 1 合作"的运行模式浅析》,《社会科学》,2017 年第 10 期。
14. 鞠维伟:《中欧关系下的"16+ 1 合作":质疑与回应》,《世界知识》,2018 年第 7 期。
15. 鞠维伟:《运用"丝绸之路经济带"发展中国与中东欧国家关系》,《当代世界》,2014 年第 4 期。
16. 刘作奎、鞠维伟:《"国际格局变化背景下的中国和中东欧国家关系"国际学术研究研讨会综述》,《欧洲研究》,2015 年第 3 期。
17. 孙晶:《"一带一路"倡议之民心相通:以文化交流为根基》,《贵州省党校学报》,2018 年第 1 期。
18. 蔡馥谣、曹波所著《中国与"一带一路"沿线国家文化交流大事记(上)》,《中华文化海外传播研究》,2018 年第 1 期。
19. 蔡馥谣、曹波所著《中国与"一带一路"沿线国家文化交流大事记(下)》,《中华文化海外传播研究》,2018 年第 2 期。
20. 赵立庆:《"一带一路"战略下文化交流的实现路径研究》,《学术论坛》,2016 年第 5 期。
21. 郎如香:《新时代中国文化软实力建设的路径探讨》,《河北能源职业技术学院学报》,2018 年第 3 期。
22. 曹印双、刘芸暄:《新时代提升我国文化软实力的重要意义与具体路径探析——习近平文化软实力思想研究》,《西安航空学院学报》,2018 年第 4 期。
23. 蔡亮、马利文:《中国—中东欧"16+ 1 合作"背景下宁波阳明文化的国际传播研究》,《三江论坛》,2018 年第 8 期。
24. 叶淑兰:《关于"一带一路"跨文化传播创新的思考》,《对外传播》,2016 年第 4 期。
25. 黄滢:《约瑟夫·奈:文化是中国最大的软实力》,《环球人物》,2014 年 1 月。
26. 李纬:《中国与波兰、捷克、匈牙利近二十年经贸合作发展述评》,《生产力研究》,2012 年第四期。
27. 扈大威:《中国整体合作外交评析——兼谈中国—中东欧国家合作》,《国际问题研究》,2015 年第 6 期。
28. 贾瑞霞:《开启中国与中东欧国家创新合作的新篇章》,《人民论坛》,2018 年 10 月下。
29. 冯敏、宋彩萍:《运用"一带一路"发展中国与中东欧关系对策》,《经济问题》,2016 年第 1 期。

表 8-3 修改后的 29 篇参考文献

中文期刊
1. 关世杰:《国际文化交流与外交》,《国际政治研究》,2000 年第 3 期。
2. 李智:《试论文化外交》,《外交学院学报》,2003 年第 1 期。
3. 中国现代国际关系研究所中东欧课题组:《中国对中东欧国家政策研究报告》,《现代国际关系》,2003 年第 11 期。
4. 赵景芳:《冷战后国际关系中的文化因素研究:兴起、嬗变及原因探析》,《世界经济与政治》,2003 年第 12 期。
5. 俞新天:《中国对外战略的文化思考》,《现代国际关系》,2004 年第 12 期。
6. 胡文涛:《解读文化外交:一种学理分析》,《外交评论》,2007 年第 96 期。
7. 朱晓中:《冷战后中国与中东欧国家关系》,《俄罗斯学刊》,2012 年第 1 期。
8. 李纬:《中国与波兰、捷克、匈牙利近二十年经贸合作发展述评》,《生产力研究》,2012 年第 4 期。
9. 于洪君:《携手共进,推动中国与波兰和中东欧国家关系新发展》,《当代世界讲坛》,2012 年第 7 期。
10. 宋黎磊、王宇翔:《新形势下中国对中东欧国家公共外交探析》,《现代国际关系》,2013 年第 8 期。
11. 朱晓中:《大国在中东欧的重新布局》,《当代世界》,2013 年第 9 期。
12. 鞠维伟:《运用"丝绸之路经济带"发展中国与中东欧国家关系》,《当代世界》,2014 年第 4 期。
13. 龙静:《中国与中东欧国家关系:发展、挑战及对策》,《国际问题研究》,2014 年第 5 期。
14. 孔田平:《中国与中东欧国家经济合作现状与发展趋势》,《国际工程与劳务》,2014 年第 10 期。
15. 马骏驰:《"中国和中东欧国家关系国际论坛"综述》,《欧洲研究》,2015 年 1 期。
16. 于军:《中国一中东欧国家合作机制现状与完善路径》,《国际问题研究》,2015 年第 2 期。
17. 徐刚:《中国与中东欧国家关系:新阶段、新挑战与新思路》,《现代国际关系》,2015 年第 2 期。
18. 刘作奎、鞠维伟:《"国际格局变化背景下的中国和中东欧国家关系"国际学术研究研讨会综述》,《欧洲研究》,2015 年第 3 期。
19. 扈大威:《中国整体合作外交评析——兼谈中国一中东欧国家合作》,《国际问题研究》,2015 年第 6 期。
20. 理查德·图尔克萨尼:《"16+ 1 合作"平台下的中国和中东欧国家合作及其在"一带一路"倡议中的作用》,《欧洲研究》,2015 年第 6 期。
21. 刘作奎:《"一带一路"倡议背景下的"16+ 1 合作"》,《当代世界与社会主义》,2016 年第 3 期。
22. 佟巍:《中国一中东欧国家人文交流现状评估与对策建议》,《公共外交季刊》,2016 年第 4 期。
23. 叶淑兰:《关于"一带一路"跨文化传播创新的思考》,《对外传播》,2016 年第 4 期。
24. 朱晓中:《中国中东欧研究的几个问题》,《国际政治研究》,2016 年第 5 期。
25. 赵立庆:《"一带一路"战略下文化交流的实现路径研究》,《学术论坛》,2016 年第 5 期。
26. 朱晓中:《中国一中东欧国家关系发展的阶段及特点》,《世界知识》,2017 年第 1 期。
27. 李永全:《走向务实的中国与中东欧国家关系》,《世界知识》,2017 年第 1 期。
28. 朱晓中:《中国一中东欧合作:特点与改进方向》,《国际问题研究》,2017 年第 3 期。
29. 张迎红:《地区间主义视角下"16+ 1 合作"的运行模式浅析》,《社会科学》,2017 年第 10 期。

从修改后的数据可以看出,在前29篇被抽查文献中,有20篇来源于CSSCI期刊和北大版核心期刊,重要期刊来源比例为69.0%;有17篇来源于政治学专业CSSCI期刊,专业核心期刊比例为58.6%,两种指数都得到了较大的提升。从文献出处考量,基本获取了选题内的重点文献,参考文献的重要性得以体现。

对照前文介绍的文献评估指标,参考文献的重要性不够归纳起来有以下具体表现:第一,体现在来源出版物质量不高;文献类型单一,漏掉了选题内重要的文献类型。比如你的选题是“3D打印在建筑行业中的应用”,就不能忽视专利文献;第二,体现在缺少本选题著名研究作者或机构的文献。比如研究青蒿素的进展,就不能漏掉屠呦呦的文献;如果研究数字素养方面的选题,就可以重点关注武汉大学信息管理学院等国内领先机构的文献。

最后,我们来看看问题3,如何平衡文献相关度和质量之间的关系?

我知道大家很容易产生“如果优先注重文献质量,就挑选不到相关度高的文献”的顾虑。其实不然,首先,在选题合理的情况下,参考文献的相关度一定是可以保障的,这是我们对自己的研究问题必须笃定的认知;其次,就文献评估的两个维度而言,质量更重要,必须优先保证。比如小颖同学的参考文献,修改前和修改后文献来源大不相同,但并没有影响文献相关度;最后,如果大家发现筛选出的重点文献相关度比较低,那可能得从检索出发,检查一开始的检索策略及步骤是否合理科学,因为每一个科学合理的选题,都不可能没有高质量的文献。

(四) 文献评估案例二:向文本提问

无论是何种类型的信息评估,对于信息出处的论证与判断都是相对笃定和容易的,而针对内容的评估才是最考验人的部分。在目前的信息素养教材中,很少涉及向内容提问的信息评估案例,因为这一部分与专业知识和其他素养(比如写作)结合太紧密,汇集这样的案例很容易让人误以为是上了一节写作课。

我之所以愿意尝试,是因为我发现在系统性综述的研究方法中,制定选文标准以及设计编码表的过程其实就是典型的文献内容评估过程,而综述撰写确实是信息素养的强项,这是一个非常好的让内容指标落地的入口。

案例:国家安全概念的国外研究向度和构建理路——基于SSCI数据库(2000年至今)的系统性文献综述①。

此文的研究目的是对SSCI数据库(2000年至今)中与国家安全相关的论文进行梳理分析,提出一种国家安全概念的构建理路。我们来看看作者的筛文过程(见图8-4):

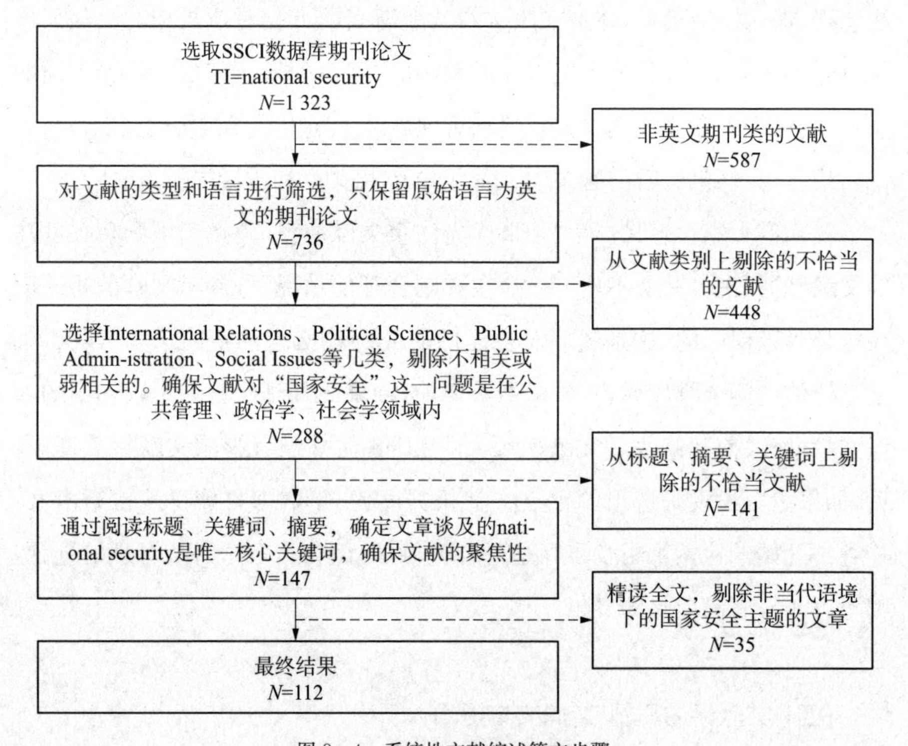

图8-4　系统性文献综述筛文步骤

严格意义上来说,从作者选择SSCI数据库的高影响力期刊论文作为数

① 谢程远.国家安全概念的国外研究向度和构建理路——基于SSCI数据库(2000年至今)的系统性综述[J].情报杂志,2022,41(09):55-6.

据样本开始，就已经开始了文献评估，为了让大家将指标和实践操作的对标看得更清楚，我依然采用表格来呈现（见表 8－4）：

表 8－4　文献内容评估案例与指标对应表

案例内容	评估指标	指标类别
SSCI 数据库期刊论文 TI= national security	该出版者是公认的学术著作出版商吗？	出处/出版者
对文献的类型和语言进行筛选，只保留原始语言为英文的期刊论文	格式是什么？格式是否能被接受？有不同语言的版本吗？	获取与使用/使用
选择 International Relations、Political Science、Public Admin istration、Social Issues 等几类，剔除不相关或弱相关的文献。确保文献对“国家安全”这一问题是在公共管理、政治学、社会学领域内	研究问题是选题中的主要论题还是外围性问题？如果是外围性问题就可以完全抛弃吗？根据什么来取舍？	准确性/内容
通过阅读标题、关键词、摘要，确定文章谈及的 national security 是唯一核心关键词，确保文献的聚焦性	研究问题与你的需求相关吗？从标题、摘要、关键词还是全文可以看出来？	准确性/内容
对剩下的文章进行全文浏览，剔除非当代语境下的国家安全主题的文献	从内容上考量是否属于被淘汰的知识	时效性/内容

可以看出，案例中的筛文标准几乎与前文表格中（表 8－1）所给出的文献评估指标丝丝入扣，我想作者未必系统地学过指标，但规范的学术研究总会有许多必然的“巧合”，当我们透过“巧合”看到本质的时候，不禁会击节赞叹。

二、如何识别虚假新闻

现在，我们从略显枯燥的学术文献中抽离出来，看看“平行世界”的网络信息评估，这对于正处在“信息流行病”漩涡中的你我也是极有意义的。

（一）IFLA 的八项指标

图 8－5 是 2016 年国际图书馆协会联合会（IFLA）发布的 8 条辨识假新

闻的指标和方法，2019 年又基于原来的内容发布了针对新冠疫情的版本，参照 IFLA 华语中心（IFLA Chinese Language Center）提供的译文，可以看出这些指标和方法其实与学术文献评估时的指标极其相近，均包含评估出处（作者、机构、来源）、内容（读全文、准确性、时效性、客观性）以及信息伦理（Look before you share），也验证了前文说过的观点：学术场景的信息素养可以解决其他场景的信息需求。

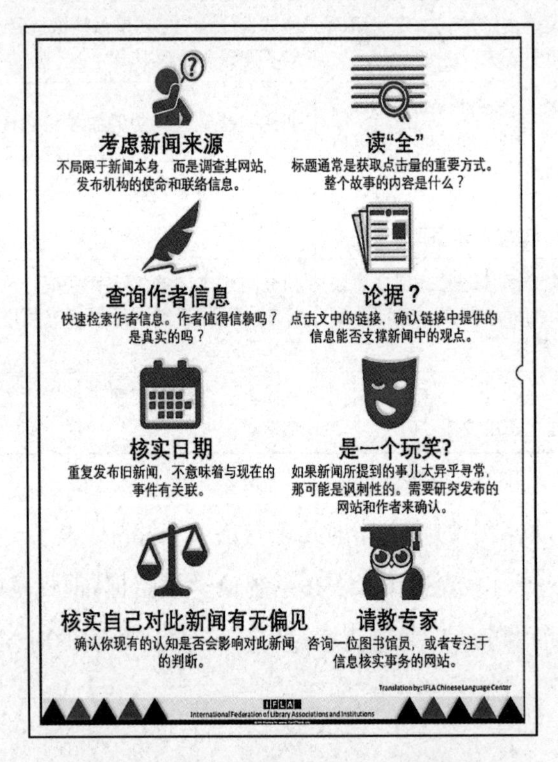

图 8-5　IFLA 辨识假新闻的指标和方法

《新闻记者》杂志曾连续十多年推出《年度虚假新闻研究报告》。根据《2021 年虚假新闻研究报告》[①]，可以归纳出虚假新闻有以下几种类型：

- 通过修改图片、视频的标题或内容文字，扭曲原图片、视频想表达的

① 年度虚假新闻研究课题组，白红义，曹诗语，陈斌. 2020 年虚假新闻研究报告[J]. 新闻记者，2021(01)：23-37.

意思;或者通过剪辑不同视频、照片,更改剧情,甚至通过 AI 技术,制作出造假者想要表达的画面内容。

- 数据不实。这类假新闻通常会给出详细的图表和数据,让读者有一种证据确凿的感觉,但其数据往往是没有科学依据的。
- 引用作假。凭空捏造业内专家或高层人员的评论作为论据,提升新闻的信服力。
- 利用公众情绪和社会热点,制造符合大众心理期待的故事。
- 真假参半。相比前四种,这类假新闻更难辨别。因为新闻中部分内容是真实的,但是在报道中,关键用词又似是而非,刻意引导读者对新闻的片面解读。
- 以"正能量"为名传播虚假信息。

(二) 一些甄别虚假信息的方法与工具

网络虚假信息的甄别其实比学术文献评价要简单,导致我们上当的原因无外乎两种:第一是根本不知道甄别的指标和方法,第二是知道一些,但没有理顺次序,导致模棱两可,无法操作。实际上信息评估的步骤一直强调先判断出处后评估内容,仔细回忆一下,我们在学术文献评估的时候是否也是这样?

关于网络信息来源的评价,有一个常识性标准可供参考:政府官方网站>机构门户网站>学术网站>自媒体,当不是特别清楚来源时,也可以用网址域名来判断(见表 8-5)。

表 8-5 依据网址域名评价信息来源

域名	英文全拼	机构性质
.com	company	商业机构
.net	network	网络服务供应商
.ac	academic	学术研究机构

(续表)

域名	英文全拼	机构性质
.org	organization	非营利组织,如国际货币基金组织的网址为“https://www.imf.org/en/home”
.edu	education	教育机构,如武汉大学的网址为“https://www.whu.edu.cn/”
.gov	government	政府机构,一般与具体的政府名称缩写联合使用,如美国联邦政府的网址为“https://www.usa.gov/”
.mil	military	军事机构,如中国空军招飞网址为“http://www.kjzfw.mil.cn/”
.int	international	由条约而成立的国际性机构使用,如欧洲航天局的网址为“https://www.esa.int/”
.cn\.us\.uk\.ca\.jp\.au\……	China\US\England\Canada\Japan\Australia\……	国家顶级域名,表示各个国家的政府机构,一般与具体政府名称或机构域名联用

随着对虚假新闻的整顿,越来越多的官方辟谣平台也是我们评价互联网信息出处的重要工具,尤其是官方出具的资质“白名单”,比如“中国互联网联合辟谣平台”、《互联网新闻信息稿源单位名单》等。

而对于互联网信息内容的甄别就困难很多,我们可以看到,在 IFLA 颁布的简短八条判断指标中,有五条是针对信息内容进行判断的,在甄别信息时可以逐一进行比对:

- 读全。标题通常是获取点击量的重要方式,整个故事的内容是什么?
- 论据。点击文中的链接,确认链接中提供的信息能否支撑新闻中的观点。
- 核实日期。重复发布旧新闻,不意味着与现在的事件有关联。
- 是一个玩笑?如果新闻所提到的事情太异乎寻常,那可能是讽刺性的。需要研究发布的网站和作者。
- 核实自己对此新闻有无偏见。确认自己现有的认知是否会影响对此新闻的判断。

(三) 识别虚假新闻的案例

我们来看几个真实的案例:

案例1:2021年11月26日上午,北京日报客户端等媒体报道:“明年3月1日起,微信、支付宝收款码不能用于经营收款”,这一消息让习惯了移动支付的网民感到吃惊,纷纷转发。

解析:信息来源于“北京日报”,属于正规的官方媒体,我们只能从内容上进行甄别。根据第四条“找论据”,很快,我们从提供的原始链接中,可以确认这则消息属于媒体误读,正确的解读是“明年3月1日起,微信、支付宝个人收款码不能用于经营收款”,官方消息来源于《中国人民银行关于加强支付受理终端及相关业务管理的通知》(银发〔2021〕259号)。

案例2:2020年2月27日,《宁波晚报》A09版发布报道《鸭子是灭蝗界“天才”吗?宁波“鸭兵”能出国灭蝗吗?浙江省农业科学院专家一一解答》,声称“根据巴方需求,中国政府已派出蝗灾防治工作组抵达巴基斯坦。随后,10万‘鸭子军队’也将代表国家出征灭蝗”。

解析:信息来源于“宁波晚报”,属于正规的官方媒体,我们只能从内容上进行甄别。根据第六条“是一个玩笑?”来判断,稍微有些常识就会知道,虽然鸭子灭蝗虫自古有之,但会受到地形、蝗虫种类以及规模等因素的影响。在科技发达的今天,完全可以用无人机喷洒药物的方式来灭蝗,而不是千里迢迢地运送10万只鸭子到巴基斯坦。

案例3:2020年7月17日,江苏省广播电视总台融媒体中心发布新闻《糊涂!大学生连偷外卖被刑拘　背上案底自断全家希望》,称南京一送餐员发现外卖被偷后报警,警方调查后发现偷外卖的是一名正在备战考研的大学生。这名大学生周某多次偷取他人的外卖。报道称:“他是一个知名大学本科生,目前正在准备考研。他兄弟姐妹四个,他读书比较好,为了他读本科、读研究生,其他三个兄弟姐妹都辍学了。

解析:根据第七条“核实自己对这则消息有无偏见”,这则新闻就是比较典型的带有主观臆断吸引公众眼球的例子。后被证实,李某某偷取他人外卖是因为他自己的外卖曾经被偷,遂产生报复心理,并非因为“贫穷”“饥饿”“吃不起饭”。新闻中还特别强化“大学生”这一标签,但实际上李某某已经毕业两年,严格意义上讲已经并非大学生。

| 第二节 |
化茧成蝶:信息可视化分析

·操作方法论有哪些具体步骤?·如何打造完美检索式?·关于工具,你知道多少?

一、“破茧”的方法和流程

信息分析具有“科学+艺术”的双重属性,这意味着我们既需要显性知识、工具、技术和方法等科学能力,又需要价值观念、想象、创造性思维等艺术性创造能力。这其中涉及认知方法论、学科方法论以及操作方法论,基于我们的课程特点和篇幅所限,我只尽力还原操作方法论。

(一) 操作方法论

一般来说,我们平时做信息分析的目的是从收集到的信息中找到特定的规律,用于验证某些结论或者发现某种现状,这个过程以数据处理过程为基础,以问题为导向,一般会经历问题概念化——描述事实——解释和评估态势——预测未来几个过程,具备“化茧成蝶”的特性。

第一步问题概念化,即对问题进行简明地陈述和清晰化地描述,问题概念化以定性分析为基本方法;第二步就是描述事实,它是建立在对已知数据的定量分析基础之上的。准确发现和描述事实的目的是能够发现规律性问题,并加以总结和提炼;第三步是解释和评估态势。这一步需要采用定量与定性相结合的分析方法,它针对的是已知数据以及基于对已知数据的理解和判断而形成的认知数据;真正的信息分析总是具有预测性的,最后一步就是基于思维模型、各种已知和未知数据开展定性分析，从而实现预测未来的目的。

无论是哪类方法，均存在一个共同的阐述框架，它是对该类方法所包含各具体方法的基本理论和应用阐述。这一框架包括方法产生的背景、学科来源、核心内涵、问题导向的方法体系、方法的应用价值和缺陷、方法的功能和应用场景、方法的实施步骤。各类方法中的每个具体方法均按这一框架去组织该方法的知识体系。我依然用表格体现，以免你被繁琐晦涩的文字弄昏头脑（见表8－6）。

表8－6　信息分析操作方法[①]

<table>
<tr><th>过程</th><th>框架</th><th>类别</th><th>方法</th></tr>
<tr><td>问题概念化</td><td rowspan="3">背景来源
核心内涵
体系构成
价值与缺陷
功能与应用场景
实施步骤</td><td>以定性分析方法为主</td><td>辩证思维、系统思维、模型思维、开放思维、决策树、竞争性假设分析、若则分析、问题再定义法、维恩分析法、四维图和概念图法、形态分析法、星爆法(5WIH)……</td></tr>
<tr><td>描述事实</td><td>以定量分析方法为主</td><td>文献(科学、信息)计量学、回归分析、时间序列分析、投入产出分析、引文分析、数学、多元分析、技术经济分析、计算机辅助分析、系统动力学、链接分析、经济信息分析、SPSS、人工神经网络、模糊综合评估法、数据包络分析、数据挖掘方法、聚类分析、因子分析……</td></tr>
<tr><td>解释和评估态势</td><td>定量定性两者结合的分析方法</td><td>基于未知数据：交叉影响分析、德尔菲、社会调查、头脑风暴、观察实验、高影响/低概率分析、红队分析……
基于已知数据：内容分析、趋势外推、残差辨识、相关分析、灰色预测、层次分析、定标比超、知识地图、社会网络分析、信息可视化、关联树、关联表、主成分分析、综合评分、矩阵法、历史分析……</td></tr>
</table>

① 李品．信息分析方法课程的内容组织及教学模式研究[J]．图书馆学研究．

(续表)

过程	框架	类别	方法
预测未来		以定性方法为主	基于未知数据：科学抽象、灵感思维、创造性思维、红帽分析、情景分析、战争游戏法、结构化方法、批判性思维、质疑分析…… 基于已知数据：类比、比较、分类、归纳、演绎、分析、综合、证明与反驳、形象思维、推理、模型模拟、系统分析、逻辑思维、变换角度分析、SWOT 分析、价值链分析、哲学方法、PEST 宏观环境分析、五力模型竞争分析、BCG 投资组合分析、扎根理论、回溯推理、情境逻辑、基于 agent 建模、空白分析法……

(二) 信息分析案例——“李白在哪里?”

为了更好地理解操作层面的方法和流程，下面用一个案例简单对应一下。

在研究数字人文案例时，我曾经利用王兆鹏教授的国家社会科学基金重点项目成果“唐宋文学编年系地信息平台”(https://cnkgraph.com/Map/PoetLife)分析唐代诗歌版图的分布与变化。第一步，对问题进行清晰化的描述：一是从诗人的占籍地(籍贯)分布进行静态观察，看此期诗人占籍地呈现出怎样的分布状态；二是对诗人的活动空间进行动态观察，比较分析诗人占籍地与活动地有哪些差异与变化，诗歌活动的中心是在什么区域等；第二步，基于对问题的描述开始对数据范围和内容进行界定，以“唐宋文学编年系地信息平台”的 3 374 位唐代诗人的 54 730 首诗歌为基础数据进行定量分析，最终绘制出唐代诗人占籍数据与活动数据对比表、唐代诗人占籍和活动地域分布对比表等；第三步采用定量和定性相结合的分析方法进行解释和讨论。从数据分析可以看出唐代著名诗人籍贯分布严重失衡、唐代诗坛的中心在北方黄河流域、晚唐五代时期诗坛中心移至南方、唐代著名诗人活动空间分布相对广泛、唐代著名诗人大多是向南方流动、唐代都城是诗歌创作的中心六大现象；最后一步是预测未来，在已知数据和未知数据的基础上，从整体考察盛唐诗坛发展的时间进程和空间格局的变化。

以唐李白诗词为例，收集诗词 967 首，对其中 563 首的创作地、所描述的人名、地名或景观进行分析和空间定位,对于李白诗词创作的地点、诗词中描述的地名及作者联想到的地名等位置信息进行分析,能清晰展现李白的创作空间和诗词文本表征的空间分布格局(见图 8-6)。

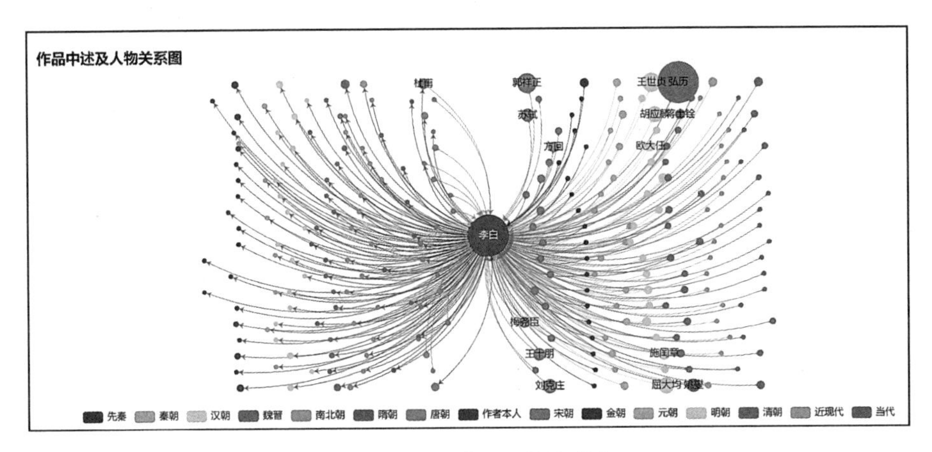

图 8-6 李白作品人物关系图

(三) 定量分析的完美检索式

最后我还要强调一下分析之前的初始数据问题,这是需要在信息搜索和评估这一步完成的,涉及数据的获取与清洗,特别是做文献计量分析的时候,初始数据一定要查全,我们有时候戏称为"完美检索式"。比如"大数据研究(Big Data)",我们需要考虑到扩充检索词、专门学术期刊检索、特定学科类别检索以及引用的参考文献等(见图 8-7)。

No	Search strategy	Search terms
1	Core lexical query	TS = ("Big Data" or Bigdata or "Map Reduce" or MapReduce or Hadoop or Hbase or Nosql or Newsql)
2	Expanded lexical query	TS = ((Big Near/1 Data or Huge Near/1 Data) or "Massive Data" or "Data Lake" or "Massive Information" or "Huge Information" or "Big Information" or "Large-scale Data" or Petabyte or Exabyte or Zettabyte or "Semi-Structured Data" or "Semistructured Data" or "Unstructured Data")
		TS = ("Cloud Comput*" or "Data Min*" or "Analytic*" or "Privacy" or "Data Manag*" or "Social Media*" or "Machine Learning" or "Social Network*" or "Security" or "Twitter*" or "Predict*" or "Stream*" or "Architect*" or "Distributed Comput*" or "Business Intelligence" or "GPU" or "Innovat*" or "GIS" or "Real-Time" or "Sensor Network*" or "Smart Grid*" or "Complex Network*" or "Genomics" or "Parallel Comput*" or "Support Vector Machine" or "SVM" or "Distributed" or "Scalab*" or "Time Serie*" or "Data Science" or "Informatics*" or "OLAP")
3	Specialized journal	The papers published in these specialized journals were not indexed by WoS
4	Cited reference	The publications, which were cited more than 20 times did not fulfill the criteria for inclusion (see paragraph "Cited Reference Analysis")

图 8-7 信息分析前的"完美检索式"

二、“化蝶”的工具

信息分析中我想多聊聊工具。原因很简单,掌握工具是信息分析的第一步。

如何学会一种具体的工具并不是大家需要掌握的重点,真正需要的是梳理一下现有的信息分析工具,做到成竹在胸,物尽其用。

(一) 最熟悉的信息分析工具

数据库分析功能是大家非常熟悉的一种信息分析工具。与专门的信息分析软件相比,它的优势在于简单易学好上手,很多针对检索结果的分析都只需要点点鼠标而已,劣势在于无法将多种来源的信息进行合并分析。

具有统计分析功能的数据库可以分为文本题录型和数值型(图 8-8)。

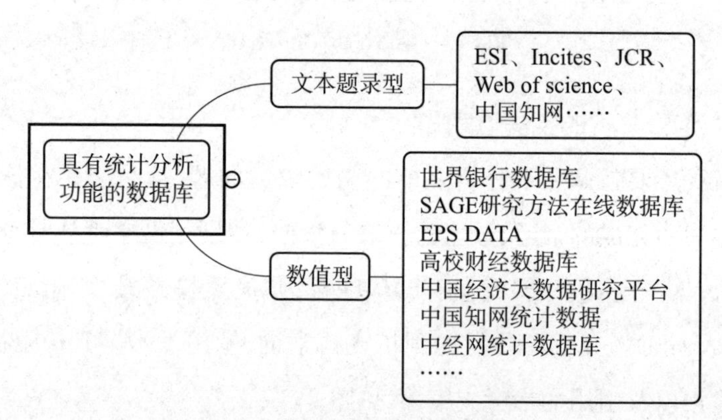

图 8-8 具有统计分析功能的数据库

下面我在这两种类型中分别抽取一个典型数据库进行介绍:

1. ESI

Essential Science Indicators(基本科学指标,简称 ESI)是 Web of Science 核心合集的孪生兄弟,是一个基于 Web of Science 核心合集数据库的深度分析型研究工具,它的学术论文数据来源于 SCIE/SSCI 两个子库,被引频次数据来源于 SCIE/SSCI/A&HCI 三个子库。

通过 ESI 可以实现以下数据分析功能:

（1）分析机构、国家和期刊的论文产出和影响力（见图 8－9）。

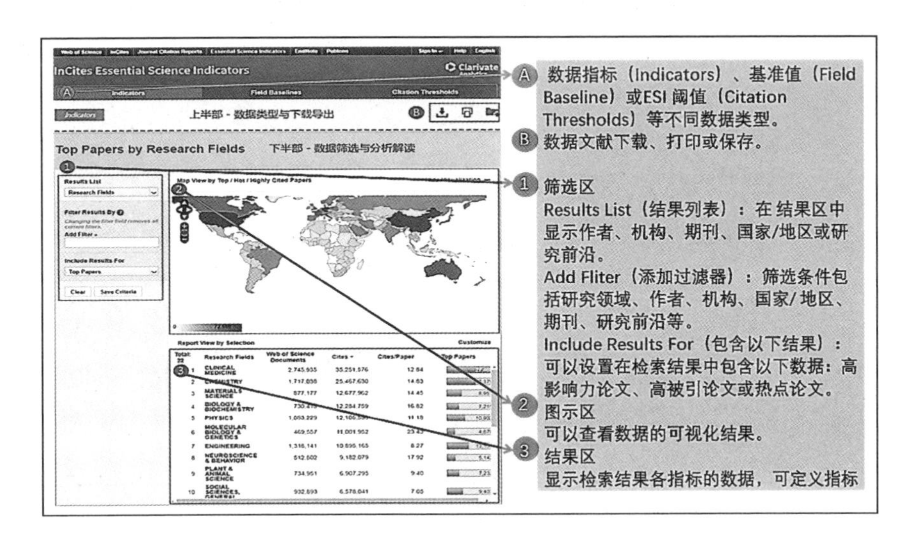

图 8－9　ESI 数据库分析功能

（2）按研究领域对国家、期刊、论文和机构进行排名。

（3）发现自然科学和社会科学中的重大发展趋势。

（4）确定具体研究领域中的研究成果和影响力。

（5）评估潜在的合作机构，对比同行机构。

2. 中国经济社会大数据研究平台

中国经济社会大数据研究平台是一个集统计数据查询、数据挖掘分析、决策支持研究及个人数据管理功能于一体的大型统计年鉴（资料）数据总库。

在这个数据库平台，可以按照地区、时间、指标（各行业相关的重要指标）对国内、国际、专题领域的行业数据进行分析（见图 8－10）。

（二）专业的信息分析工具

一旦冠以“专业”二字，潜台词就是“强大而深入”。所以专业的统计分析工具能够满足各种需求场景的宏观现状分析（见图 8－11）。

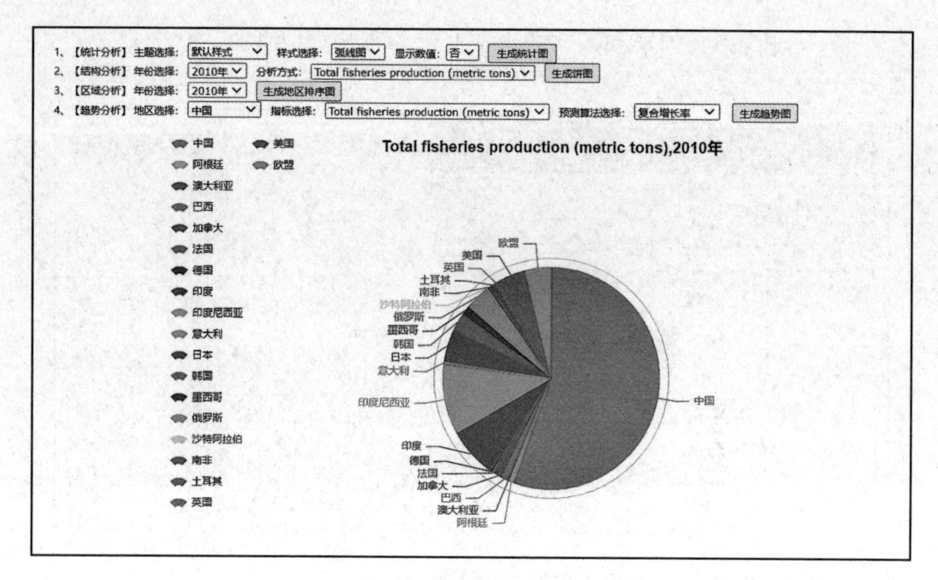

图 8－10　中国经济社会大数据研究平台

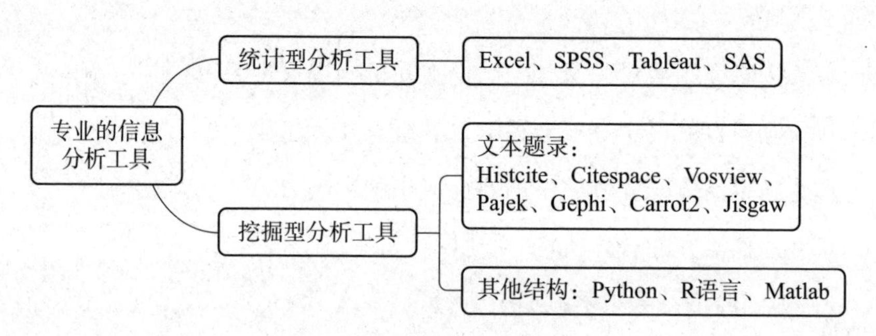

图 8－11　专业的信息分析工具

同样,我们每种类型抽取一个典型工具来介绍:

1. Tableau

Tableau 是斯坦福大学一个计算机科学项目的成果。利用 Tableau,可以分析实际存在的各种结构化数据,生成美观的图表、坐标图、仪表盘与报告。利用 Tableau 的拖放式界面,可以自定义视图、布局、形状、颜色等等,展现不同的自定义数据视角。

除了在线版的 Tableau,还有单机版的 Tableau。单机版分为专业版(Tableau Desktop)和公众版(Tableau Public),其中公众版本可以免费使用，只需用户完成注册即可。公众版的 Tableau Public（简称“TabP”）自带多种数据分析模板，设置好相应的参数后，即可选择模板对数据进行可视化分析。Tableau 可以分析 Excel 和文本型文件中的数据，包括 CSV、JSON、PDF、空间文件、统计文件、Tableau 数据提取和 Hyper 数据提取。

Tableau 的数据分析功能主要是统计分析功能和简单的数据模拟，基本与 Excel 的部分统计分析功能类似，但因为它比较注重分析结果的视觉效果，因此功能上远比 Excel 简单，常见的分析包括数据指标（维度）的占比、词云分布、国家地区分布和趋势分析等，分析时可以按照数据指标的维度数、计数、平均值、中值、最大值、最小值、百分位、标准差等来进行展示。

2. CiteSpace

CiteSpace 是由美国德雷赛尔大学（Drexel University）信息科学与技术学院的陈超美教授使用 Java 语言开发的信息可视化分析软件（开源）。它主要基于共引分析理论和寻径网络算法等，对特定领域文献（集合）进行计量，以探寻出学科领域演化的关键路径和知识转折点，并通过一系列可视化图谱的绘制来形成对学科演化潜在动力机制的分析和学科发展前沿的探测。所应用的数据来自 WOS、Scopus、PubMed、CNKI 和 CSSCI 等数据库，也可以对 CSV 数据进行分析。

利用 CiteSpace 可以对从数据库下载的题录数据进行共被引分析、文献耦合分析、合作网络分析、关键词共现分析、术语共现分析、领域共现分析等。

1）文献共被引分析

文献共被引指两篇文献同时被其他文献所引用。一般认为，如果两篇文章经常同时被引用，那么他们反映的主题很可能是相关的。因此用这样的一组文献构成一个网络，就可以作为研究领域分析的数据来源。共被引分析就是依托这些数据，利用聚类分析、因子分析、多维尺度分析、社会网络分析等手段反映研究领域的结构和特征。利用 CiteSpace 进行文献共被引分析主要针对所附的参考文献的题录数据，如来自 WOS、CSSCI、Scopus 等数据的题录信息。在 CiteSpace 数据项目运行界面,选择参考文献,可以完成文献的共被引分析,在分析的图谱中,选择聚类,能快速了解一个研究方向下属的各个子领域及重点文献等(见图 8-12)。

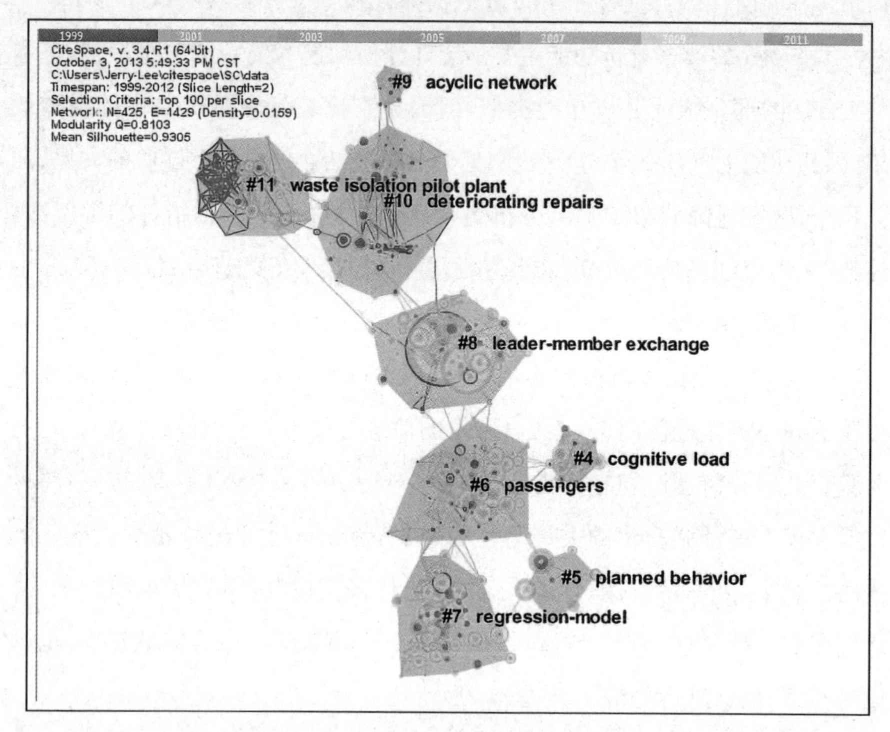

图 8-12　CiteSpace 文献共被引分析聚类①

2）文献耦合分析

文献耦合指两篇论文同引一篇或多篇相同的文献,通常可以用引文耦的多少来定量测算两篇文献之间的静态联系程度,引文耦越多,说明两篇文献的相关性越强。耦合的强度取决于共同参考文献(被引文献)的数量。文献耦合分为论文耦合、学科耦合、著者耦合以及期刊耦合等类型。此外,还有文献所属国别耦合、文献语种耦合等。文献耦合被应用于情报科学、文献

① CiteSpace 练习[EB/OL]. (2012-10-02)[2021-04-02]. http://blog.sciencenet.cn/home.php?mod=space&uid=774179&do=blog&quickforward=1&id=729827.

计量学、科学学、未来学等学科领域当中。

文献耦合分析与文献共被引分析的虽然都是基于文献引用进行的分析，但前者是对引用的文献进行的分析，而后者是对文献自身被引证进行分析。在 CiteSpace 中，文献耦合强度是固定不变的，而文献共被引强度则随时有可能发生变化，这是因为对于任意两篇已发表的论文来说，其后的参考文献是固定不变的。因此，文献耦合后的关系就不会改变，也就长期地得到固定和承认。对于具有“共被引”关系的两篇文献来说，共被引的特性决定了它们始终处于“被动”地位，它们之间的关系总是等着其他文献来建立，其强度也是依赖其他文献的需要量来增加，所以共被引后的关系“仍处于变化之中”。

3）合作网络分析

CiteSpace 的合作网络分析是基于文献的作者、机构或国家/地区之间共同出现在某些文献中的次数建立的矩阵而得出的网络（图 8－13）。

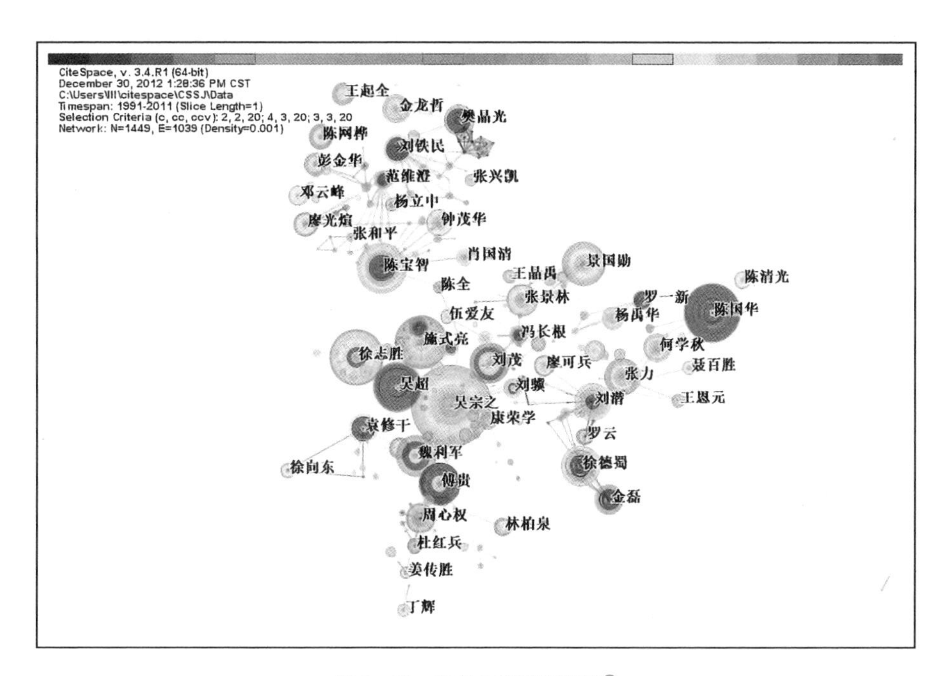

图 8－13　作者合作网络图谱①

① 安全科学研究学者网络[EB/OL].（2012－12－20）[2021－0402]. http://blog.sciencenet.cn/blog-774179-747874.html.

4）关键词、术语、领域共现分析

两个或多个关键词在同一篇文献同时出现叫关键词共现。关键词共现分析是通过分析关键词之间的共现关系，描述某一学科领域内部组成关系及其结构，并揭示学科的发展动态和发展趋势。同理，术语（包括关键词、主题词）和研究领域共同出现时就构成了共现关系，相关分析即为主题共现分析或领域共现分析。利用 CiteSpace 进行关键词共现分析时，需要将节点类型设置为关键词。同样地，如果需进行主题共现分析或者领域共现分析，需要将节点对应设置为名词性术语或者学科。

在使用 CiteSpace 进行各类网络分析和得出图谱时，需要掌握以下几个术语[①]：

Betweenness centrality(中介中心性)。中介中心性是测度节点在网络中重要性的一个指标（此外还有度中心性、接近中心性等）。CiteSpace 中使用此指标来发现和衡量文献的重要性，并用紫色圈对该类文献（或作者、期刊以及机构等）进行重点标注。

Burst(检测)。突发主题（或文献、作者以及期刊引证信息等）。在 CiteSpace 中使用 Kleinberg, J(2002)提出的算法进行检测。

Citation tree-rings(文年轮环)。引文年轮环代表着文章的引文历史。引文年轮的颜色代表相应的引文时间，一个年轮厚度和与相应时间分区内的引文数量成正比。

Thresholds(阈值)。在数据处理中，CiteSpace 会按照用户设定的阈值提取出各个时间切片满足的文献，并最后合并到网络中。

分析指标。CiteSpace 的分析指标有作者、机构、国家、参考文献、学科等。

3. VOSviewer

VOSviewer(Visualization of Similarities)是荷兰鹿特丹伊拉斯姆斯大

---

① 李杰，陈超美. CiteSpace：科技文本挖掘及可视化[M]. 北京：首都贸易大学出版社，2017.

学开发的一款针对文献题录数据进行可视化分析的软件。利用该软件可以基于作者合作、共现、引文耦合或者共引关系构建科学出版物、学术期刊、研究者、研究机构、国家、关键词或术语之间的关系图谱,所形成的图谱可以以网络图谱、叠加可视化图谱和密度图形式呈现。

可用于 VOSviewer 分析的数据可以是从 WOS、Scopus、Dimensions 和 PubMed 中下载的格式为 RIS、Endnote、RefWorks 的题录数据,也可以是通过 API 接口下载的来自 Microsoft Academic、Crossref、Europe PMC、Semantic Scholar、OCC、COCI 和 Wikidata 的数据。

与 CiteSpace 相比,VOSviewer 只能形成单一术语(包括作者、关键词、期刊、机构等)网络,而不能形成如作者与机构混合形式的网络(见图 8-14)。

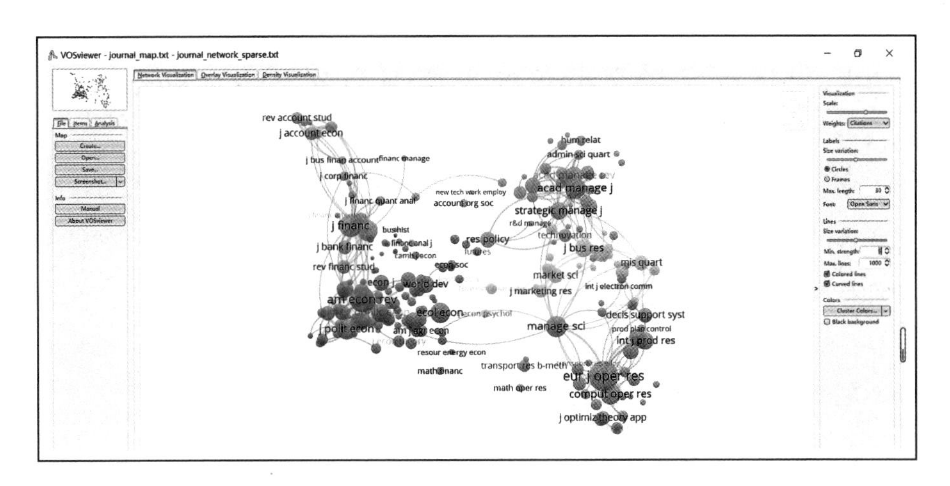

图 8-14 VOSviewer 网络图谱示例(图为期刊共引网络)

在利用 VOSviewer 绘制相关图谱时,可以使用规范术语功能,自建规范术语文件,帮助用户合并文献中机构名称不一致、关键词书写错误、缩写全拼等形式的术语,达到净化网络的目的。

文末彩蛋

★检索工具

1. Journal Citation Reports(期刊引证报告数据库)

JCR是一个科研人员熟知的期刊评价工具,它通过对参考文献的统计汇编,可以在期刊层面衡量某项研究的影响力,显示引用和被引期刊之间的相互关系。该工具覆盖了SCI、SSCI数据库的绝大多数期刊。

2. SciVal

SciVal是Elsevier集团2014年推出的科研管理、学科分析、人才绩效分析工具,其底层评估数据来自Scopus,提供的全球240多个国家8 000多个研究机构的相关科研产出信息。并可以通过10余种科学计量指标进行分析、比较。

3. 中国科学院文献情报中心期刊分区表(http://www.fenqubiao.com/)

中科院期刊分区表是中国科学院文献情报中心科学计量中心的科学研究成果,期刊与JCR评价期刊相同。与JCR的期刊分区相比,国内科研成果评价越来越重视中科院期刊分区表。

中科院期刊分区表目前有网页版和微信小程序两种访问方式。网页版需要机构购买,微信小程序可以个人访问。

4. CSSCI(中文社会科学引文索引)

CSSCI是国内关于社会科学领域的重要核心期刊引文数据库,国内重要的学术评价工具之一,由南京大学中国社会科学研究评价中心开发研制。

5. CSCD(中国科学引文数据库)

CSCD是国内关于自然科学领域的重要核心期刊引文数据库,国内重要的学术评价工具之一,由中国科学院开发研制,也是Web of Science平台上的一个非英文语种的数据库。

6.《中文核心期刊要目总览》

《中文核心期刊要目总览》由北京大学开发研制,也是评价国内学术期刊的重要工具之一。

★请查查看

2020 年诺贝尔物理学奖由两位来自美国的经济学家 Paul R. Milgrom 和 Robert B. Wilson 获得,获奖理由为“对拍卖理论的改进和发明了新拍卖形式”。试着用文献计量分析的方法分析一下此领域的整体态势。

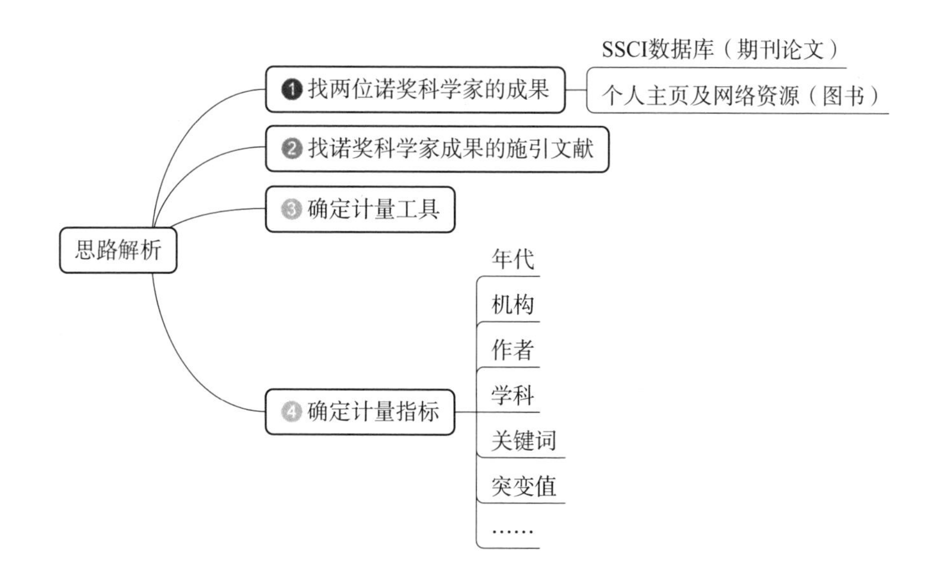

第九章

整合与再生：信息的最终价值

“

学生经常会有疑问：信息素养课程中为什么会讲阅读和写作？ 实际上信息利用的最终目的是创造知识，所以信息的最大价值总落脚在信息的整合与再生，即有意识地将获得的信息与自己现有的知识结构融合，构建新的知识。

学术写作是枯燥的。 结构如同男人的西装，全世界都一样，万年不变的“引言—方法—结果—讨论”。所以我放弃了“学术论文格式”等传统内容，选择文献综述和数据分析报告这两种最能体现信息素养的文体。建议大家和其他课程的阅读与写作知识比对着学习，细思量，才能发现彼此的精髓所在。

”

| 第一节 |
壁炉里的火苗:文献综述

·避免再发明一次“轮子” ·先找好看的葫芦 ·编码表与“人工聚类”

文献综述是学术成果的最基础形式。不信我们可以调查一下所有大学低年级的同学,无论理工文哲社科,是否都在第一年被各种课程的老师要求交过期末文献综述。文献综述之于学术研究,就如同壁炉里的火苗,我们将它从邻居家借来,在自己家点燃,便可以在我们的学术生涯中变成持续的火种。

一、文献综述长什么样?

毋庸置疑,很多人都做过文献综述。

比如,我们可能做过一份心仪已久的旅游攻略,这份攻略的素材来自互联网各旅游平台、博主,也可能来自朋友的介绍,经过我们精细地筛选、总结、提炼,最终结合自己的兴趣而形成。无论这份攻略是否形成文字,其所经历的搜索、筛选、整合、再生过程都可以称为“文献综述”;又或者我们曾经为某次会议做过会议纪要,需要精准地记录每个发言者的主要观点,并比较大家的共识及分歧后做出总结。实际上学习和生活中类似这种需要将“散乱”整理成“有序”的现象比比皆是,大家心里最需要把握的是:第一,哪些素材是我要选的?第二,选择后的素材如何聚类及分析。

我们来看看文献综述的书面定义:

“文献综述是指就某一学科或专题,在一定时间内,对所发表的大部分原始文献中有价值的情报进行综合的叙述和评论所编写成的文章。属于三次文献。由‘综’和‘述’两部分组成。‘综’主要指查阅某一选题的大量相关文献,并对其进行归类、整理、提炼,是文献综述的基础;‘述’是指作者在归纳总结相关文献的基础上进行分析，述评，从而析出自己的观点。”①

定义中的关键词是“综”和“述”以及“三次文献”。大家还记得第二章第一节中讲到的“关于苏东坡民本思想研究成果综述”吗？在那个例子里我们详细地讲解了综述与一、二、三次信息的关系。

文献综述一般有两种形式：一种是作为单独的学术论文，另一种是作为学位论文或者学术论文的一个单元。它还有一个通俗的名称叫“国内外现状研究”，一篇好的文献综述就是关于此研究问题的“信息金矿”。比如全球著名的多学科领域权威综述期刊 *Annual Reviews*，篇均参考文献达到数百篇。

二、为什么要做文献综述?

初学者会觉得文献综述满眼都是中英文混杂的概念、观点、技术，枯燥无趣，味同嚼蜡。那么，我们为什么一定要做文献综述呢？

首先，避免再发明一次“轮子”。每一个初生牛犊都希望自己能够在科研中一鸣惊人，但切忌满腔热情地一头扎入未知领域，不做探测侦察和调查研究，最后自己费尽九牛二虎之力做出来的成果世人其实早已皆知皆用。作为检索教师，每年在做国内大型项目申报甚至成果检验的查新（考察新颖性）时，均会遇到几只毫无新颖性的“懵懂轮子”。如果事先经过详细的文献梳理，论证此研究问题是否悬而未决，是否值得研究，是否具备独特性和新颖性，就不会造成对人力、物力、财力的浪费了，此为文献综述的第一功能。

其次，给自己的研究定位。这一步非常重要，因为原则上我们不太可能生造出一个完全无人涉及的领域，所以我们需要告诉大家自己的轮子与前人的轮子有何关联，有何推进。这时候我们要对所有的轮子进行评头论足：实心的木轮子，太沉了；有辐条的木轮子，不够坚固；金属轮毂的轮子，太颠了……因此，我可以做一个橡胶轮子弥补这些缺陷。经过这样的调研分析后，我们才能清晰地告诉大家，自己做的橡胶轮子处于整个研究领域的什么位置。

① 马国泉. 新时期新名词大辞典[M]. 中国广播电视出版社，1992.

最后,文献综述可以作为一个门槛,检验我们的学术成果是否具备专业性,是否能被小同行专家称之为"内行"。那些眼明心亮的大咖们能从大家选择的参考文献以及一两句机锋中看出你对本领域文献的积累和理解深度。学术研究是严肃而踏实的事情,不要相信那些"半仙"们的天马行空,文献综述难以速成,囫囵吞枣、浅尝辄止一定会受到质疑。

三、照葫芦画瓢,葫芦在哪里?

照葫芦画瓢,需要先找到好看的葫芦。想做好文献综述,先得看看别人写的文献综述。

于是,如何找到好的文献综述便成为第一个命题。

(一) 利用数据库的浏览功能

目前有一些重要的中外文学术数据库会提供"综述(review)"的直接浏览功能。比如你想查找主题为"诱导多能干细胞(Induced pluripotent stem cells, IPS)"的综述文献,可以先用检索词检索获得结果后,利用数据库二次检索功能浏览"综述"或者"review"文献(见图 9-1、图 9-2)。但请特别注

技术研究(12)
技术研究-临床医学试... (35)
主题
多能干细胞(302)
诱导多能干细胞(272)
发表年度
文献来源
学科
作者
机构
基金
文献类型
综述(106)
资讯(54)

1	诱导多能干细胞向巨噬细胞分化研究进展 网络首发	杨昕潇; 吴晓龙; 华进联	生物工程学报	2021-07-02 09:49	期刊	76
2	猪诱导多能干细胞可定向分化为前脑GABA能神经元前体	朱媛;孙婷婷;王圆圆;王铁;马彩云 ›	南方医科大学学报	2021-07-01 10:12	期刊	28
3	慢病毒介导的绿色荧光蛋白报告基因对人多能干细胞的生物风险评估研究	潘丽; 王晓丹; [illegible]; 单培芬; [illegible]	现代生物医学进展	2021-06-30	期刊	10
4	运动神经元特异性荧光报告系统的建立 网络首发	江政云; 陈敏; 张焜	生物工程学报	2021-06-28 16:32	期刊	24
5	特异标记生血内皮的诱导性多能干细胞系的构建	洪平山;于波;刘雨婷;刘高科;侯思元 ›	中国病理生理杂志	2021-06-25	期刊	25
6	3D打印支架联合iPSCs-NSCs对大鼠脊髓损伤后神经细胞凋亡及运动功能的影响	李长明; 邓小梅; 周化腾; 全仁夫	浙江中西医结合杂志	2021-06-20	期刊	56
7	敲降同源异形框D12抑制7因子介导的体细胞重编程 网络首发	方仕才;黄依;王波;赵国庆;李陈 ›	中国生物化学与分子生物学报	2021-06-04 16:30	期刊	34
8	Leigh综合征患者子宫内膜组织来源诱导多能干细胞建立	林丽苹; 陈嘉欣; 范勇	发育医学电子杂志	2021-05-25	期刊	22
9	诱导多能干细胞技术及其应用研究概述	高文暄; 周娜	生物学教学	2021-05-08	期刊	308
10	齐墩果酸对hiPSCs衍生心肌成熟的作用及机制 网络首发	谢敏;周琴;颜亮;叶亮;张心愿 ›	解放军医学杂志	2021-04-29 11:36	期刊	55

图 9-1　中国知网(CNKI)综述文献浏览

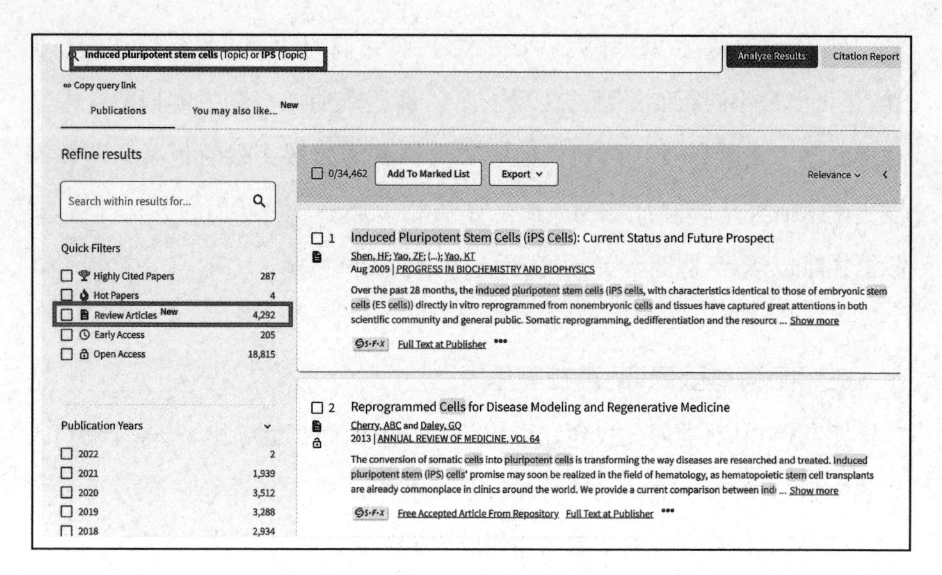

图 9-2　Web of Science 平台综述文献浏览

意的是，综述是期刊论文，找寻这个功能必须选择“学术期刊”子库。

（二）编几个检索式

当然，并不是所有检索系统都会提供直接的综述浏览功能，这时候可以通过编制综合检索式的方式进行查找。编制规则是：选题关键词＋表达综述概念的词语。实践证明这种查找方式比系统直接提供的综述更符合你的需求。比如同样查找主题为“诱导多能干细胞（Induced pluripotent stem cells，IPS）”的综述文献，可以列出下面这样的中外文检索式：

- （诱导多能干细胞 OR IPS）AND（述评 OR 综述 OR 现状 OR 展望 OR 概况 OR 进展）
- （诱导多能干细胞 OR IPS）AND（文献计量 OR 可视化 OR 知识图谱 OR citespace OR bibexcel OR vosviewer OR gephi OR bicomb）
- （诱导多能干细胞 OR IPS）AND（系统综述 OR 元分析）
- （“Induced pluripotent stem cells” OR IPS）AND（“systematic review” OR “systematic literature review” OR “meta analysis” OR

bibliometric* OR scientometric* OR “citation analysis”)

仔细研读,会发现检索式1是从综述强概括性的特征出发,提炼了诸如“述评”“综述”“概况”等相关的检索词,当然,检索词并不限于列出的这些,还可以加上其他合适的检索词;检索式2是专指计量性文献综述,“文献计量”“可视化”以及后面的计量软件名称等检索词都是为了查找计量性文献综述,如果再加上“文献分析”“文献评估”或者其他软件名称也同样可以;检索式3是专指系统性文献综述及元分析;检索式4是前三种中文检索式相对应的外文检索式。

在实践中我会更加推荐第二种查找综述的方式,因为它充分利用了检索技能,过程更聚焦,结果也会更准确。

四、“火苗好借,壁炉难点”

终于,我们要开始正式撰写文献综述了。

(一) 问题到底在哪里?

虽然知道了文献综述需要“聚类、提炼、概括”,需要围绕研究问题提出自己的见解,但也仅仅限于知道而已,离真正动手写出一篇高质量的文献综述还有很多实际问题需要解决:比如觉得可以综述的点有很多该怎么办?选择什么样的文献放入综述?该用什么方法提取文献的内容?每一个具象化的描述其实都隐藏着实质性的问题(见表9-1)。

表9-1　撰写文献综述的常见问题及解决途径

序号	问题描述	问题实质	解决途径
1	不知道要综述什么或者要综述的点太多	选题	选题跟你的专业水平息息相关。如果非要说有什么选题原则和方法,也只是一些大而化之的建议:比如利用文献分析找热点、找空白,多聚焦,选小不选大等

(续表)

序号	问题描述	问题实质	解决途径
2	不知道如何构成一篇综述	格式	格式是最容易解决的问题。综述属于学术论文的一种,格式与一般学术论文相同,包括标题、摘要、关键词、正文、参考文献
3	找不到高质量的文献	文献检索	掌握批量文献检索的方法
4	不知道什么样的文献可以放入自己的文献综述里	文献评估与选择	掌握文献评估的基本指标和方法(相关度、质量);注意筛选出的文献与自己的需求相匹配,比如你是否只需要某一种特定研究方法的论文?
5	不知道如何提取筛选后的文献内容	聚类、分析	利用文献计量工具进行聚类;针对研究问题制定编码表
6	不知道如何“述”	专业知识结构	关注聚类热点、突变值等,通过信息分析和演绎得出合理结论,评估缺口和薄弱环节

从表格中可以一目了然地发现,撰写文献综述时,目前我们还未涉及的只有序号 5 和序号 6 两个部分。

(二)“综述”还可以综述吗?

当我每次在课堂上抛出这个问题的时候,得到的答案错误率几乎都在70%以上。所以关于文献综述归纳总结的“材料”究竟是什么,确实是需要特别厘清的问题。

我们在教育部 2017 年出版的规范中可以找到答案,关于文献综述的“材料”规范中是这样认定的:“引用文献要是原始文献……不能引用别人的转述或把别人对该文献的评价作为自己的评价。”[①]

这句话表达了两层意思:第一,文献综述中归纳总结的材料必须是一次文献,比如公开出版或发表的图书、期刊论文、会议论文、学位论文、科技报告、专利、标准等;第二,零次文献(记录在非正规物理载体上的未经任何加

① 教育部科学技术委员会学风建设委员会.高等学校科学技术学术规范指南(第二版)[M].中国人民大学出版社,2017:27.

工处理的源信息,比如网站上提供的原始数据、档案里挖掘的信息)、二次文献(对一次文献进行有序整理加工后形成的文献,比如文摘索引等)和三次文献(对一次文献、二次文献分析研究之后综合概括而成的文献,比如综述、年度报告等)都不能作为文献综述归纳总结的原始材料。

所以,“综述还可以综述吗”这个问题的正确答案是:作者的观点以及对文献的转述和评价不能再次进行综述,但这篇综述中所提供的参考文献(原始材料)是可以使用的。

(三) 手把手教你系统性文献综述

在历年的教学中,我所接触到的本科生,基本都还在用传统文献综述的方法进行主观性很强的分类和归纳。所以,我想教大家一种具备科学研究方法的文献综述:系统性文献综述。

1. 为什么要学的是这一种?

我们来看看系统性文献综述和传统文献综述的联系与区别。

所谓“传统文献综述”,一般指的是“叙述性文献综述”,这是综合了学者佩蒂葛诺(Pettigrew M.)①、杰森(Jesson J. K.)②、奥马尔(Omar S. A. R.)③等对文献综述的分类后总结出来的,他们均提出了“传统文献综述”的概念。

我们直接来看两者的对比表格吧。

表 9-2 出现在这里其实有些为时过早,因为它看起来还是生涩而繁琐,原因是我们还没有亲自动手开始撰写。所以大家此时可以先囫囵吞枣地看看,记住系统性文献综述是因为制定了精准的研究问题、标准化的选文筛文方法、规范的分析技术和过程,所以比传统文献综述更客观、标准、规范。等

---

① PETTICREW M. Systematic reviews from astronomy to zoology: Myths and misconceptions [J]. British medical journal, 2001,(322):98-101.

② JESSON J K, LYDIA MATHESON, LACEY F M. Doing your literature review: traditional and systematic techniques [M]. LosAngeles: Sage, 2011.

③ OMAR S A R. Basic corporate governance models: a systematic review [J]. International journal of law and management, 2016,58(1):73-107.

学完后面的具体撰写方法后,再回头重温一下这张对比表。

表 9-2　两种类型文献综述的对比表

	传统文献综述	系统性文献综述
研究问题	描述研究的领域	特定而精准的研究问题
获取文献	个人探索式获取文献	利用多个数据库搜索高质量文献
筛选文献	主观判断文献	预先设定选文标准
分析方式	向文本内容提问	向文本内容提问 编码表 信度和效度分析
结构化程度	非结构化	结构化
研究方法	无需说明	必须说明
创新性	描述已有研究,提炼问题	根据研究问题,与编码表对应,在已有研究基础上发现新问题和新观点

2. 正式开始撰写

从知识产生的视角来看,系统性文献综述的实质是一种具有知识创新功能的综合性研究方法。因为它符合揭示知识本真的三大原理:问题驱动原理、知识生长的系统循环原理以及实证研究的标准化原理。

格式规范是学术论文的特点,所以先了解系统性综述的组成部分很重要。不同方法学家对其具体组成有不同的划分。我这里演示最典型的两种:其一是传菲尔德(Tranfield, D.)等人将其分为"界定研究问题""确定关键词和研究策略""筛选和评估研究""数据抽取和数据整合"等步骤[①];其二是杰森等人设计为"计划""文献搜索""文献评估""数据资料抽取""数据整合""撰写综述"等阶段[②]。仔细比对,可以发现这两种划分方法都包含了系

① Tranfield. D, Denyer. D, Tranfield. P S. Towards a methodology for developing evidence-informed management knowledge by means of systematic review [J]. British Journal of Management, 2003, 14 (3): 207-222.

② Jesson. J. K, Lydia. M, Lacey. F. M. Doing your literature review: traditional and systematic techniques [M]. Los Angeles: Sage, 2011: 5-125.

统性文献综述的关键环节：搜索、筛文、内容抽取及整合。

现在来落实撰写过程，我以国际通用的论文格式 IMRaD(即一篇学术论文包含引言(Introduction)、方法(Methods)、结果(Results)和讨论(Discussion)四个规范的组成部分)为例，真正手把手地教你深入系统性文献综述的每个步骤。

1）引言(Introduction)

引言部分最重要的是确定研究问题，其次是陈述综述的缘由(见表 9-3)。

表 9-3　引　言

	条目	内容或标准
引言	确定研究问题	开门见山，千万别绕。如下文的研究问题，就非常直接明了："本研究主要解决以下问题：Q1：如何构建元认知能力过程性表征框架；Q2：有哪些相关的行为指标，如何进行量化"①
	陈述综述的缘由	包括背景、目的、理论基础、证据之间的矛盾等

2）方法(Methods)

这一部分需要详细介绍研究方法，就像一个公司向用户展示先进的产品流水线，每一个步骤都规范而标准，用户一定会更加信任你的产品。系统性文献综述的研究方法主要包括文献搜索标准化、设定选文标准、甄选流程(见表 9-4)等。

表 9-4　方　法

	条目	内容或标准
研究方法	文献检索方法标准化	检索平台、检索式、检索时间等
	设定选文标准	包括文献中研究的参与者、干预措施、研究结果、研究设计、语种、篇幅和出版状态等
	筛选和评估文献过程标准化	如由两个或两个以上研究人员分别独立地对合格文献进行数据抽取，进行信度检验，并报告筛选和评估文献的过程

① 王洪江，李作锟，廖晓玲，华秀莹. 在线自主学习行为何以表征元认知能力——基于系统性文献综述及元分析方法[J]. 电化教育研究，2022，43(06)：94－103.

当然，还有一些特定的内容，比如采用随机效应模型解释研究结果的异质性、使用漏斗图来评估文献的出版偏见等。

诸多的条目需要案例来进行直观的感受，下面给出了上表中三个条目的具体案例（见图 9－3、图 9－4、图 9－5），强烈建议大家看完后顺着脚注中

为保证样本文献的质量，本研究选取 SSCI 和 CSSCI 数据库，以“*online*”“*ICT*”“*blend*”“*Internet*”和“*professional development/training/learning*”等英文关键词，以及“互联网”“在线”“网络”和“教师专业发展”等中文关键词，分别通过 Web of Science、Springer Link、中国知网等数据库检索文献。本研究以“互联网+”行动计划的正式提出为标志，将文献发表时间限定为 2015 年至今，以确保样本文献检索的全面性与准确性。SSCI 文献语言为英文，文献类型为期刊论文，最终检索得到有效文献 670 篇（英文 623 篇、中文 47 篇）。

图 9－3　研究方法之“文献检索方法标准化”案例①

表 1　文献纳入与排除标准

序号	纳入标准	排除标准
1	实证研究	非实证研究
2	全文可获取	全文不可获取
3	核心期刊论文	非核心期刊论文
4	以解决课堂教学视频分析相关问题为研究目的的文献	提及检索词，但与课堂教学视频分析无关，如视频制作的技术与运行
5	以真实课堂教学视频分析为研究重点的，包括网站上传或实地录制的课堂教学视频分析的文献	非真实课堂教学的视频分析文献，如对师范生技能大赛获奖视频的分析
6	属于教育学学科	属于其他学科，如医学的影像学分析

图 9－4　研究方法之“设定选文标准”案例②

① 冯晓英，何春，宋佳欣，孙洪涛．“互联网＋”教师专业发展的实践模式、规律与原则——基于国内外核心期刊的系统性文献综述[J]．开放教育研究，2022，28(06)：37－51．

② 吴冬连，葛新斌，党梦婕，李晓钰，庞才斯．我国课堂教学视频分析的系统性文献综述——基于 2010—2020 年文献的分析[J]．全球教育展望，2022，51(10)：30－44．

本文建立了包括研究学科背景、研究学段、研究分析工具与技术等方面的编码分析体系(见表2)。在信度检验中,参与本研究的4名研究者分别组成两个独立小组,各小组分别选取16篇相同文献进行背对背编码,随后进行编码比较,以检查评分者间信度(Inter-rater Reliability,简称IRR)。第一阶段各组的IRR别为67%和63%,随后各编码员审查和讨论彼此编码,达成一致后再次随机选择16篇文献进行新一轮编码,直到IRR达到85%。最后研究者们进行讨论,形成最终的编码分析框架,并完成全部文献的编码。

图9-5　研究方法之"筛选和评估文献过程标准化"案例①

的参考文献再读一遍完整的综述原文。

3）结果(Results)

结果部分最重要的是基于内容对筛选出的文献进行数据抽取(见表9-5),制定编码表(图9-6、图9-7)。

说起"编码表"仿佛十分高深莫测的样子,但其实可以将它看成是不断地对照研究问题向每一个文本提问,最后将所有的解答进行聚类,以挖掘出研究问题新的意义的过程。编码表和编码过程要做信度分析。

表9-5　结　果

	条目	内容或标准
结果	数据抽取	制定编码表
	数据整合、知识创新	这里才是真正考验你的时候: 根据编码表,找出数据资料之间的区别与联系,并用适切的分析方法分析数据资料背后的知识真相,以分别回答研究问题中的不同方面

依然来看案例:

① 吴冬连,葛新斌,党梦婕,李晓钰,庞才斯.我国课堂教学视频分析的系统性文献综述——基于2010—2020年文献的分析[J].全球教育展望,2022,51(10):30-44.

表1 深度学习实证研究内容分析编码体系

一级类目	二级类目	内容编码
研究主题	主题类别	深度学习方式、深度学习策略、深度学习评价、深度学习资源、深度学习动机、深度学习过程、其他
概念框架	概念框架类型	明确型的、代理型的、未说明的
	概念框架提出者	根据实际情况填写
研究情境	学科领域	根据实际情况填写
	参与者类别	大学生、中学生、小学生、成人、未说明
	参与者数量	根据实际情况填写
	研究持续时间	以月为单位计算
研究方法	数据搜集方法	问卷调查、访谈、观察、测验、文档(如反思日记、交互记录、作业等)、其他
	数据分析方法	定量分析、定性分析、混合分析
测量方式	测量类型	自我报告量表、生理反应、依据特定条件、编码标准、无测量
	测量工具	R-SPQ-2F、ASSIST、ALSI、NSSE、MSLQ、自主开发量表(SDQ)、其他
研究结果	结果类型	记忆或回忆、学术/课程表现、文本理解、能力发展、情感体验、其他
	结果倾向	积极的、消极的、中立的

图 9-6 "编码表"案例 1①

① 沈霞娟,张宝辉,曾宁.国外近十年深度学习实证研究综述——主题、情境、方法及结果[J].电化教育研究,2019,40(05):111-119.

Table 1
Characteristics of Studies Included in the Review

Study	Study Design	Participants	Interventions	Outcomes	Conclusions
Beile 2004	Controlled trial	49 U.S. students enrolled in graduate research methods course	1. Face-to-face (on campus) 2. CAI (on campus) 3. CAI (off campus)	1. Library skills 2. Self-efficacy	CAI and face-to-face were equally effective; self-efficacy was higher for CAI students
Cherry 1991	Controlled trial	53 Canadian undergraduates enrolled in English 102	1. Face-to-face instruction 2. CAI 3. No instruction	1. Library skills 2. Confidence 3. Comprehension of terms used 4. Usefulness of instruction	CAI and face-to-face were equally effective; both more effective than no instruction
Churkovich 2002	Controlled trial	173 Australian students enrolled in first-year sociology	1. Face-to-face 2. CAI 3. CAI with librarian available for help	1. Library Skills 2. Confidence	Face-to-face was more effective than CAI
Germain 2000	Controlled trial	303 U.S. students in project Renaissance, a first-year experience program	1. Face-to-face instruction with hands-on 2. CAI	1. Library skills	CAI and face-to-face were equally effective
Holman 2000	Controlled trial	125 U.S. first-year undergraduates in English 11	1. Face-to-face 2. CAI 3. No instruction	1. Library skills 2. Confidence 3. Perceived effectiveness 4. Learning style	CAI and face-to-face were equally effective and were better than no instruction; confidence level similar in both; students see both as equally effective, but felt they learned better with face-to-face
Kaplowitz 1998	Controlled trial	423 U.S. undergraduate biology students	1. Face-to-face demonstration 2. CAI	1. Library skills	CAI and lecture were equally effective
Koenig 2001	RCT	37 U.S. students enrolled in a first-year communications course	1. Face-to-face 2. CAI 3. No instruction	1. Library skills 2. Self-confidence	There was no significant difference in skills between any of the groups; groups with instruction were more confident than those without

图 9-7　“编码表”案例 2①

4）讨论(Discussion)

终于到了结论部分(见表 9-6),如果大家在前几个部分严格执行了规范化和标准化操作,结论部分自然会有惊喜。

表 9-6　讨　论

	条目	内容或标准
讨论 (结论)	总结主要发现	编码表条目聚类,阐述自己的观点
	界定综述的优势与存在的不足	
	评估结论的适用情况	
	披露资金的来源	如果有的话

为什么说一定有惊喜呢？这里有一个“分类”和“聚类”的区别是我们必

① Zhang, Li, Erin M. Watson, and Laura Banfield. “The Efficacy of Computer-Assisted Instruction Versus Face-to-Face Instruction in Academic Libraries: A Systematic Review.” The Journal of Academic Librarianship 33.4(2007):478-84. Web.

须要明白的,即“类别是否预先定义”。回忆一下,之前我们做文献综述时是否会带着主观的意向、设定好类别主题再组织材料?而系统性文献综述的数据抽取和整合实际上是“聚类”,即事先不设定主题,完全靠内容凝结。比如我们可以用文献计量软件对筛选后的文献进行作者、年份、出版物、主题词等聚类,得到研究热点、研究空白以及突变值等;还可以用思维导图进行纯“人工”聚类,这种方式是我个人的总结,我觉得很好用,大家也可以试试。

人工聚类只需要三步:第一,制定编码表(见图 9-8)①;第二,将编码表中每一个类目的最终编码作为“浮动主题”任意地放入思维导图,比如图 9-9 中放入的是“教学内容”部分的摘选,一定要注意,此时不要带着主观想法去归纳总结,将这些内容散乱放置即可。图中的数字序号表示文献序号,方便写作时直接插入参考文献;最后,对散乱的编码进行归纳总结和分析,从中发现自己独特的观点。此时思维导图软件的强结构化和随意拖拽功能会有神奇的力量,帮助我们很容易地从 15、1、4、29、18 这几个编码中看出,教学内容中“强调信息道德”这一趋势(见图 9-10)。

序号	文献	研究对象	研究类型	途径	具体方法	效果
1	Webber S. Josnston B. Conceptions of Information Literacy: New Perspecmes and Implications	英国谢菲尔德大学	信息素养 教学内容	信息素养课程	在探究信息素养内涵时,特别增加了信息道德维度; 培训内容七大版块,其中包括“信息评估、使用以及合法性”	国内外高校纷纷将信息道德(信息伦理)内容加人信息素养的教学内容
2	Al—AufiA,Al—AznH. Information Literacy in Oman's Higher Education: Descriptive —Inferential Approach	阿曼 卡布斯苏丹大学	信息素养 教学内容	调查问卷	基于BIG6模型的信息素养问卷调查,显示,信息资源的访问意识及获取得分较高,而信息资源的访问技巧、分析总结得分较低——指出信息素养教育的重点在于有效地对不同的类型的信息进行批判性选择与评价	无
3	傅天真等 高校图书馆应对MOOC挑战的策略研究	清华大学图书馆	信息素养教学模式	MOOC课程	富媒体化——动态组织教材 围绕微课组织教材 微电影 游戏	无

图 9-8 编码表(摘选)

① 龚芙蓉. 基于文献调研的国内外高校信息素养教学内容与模式趋势探析[J]. 大学图书馆学报,2015,33(02):88-95.

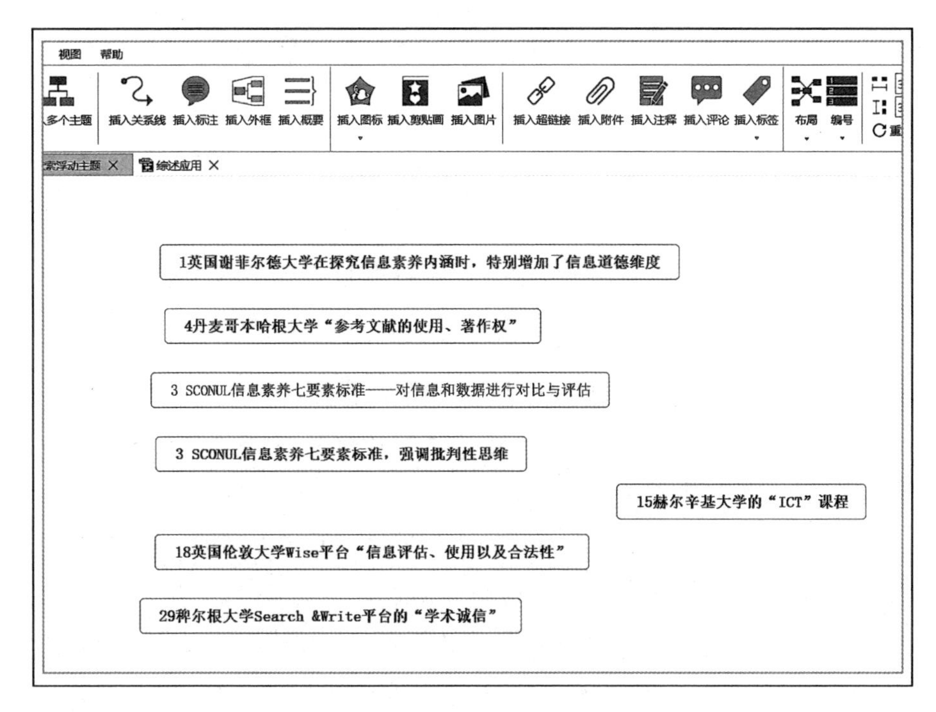

图 9-9　在思维导图中录入(复制)编码条目

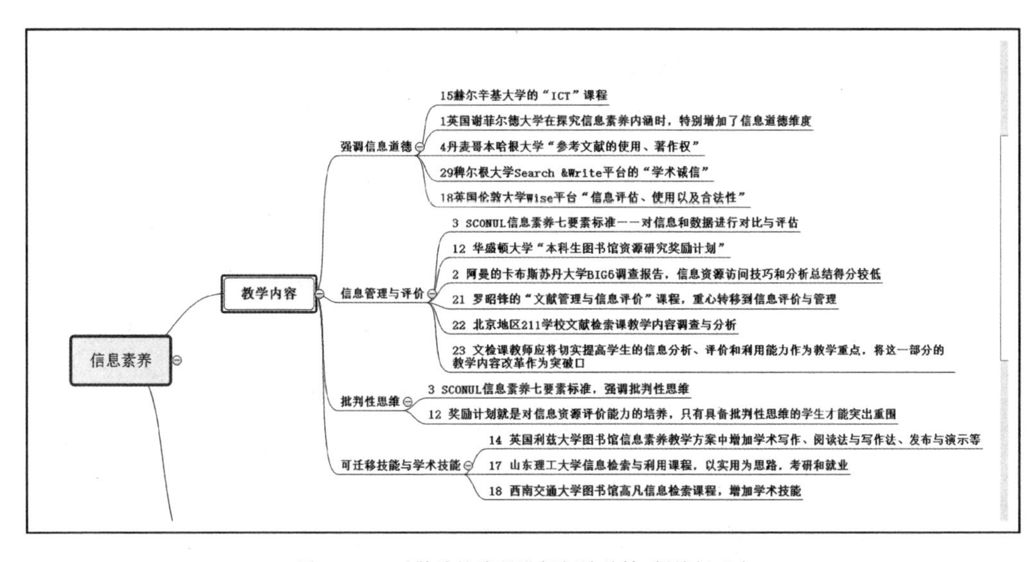

图 9-10　对散乱的编码进行归纳总结，凝练新观点

| 第二节 |
囫囵吞枣的“数据人”:数据分析报告

·一手数据还是二手数据? ·常见的互联网数据采集工具 ·如何分析数据是关键

如果你想问信息素养课程中最让人头疼的是什么,学生们会异口同声地告诉你:数据。数据获取、评估、分析等一系列强逻辑性的训练让很多非理工类的学生头疼不已。而我选择从综合性最强的数据分析报告开始,是基于一种“囫囵吞枣”理念。以我个人的学习体验来说,有时候囫囵吞枣可以迅速让人沉浸于某个领域,不至于让我们在门外优柔寡断,踟蹰不前。

完成一篇完整的数据分析报告所需要的能力是多方面的,比如获取数据时的各种数据集与网络采集器,分析数据时的矩阵、漏斗、平均、交叉等分析方法、数据可视化时眼花缭乱的分析工具,这些在评估与分析那一章我们已经涉及过一些,这一节我想用数据分析报告为故事线,串起数据论证过程中的主要步骤。

一、数据+报告=数据分析报告?

之所以有底气让大家“囫囵吞枣”地来写数据分析报告,其实是基于数据分析报告与文献综述的基本原理和流程相同,都需要经过数据(文献)的获取、清洗(筛选)、分析、整合与再生的过程。完整的数据分析报告包括背景介绍、数据来源、数据采集方法、数据质量评估与清理、数据分析方法、数据分析结果、结论与建议、参考文献八个部分。所以,数据分析报告并不是数据和报告的简单相加,而是以数据为基础,发现问题,说明事实,给出结论的报告。

二、好故事的开头应该是怎样的?

一篇好的学术论文应该包含对三个要素的论述:重要性、挑战性和创新性。简单来说就是你为什么要研究这个问题?问题的困难在哪里?你做出了什么前人没有的贡献?数据分析报告的背景介绍就是一个好故事的开头,需要把这三个要素用简洁的语言说清楚。

这一部分最重要的是数据分析目的、分析方法和分析结论。要让看报告的人快速了解你的整个思路和逻辑,注意切莫过于复杂,导致人家在第一步就被弄晕头脑。如果使用了特定的分析工具,需要特别提出:比如"基于×××工具进行了×××方面的分析"。

我们来看一个专利数据分析的案例(图9-11),我把刚才说到的三要素提炼一下,便于大家快速进入角色:

(1) 数据分析目的:应×××的要求,对其团队申请的纤维素相关专利进行分析,挖掘潜在合作企业,促进其团队专利的转化。

1 报告背景

本报告分析团队应[illegible]的要求,对其团队申请的纤维素相关专利进行分析,挖掘潜在合作企业,促进其团队专利的转化。经本分析团队检索分析,该委托团队目前授权且处于有效期的专利共18件,分属于9个专利家族,最早的专利申请年为2011年。具体信息如下:

① 专利1: Cellulose carbamate dissolved combined solvent and using method thereof (CN102432894.A, 2011年申请);

② 专利2: Method for preparing regenerated cellulose fibers with cellulose carbamate (CN102691125.A, 2012年申请);

③ 专利3: Method for preparing regenerated cellulose membrane using cellulose carbamate (CN103012822.A, 2012年申请);

④ 专利4: Preparation method of cellulose/zinc oxide nanoparticle composite material (CN103319737.A, 2013年申请);

⑤专利5: Inorganic oxide hollow fiber and preparation method thereof (CN103820882.A, 2014年申请);

⑥专利6: Method for modifying cellulose through urea without byproducts (CN104497151.A, 2015年申请);

⑦专利7: Homogeneous synthesis method of quaternized chitosan derivative (CN105085716.A, 2015年申请);

⑧专利8: Hydrophobic modification method of nanocellulose (CN107383212.A, 2017年申请);

⑨专利9: Preparation method of sodium alginate/polyvinyl alcohol@polyacrylamide core-shell structure gel sphere and application of preparation method (CN108187641.A, 2017年申请)。

本报告从上述9个专利家族的同族数量、专利被引次数、专利申请年三个面分析了该9个专利家族中的价值度较高的专利家族,并针对价值度较高的专利的合作申请人、施引者进行分析,以期找出可以与委托团队合作的企业或者委托团队可将其专利转让的对象。

从专利的施引企业、施引企业的专利市场竞争力、施引企业专利IPC分类分析了委托团队专利转移转化的重点接受者或合作对象。分析表明,[illegible]公司可作为委托团队专利的目标合作者或接受者。

图9-11　数据分析报告背景介绍

(2) 数据分析方法:从上述9个专利家族的同族数量、专利被引次数、专利申请年三个方面分析了该9个专利家族中的价值度较高的专利家族,并针对价值度较高的专利的合作申请人、施引者进行分析。

(3) 数据分析结论:从专利的施引企业、施引企业的专利市场竞争力、施引企业专利IPC分类分析了委托团队专利转移转化的重点接受者或合作对象。分析表明,×××公司可作为委托团队专利的目标合作者或接受者。

三、数据从哪里来?

(一) 纷繁复杂的数据丛林

数据可以按照不同标准分类。比如按形式分类的数值型和非数值型;按格式分类的txt、pdf、MP3、MP4、tif、jpg、swf、XML、xlsx;按产生方式分类的观察型数据和记录型数据。按照数据收集和数据来源分类,可以分为一手数据和二手数据。我重点讲解最后一种。

何谓"一手数据"?当我们为完成一个实验挑灯夜战,终于得到了梦寐以求的实验结果,这些"数据宝贝"就是一手数据(primary data)。一手数据即为原始数据,是通过实验、观测、访谈、询问、问卷、测定等方式直截了当获得的数据;二手数据(sencondary data),是通过非数据生产者收集、整理而得到的数据,比如学术数据库、搜索引擎中搜索到的数据、社交媒体上发布或产生的用户使用痕迹、评论或者用户自发上传的文件数据等。

(二) 开放数据信息源

当我们呕心沥血在实验室得到"数据宝贝"后,一定舍不得在出成果前轻易将它示人,所以在搜索课程中研究的数据都是开放数据(二手数据),再严谨一点,是基于学术及科研的"科学开放数据"。比如《中国科学数据》期刊2018年刊出的"丝绸之路历史地理信息专题"就汇集了多个元朝丝绸之路旅行家行程GIS数据集,可视为数字人文的范本。

基于此种理念,问题此时仿佛变成了我们该如何获取科学开放数据。常见的开放数据源可以分为数据型数据库、政府及国际组织开放数据平台、科学数据共享媒介和自媒体信息门户。这颗"枣"过于庞大,我把它放在了文后的"检索工具"中,希望大家能重视它,因为分析报告中,除了一手数据,其他二手数据都来自这些数据源。

(三) 回到数据分析报告

经过数据分类和数据源的一段迂回,我们再次回到数据分析报告。在报告中一定要说明数据从哪里来,是一手数据还是二手数据,是在数据集检索还是利用网络采集器抓取。比如用商业数据库中的数据进行分析时,需要介绍数据库的名称,如果恰好碰上大家都不怎么熟悉的数据库,还得将它拥有的数据量、主要领域以及数据源等来龙去脉说清楚(见图 9-12);而当想用互联网上的评论数据分析某品牌产品的口碑时,我们就得说清楚用了哪些自媒体平台数据,包括微博、微信公众号、论坛等(见图 9-13)。

1. 样本选取与数据来源

本文以 2005～2020 年沪深 A 股上市企业为考察对象,主要数据来源为上市企业 Wind 和 CSMAR 数据库。其中,企业智能化产品数据来源于 Wind 库中的主营产品信息。企业 OFDI 数据源于 CSMAR "海外直接投资"子库,剔除东道国为开曼群岛、百慕大、英属维尔京群岛等避税地样本后,考察期内 OFDI 企业样本共计 12 373 条,上市企业样本数总计 40 818 条。企业层面控制变量均源于 CSMAR,相关数据进行 1% 的缩尾处理用以排除异常值影响。

图 9-12　数据源介绍——来自商业数据库的数据

(三)数据的搜集与处理

本文的数据源于大众点评网(www.dianping.com)有关喜茶的评论数据。将大众点评网作为数据来源网站,主要基于以下考虑:大众点评网是国内最早的独立第三方消费点评网站,也是目前具有较高使用率和影响力的专业性生活类消费点评网站。作为独立的第三方消费点评网站,大众点评网有相对严格和完善的评论规则,如通过对评论内容进行管控和审核在一定程度上保证评论数据的真实性和可信度。同时,大众点评网收录的喜茶店铺较为齐全,覆盖喜茶官网上所有店铺,为数据来源的全面性提供有效前提。此外,网站上对喜茶的用户评论数量较大,符合大数据研究所需的样本数量需求。

本文采用 Python 作为脚本语言,MySQL 作为数据库,在大众点评网的城市界面以"喜茶"为关键词进行搜索,其中,城市界面和店铺的选择均以喜茶官网所公布的官方数据为准。截至 2018 年 3 月 27 日,共爬取评论数据 110 420 条,其中剔除重复评论和无效评论数据 216 条,得到有效评论数据 110 204 条。爬取的数

图 9-13　数据源介绍——来自自媒体平台数据

大家也许已经发现,图 9－13 中除了说明数据来源于“大众点评网”,还很详细地介绍了数据采集方法工具——Python 语言。数据如何采集也是分析报告不可或缺的部分,会用到不同的方法和工具,比如数据库检索、数据集检索、网络采集器等。数据库检索和数据集检索均与我们前面学习的文献检索一样,比较特殊的是自媒体信息门户的数据采集。这里我介绍几种常见的互联网数据采集工具。

1. 八爪鱼采集器

八爪鱼采集器是以分布式云计算平台为核心,可以在很短时间内,从各个不同的网站或者网页获取大量的规范化数据,帮助任何需要从网页获取信息的用户实现数据自动化采集、编辑、规范化,摆脱对人工搜索及收集数据的依赖,从而降低获取信息的成本,提高效率。该采集器不需要手工编写代码,只需设定采集步骤或者使用模板即可实现。八爪鱼采集有中文版和海外版两种,使用方法相同。

八爪鱼采集器的数据采集方式可以分为模板采集、智能采集、云采集、API 接口和自定义采集,还可以进行定时采集,可以设定某一天或是每周每月的定时采集,同时对多个任务自由进行设置,根据需要对选择时间进行多重组合,灵活调配自己的采集任务。采集的数据可以导出为 Excel、CSV、HTML、JOSN 等文件格式,也可以存储在个人云数据库中。

2. 火车采集器

火车采集器是一款互联网数据抓取、处理、分析、挖掘软件,可以抓取网页中大量非结构化的文本、图片等资源信息,然后通过一系列的分析处理,挖掘出所需数据,并可以选择发布到网站后台、导入数据库或者保存在本地 Excel、Word 等格式的文件中。

火车采集器对软件使用者有较高的技术要求,使用者要有基本的 HTML 基础,能看得懂网页源码和网页结构。同时,如果用 web 或数据库发布,则须对自己文章系统及数据存储结构非常了解。

3. Python 语言[①]

Python 语言诞生于 1990 年，由 Guido van Rossum 设计并领导开发，是一种脚本语言。虽然 Python 语言发展至今不过短短 30 年的时间，但是由于其相比传统的编程语言具有易于理解、粘性扩展好、类库丰富、模式多样、支持中文、免费开源等特点，因而成为多数平台上撰写脚本和快速开发应用的编程语言。随着版本的不断更新和语言新功能的添加，其也逐渐被用于独立的、大型项目的开发。利用 Python 语言，可以进行函数计算、调取函数绘制图表、完成统计与竞技分析、完成数据可视化、爬取网络信息资源等。

Python 语言的简洁性和脚本特点非常适合链接和网页处理，因此，在 Python 的计算生态中，与 URL 和网页处理相关的第三库很多，包括 urllib、urllib2、urllib3、wget、scrapy、requests 等，而从网页爬取到的内容，可以使用 re(正则表达式)、beautifulsoup4 等函数库来处理。所以，利用 Python 语言可以轻松采集网页数据信息资源，并完成后续文本分词、词频统计、绘制词云等操作。

4. Microsoft Excel 网页信息采集

Microsoft Excel 除了具有强大的数据处理、图表绘制功能外，还有一定的网页信息爬取功能(见图 9－14)。利用 Excel 爬取网页信息时，只需打开 excel，点击“数据”菜单，选择“自网站”，在弹出窗口输入网址，等待跳转之后即可。但是，由于 Excel 爬取网页数据时，只能爬取网页所在的第一个页面信息，无法实现页面跳转，因此在实际中应用不多。

四、给你的“数据宝贝”洗个澡

在我们进行数据分析之前，必须把得到的“数据宝贝”洗干净，这意味着什么呢？比方说一个表格中，可能有些词条列表里应该是“New York City”，而其他人写成了“New York, NY”，又或者出现一些数值输入错误或

---

① 嵩天，礼欣，黄天羽. Python 语言程序设计基础(第 2 版)[M]. 北京：高等教育出版社，2017.

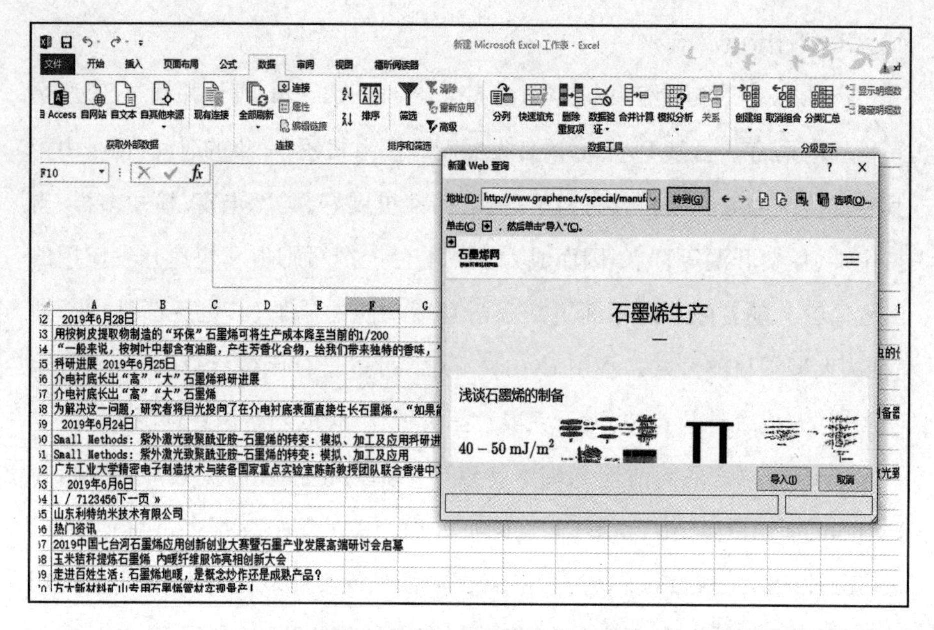

图 9－14　Excel 网页信息爬取功能

者错别字。如同挑出宝贝身上的瑕疵一般,我们需要先找出重复数据、异常数据、离群数据等,然后在数据清洗的时候进行去重、归并、填补、删除等处理。常见的数据清洗工具有 Excel、Visual Basic 宏语言、Python 等。

图 9－15 是一个数据清洗的案例,虽然只有寥寥几笔,但已然能够说明

1.1　数据收集与处理

在中国知网数据库中,以石墨烯为主题,检索 2008-2018 年的期刊文献,检索时间为 2018 年 8 月 17 日。共检索到 10 796 篇中外文文献,去除网络首发、新闻报道、期刊快讯、专利介绍、错误纠正、项目研究成果介绍、课题组研究介绍等非实质性的期刊论文后,共 9 301 篇。利用 Excel 对 9 301 篇论文题录进行清洗,去除无关键词的题录,剩下的 9 246 篇用 Office Access 转换为 Refwork 格式,便于后面用可视化软件进行分析。

图 9－15　数据清洗方法案例①

① 方小利,姚雪菲,张宁等. 基于关键词共现网络法的中国石墨烯领域的研究热点分析[J]. 材料导报,2019,33(S2):78－82＋88.

对哪些有问题的数据进行了何种方式的清洗最终得到了多少条干净的数据,我们也可以从这种简单的数据清洗开始练习。

五、终于开始数据分析了

终于要开始进行数据分析了。这一部分是报告的主体,需要将分析方法、分析结果讨论以及结论与建议阐述清楚。

(一) 数据分析方法

数据分析方法重点介绍用哪种数据的哪种指标进行了什么样的分析,但要记住的是,不要将过程中的任何分析都一一介绍,而是需要选择与数据分析报告的使用场景或目的密切相关的分析方法。

为了让大家对数据分析方法有初步的认知,我们暂时脱离分析报告一会儿,聊聊数据分析方法中的有关知识。

1. 确定分析思维

数据分析思维实际上就是考虑采用哪种方法理论对数据分析进行指导,实现分析目的。我依然用一个表格来展示常见的数据分析思维,并给出了分析场景(见表 9-7)。

表 9-7　常见数据分析思维

数据分析思维	含义	常见分析场景举例
对比	将不同类的数据、同类数据的不同维度值等进行比较	技术领域的年度变化趋势分析,技术领域的各个研究主题的占比
拆分	将数据的某些维度值拆解成更为细小的组成部分,便于充分了解数据结构	数据分析中,有些指标的值本身是由其他值复合而成,比如计算学生期末总成绩时,平时成绩如果一次性打分,可能不清楚记分细节,因此可以将其分解成课堂纪律、考勤成绩、课堂互动和课后作业几个维度,再乘以它们各自的比重后进行相加

(续表)

数据分析思维	含义	常见分析场景举例
降维	将数据的重要维度去除,转换其他维度的组合	在一份展示我国各省省份(第一维度)各年度(第二维度)的人均收入的数据表格中,人均收入其实是第三个维度(度量值),如果只想了解其中某一个省份的各年度人均收入变化,就需要采用降维思维,即将该省份各个年度的人均收入单独挑选出来进行分析,从而去除了省份维度,剩下的为年份(维度)和人均收入(度量值)
增维	与降低维度相对,增加数据的维度	是降维的逆向思维。同样是降维中的数据,当知道各省(非维度)各自在各年度(维度)的人均收入数据(度量值),想同时分析各省的年度人均收入变化趋势,则增加省份的维度(第一维度),进行年度(第二维度)收入(度量值)趋势分析
假设	假定某个条件,通过数据分析来验证	假设我国人口增长规律为线性变化,可以用我国历年的人口数据进行趋势分析,拟合曲线,进行分析验证是否为线性规律
分类	对数据进行分类,如数据范围、数据主题	在情报分析领域中,常常会对文献按照主题、关键词等进行聚类,这种聚类分析就是利用了数据分类思维

2. 选择分析方法

确定了分析思维后,接下来我们需要选择是用统计分析法还是挖掘分析法(见图 9－16、图 9－17)。统计分析法是以显而易见的数据维度及相应的度量值为对象进行分析,比如对数据主题的宏观特性和规律进行分析,这

表 5　双重差分倾向得分匹配(PSM-DID)回归结果

变量	*intel*			*intel_kind*		
	三重固定	省份时间波动	双重交互固定	三重固定	省份时间波动	双重交互固定
	(1)	(2)	(3)	(4)	(5)	(6)
$D_i \times T_{it}$	0.0710***	0.0641**	0.0641**	0.1035***	0.0971***	0.0897**
	(0.0294)	(0.0302)	(0.0319)	(0.0350)	(0.0361)	(0.0372)
控制变量	是	是	是	是	是	是
年份固定效应	是	是	否	是	是	否
省份固定效应	是	是	否	是	是	否
行业固定效应	是	是	否	是	是	否
省份－年份固定效应	否	是	是	否	是	是
行业－年份固定效应	否	否	是	否	否	是
观测值	25210	24174	18919	25913	25913	25913
Pseudo R^2	0.331	0.334	0.296	0.241	0.250	0.276

图 9－16　统计分析法案例(摘选)

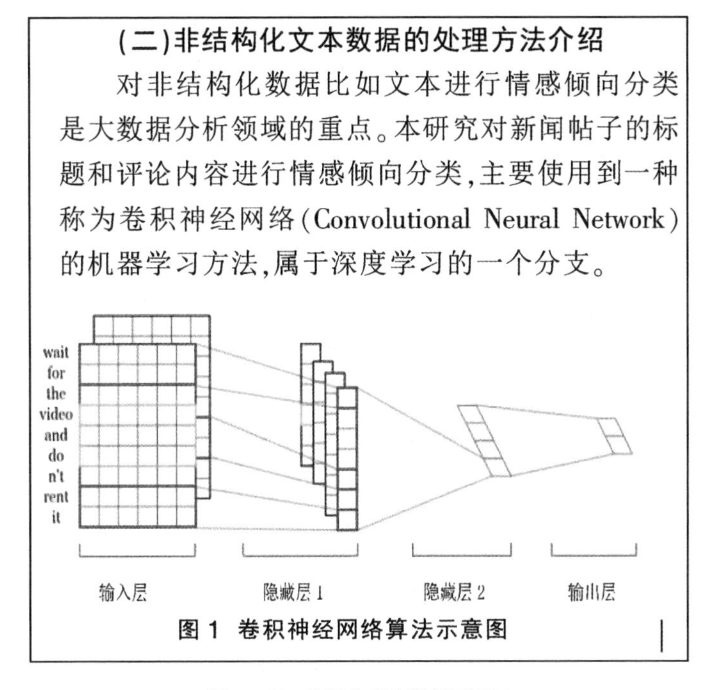

(二)非结构化文本数据的处理方法介绍

对非结构化数据比如文本进行情感倾向分类是大数据分析领域的重点。本研究对新闻帖子的标题和评论内容进行情感倾向分类,主要使用到一种称为卷积神经网络(Convolutional Neural Network)的机器学习方法,属于深度学习的一个分支。

图1　卷积神经网络算法示意图

图9-17　挖掘分析法案例(摘选)

种方法适用于大多数数据分析场景。所以我们可能会在诸多的分析报告中发现描述性统计分析法、回归分析法、关联分析法、因子分析法、方差分析法等统计分析法;挖掘分析法并不对数据做出任何假设,也不直接依赖于数据的常见维度,而是以目的为导向,对数据进行未知性的探索,从中发现规律和重要信息。数据挖掘的基础是算法,包括聚类算法、决策树、关联算法、贝叶斯算法、神经网络算法、回归算法等。

3. 介绍分析工具

最后,我们还要对分析时所采用的工具进行介绍,尤其是运用挖掘分析法时,必然会用到各种基于文献题录或结构化数据的可视化工具和基于其他结构的数据的程序语言。特定数据分析工具还包括工具的版权信息。

(二) 分析结果讨论

这一部分在报告中和数据分析方法其实是融为一体的,就是对各种所得的图表进行详细描述，比如数据发生了什么？一般我们会着重关注异常数据，为什么会发生这种情况？推测原因。在撰写时需要注意图表和文字部分的描述相对应。在讨论中，对于推测的原因，为了表现出强大的说服力，可以适当引用参考文献进行佐证。报告中对于各个维度的数据分析结果，一般是分开讨论（见图 9－18）。

2 委托团队潜在可转移转化专利及对象分析......2

2.1 潜在可转移转化专利的选取......2

2.1.1 该团队专利申请年度分布......2

2.1.2 该团队专利被引分析......2

2.1.3 该团队专利热点分析......4

2.1.4 该团队专利 IPC 分类分布......4

2.2 欲分析的施引者选取......5

2.2.1 该团队专利施引者概况......5

2.2.2 该团队重点专利施引者分析......5

图 9－18　数据分析结果分节讨论案例

（三）结论与建议

在整个数据分析报告中，结论与建议部分一般篇幅不大，但却是甲方最为关注的内容。

在这一部分中我们需要对整个数据分析报告的整体数据来源、分析方法和结果讨论进行总结并提出解决方案或建议。这里仿佛与背景介绍相同？不，区别是撰写结论时，必须针对每个维度的结论分点进行总结性介绍，侧重点在于解决方案和建议。

大家可以将图 9－19 的结论部分与第一部分（图 9－11）的背景介绍部分对比一下。

①分析宜[illegible]限公司专利中涉及[illegible]的专利技术信息，分析其技术布局，并与委托团队专利技术进行比较，为转移转化谈判做好准备；

②在更大的范围内，根据 IPC 分类和委托团队专利相关的主题词进行检索，挖掘更多潜在合作对象；

③利用万方机构数据库（http://g.wanfangdata.com.cn/resource_nav/index.do）、企业查（https://www.qichacha.com/）、天眼查（https://www.tianyancha.com/）、中国微观经济数据查询系统（原中国工业企业数据查询系统）等系统了解与委托团队专利相似的企业专利权人的公司资产状况，保证委托团队专利缺失有效的转移转化，从而避免不必要的损失；

④分析目前纤维素转关专利的国内外分布，扩展专利的地域布局，做好进入国外市场的规划。

图 9－19　数据分析报告建议部分撰写案例

六、数据集如何引用?

根据《信息与文献参考文献著录规则(GB/T 7714－2015)》给出的文献或数据的唯一标识符,网上数据集的表示方式是[DS/OL]。

数据分析报告的参考文献会比学术论文来源广泛,可能是学术文献,可能是网络信息,也可能是开放数据集。除了常规的文后参考文献方式以外,数据集还可以在正文中说明来源并采用脚注的方式引用,以附录的方式说明数据来源;在文末致谢处说明数据来源等。但无论你选择哪种方式引用,数据集都应该依据“GB/T 7714－2015”规则著录,包括数据产生者、数据来源、发布时间、数据集名称、创建机构、数据唯一标识符和解析地址等。比如:[1]中国气象数据网. 中国高空规定层累年月值(1991—2010 年)[DS/OL]. 北京:中国气象信息中心,2015[2019－12－04]. https://data. cma. cn/data/cdc-detail/dataCode/B. 0021. 0002. html.

文末彩蛋

★检索工具[①]

1. 政府开放数据

1）国内政府开放数据源

● National Date 国家数据(https://data.stats.gov.cn/)

由国家统计局建立,收集了全国普查数据、国民经济各行业和生活消费水平指数等统计数据、各省和港澳地区的各行业和生活消费水平指数等统计数据、国际市场商品等数据、数据地图和可视化图表数据等,还包括了《中国统计年鉴》《中华人民共和国国民经济和社会发展统计公报》《国际统计年鉴》和《金砖国家联合统计手册》电子版本。

在该门户网站上可以利用简单查询和高级查询功能查询数据。可以对查询结果进行筛选、下载、在线可视化分析,还可以了解各个数据集中详细的指标含义。

● 中国政府数据平台(http://www.gov.cn/shuju/index.htm)

主要展示了我国各个行业的数据动态、统计报告,并为访问者提供了链接到相关数据来源部门的网站,还提供各大权威媒体、行业专家和政府相关工作部门对重要数据的图文解读。该平台一共分为数据聚焦、数据动态和数据专题三个板块。

2）国际组织及国外政府开放数据源

● UN Data 联合国数据(http:data.un.org)

目前拥有 32 个数据库,6 千万记录,涉及教育、人口、旅游、贸易、农业、工业、金融、环境等领域。

● Globel Open Date Index (http://index.okfn.org)

GODI(全球开放数据指数)由英国开放基金会支持,每年会公开发布一

---

① 此处汇集常见的开放数据信息源。

次全球政府数据,为用户提供包括政府预算、全国性统计、草拟法案等主题在内的数据集。这些数据最早可以追溯到2013年。

- 欧盟组织数据开放平台(http://www.europeandataportal.eu)

欧盟数据网站目前拥有1274094个数据集,涵盖来自欧盟组织的36个国家,涉及24个主题,即农业、渔业、森林、食品、法律、立法系统、公共安全、环境、科学技术、政府和公共部门、经济与财政、运输、人口与社会、区域与城市、教育、文化、体育、健康、能源和国际问题。其中,农业、渔业和森林主题的数据集最多,占总量的23.5%。这些数据集分为TIFF、CSV、PDF、WMS、HTML、EXCEL XLS、ZIP、WORD DOC、JSON、API、MXD等50多种数据格式。另外,该平台数据集通过了51个数据管理组织的认证,数据的元数据质量分为优秀、良好和有效三个等级。

- 世界银行公开数据(https://data.worldbank.org.cn/)

世界银行公开数据是由世界银行集团公开的全球各国的发展数据。在该平台可以了解到世界各地区最新的重要新闻和世界发展指标,还可以找到各种数据资源。其中,数据资源部分由数据目录、数据银行、微数据、可持续发展目标地图集、国际债务统计、国际比较项目、世界发展指标、融资、项目、开放数据工具包、生活水平研究和全球消费数据库12个数据栏目组成。

- 国际能源署(https://www.iea.org/)

国际能源署门户网站包括全球煤、二氧化碳排放、电能和热能、能源消耗、能源供应、能源传输指数、进口/出口、主要指标、天然气、核能、石油、价格、可再生和废弃能源、可持续发展目标的数据集。

- 美国联邦政府数据开放平台(http://www.data.gov/)

美国联邦政府数据开放平台目前共聚集了218361个数据集,涉及地方政府、教育、气候、老年人健康、能源、消费者、财政、法律、安全、海洋、制造、农业等21个主题,包括CSV、JSON、XML、RDF、HTML、ZIP、KML、Esri REST、PDF、BIN、PNG、TEXT等49种数据类型。在该平台的主页及数据

(Data)子页面可以查询数据集或者按照主题、数据来源机构类型、数据类型、数据出版者、数据发布机构等进行浏览。

该平台还可以链接相关数据资源仓库(resources)和政府数据战略(strategy)两个子平台。

- 英国政府数据开放平台(https://data.gov.uk)

英国政府数据开放平台目前共有50 534个数据集,涉及商业与经济、犯罪与司法、防卫、教育、环境、政府、政府支出、健康、领土地图、社会、城镇和运输12个主题,涵盖英国的政府和司法机构、地方议会、艺术协会、教育部等下属机构和公共组织。数据共分为CSV、ESRI REST、GEOJSON、HTML、KML、PDF、WMS、XLS和ZIP共9种格式。平台访问者不仅可以浏览特定主题的数据,还可以进行检索下载。

该平台还支持用户发布自己的数据集,方便用户管理和共享。

- 加拿大政府数据平台(https://www.canada.ca/)

加拿大政府数据开放平台目前共有87 728个开放数据集和开放信息,涉及农业、艺术、音乐、文学、经济及工业、健康及安全、历史与考古、劳动力、语言与语言学、信息与通信、法律、军事、自然与环境、人民、科学技术、社会文化、运输、过程和领域领土共19个主题,来源于88个加拿大政府机构、地方政府机构和公共服务组织,其中加拿大自然资源部提供的数据集最多。87 728个数据集包含ASCII Grid、AVI、CDR、CSV、JSON、DBF、PDF、PPTX、TXT等64种数据格式。该平台还对数据的资源类型、门户类型、更新频率等进行了分组,访问者可以浏览相关分组的数据信息。

该平台还提供了101种加拿大政府、公众和加拿大开放数据体验获奖者和参与者创建的移动和基于Web的应用程序(Apps Gallery),可以针对不同行业的数据采用不同的APP在手机端采集浏览数据。

政府开放数据还有很多,以上只是列举了一些常见的开放数据平台。

2. 科研共享数据

1）国内科研共享数据源

- 中国科技资源共享网(https://www.escience.org.cn/)

中国科技资源共享网是科技部、财政部推动建设的国家科技基础条件平台门户网站，主要科技资源包括：科学数据、生物种质与实验材料、重大科研基础设施和大型科学仪器。其中科学数据包括林业、海洋科学、医药卫生、地球系统、交通、农业、先进制造、地质与矿产、气象、地震十大类数据集。

- 中国科学院数据云(https://www.casdc.cn/)

中国科学院数据云的科学数据涵盖了化学、生物、天文、材料、腐蚀、光学机械、自然资源、能源、生态环境、湖泊、湿地、冰川、大气、古气候、动物、水生生物、遥感等多种学科，由中国科学院各学科领域几十个研究所的科研人员参加建设。

- 科学数据银行 ScienceDB (https://www.scidb.cn/)

科学数据银行由中科院计算机网络信息中心自主研发，是一个论文关联数据存储平台，能够为论文关联数据的汇聚、管理、开放、共享提供解决方案，为落实科研诚信、培育共享文化、加快数据流转、促进国际合作提供平台和服务保障。

- 机构/领域/项目数据存储库

① 全国地质资料馆(http://www.ngac.cn/)。

② 北京大学开放研究数据平台(http:/opendata.pku.edu.cn/)。

③ 复旦大学社会科学数据平台(https:/dvn.fudan.edu.cn/home/)。

④ 中国学术调查数据库(中国人民大学)(http://www.cnsda.org/index.php)。

⑤ 国家人口与健康科学数据共享平台(项目成果)(http://www.bmicc.cn/)。

⑥ RiceVarMap 水稻变异图谱数据库(项目成果)(http://ricevarmap.ncpgr.cn/)。

⑦ 中国鸟类图库(https://www.birdnet.cn/atlas.php)。

⑧ 丁香医生(https://dxy.com/)。

2) 国外科研共享数据源

- Re3data 科研数据仓储注册平台(https://www.re3data.org/)

Re3data 由德国洪堡大学柏林图书情报学院、德国波茨坦地学研究中心和德国卡尔斯鲁厄理工学院联合维护。所收录的科学数据仓储可按照国家、学科和内容类型进行浏览。其中,国家和学科类型不仅支持文本浏览,还支持图像浏览,类似知识地图。

Re3data 在检索页面的左侧设有多达 27 种过滤方式,包括学科、内容类型、国家、关键词、AID 系统、数据及数据库开放程度、数据及数据库许可、仓储类型、机构责任类型和机构类型、提供者类型、语种、永久标识系统等。

- OpenDOAR (https://v2.sherpa.ac.uk/opendoar/)

OpenDOAR 是由英国诺丁汉大学和瑞典伦德大学图书馆在 OSI、JISC、CURL、SPARC 欧洲部等机构的资助下于 2005 年 2 月共同创建的开放获取机构资源库,是著名的开放获取期刊 DOAJ 的姊妹项目。OpenDOAR 收录了大量图像和数据集。

- “国外一流高校/学科”图书馆的导航推荐

麻省理工学院图书馆“Social Science Data”(https://libguides.mit.edu/socscidata)

3. 数据型数据库

数据库资源一般都由机构购买才能使用,所以建议大家仔细浏览所在机构主页的数据库导航,一般都会提供按学科分类的“数值/事实/工具”型数据库浏览方式。由于数据型数据库非常多,所以我按照资讯类、统计分析类、参考工具类来为你介绍。

1) 资讯类数据库

资讯类数据库见表 9-8。

表 9-8 资讯类数据库

数据库名称	收录的数据类型	涉及的学科	功能
中国资讯行数据库	新闻、报告、法律法规、公告、数据表格	全学科	新闻检索、数据检索下载、简单的数据分析
国研网	学术文献、新闻、研究报告、政策法规、数据表格、专家介绍	经济、金融、信息、房地产、石油化工、能源、冶金、交通、医药、服务、装备、教育等	新闻检索、数据检索下载
巨灵财经资讯系统	新闻、报告、数据表格、法律法规、评论	金融证券期货类	新闻检索、数据浏览下载
中国经济信息网	新闻、报告、评论、数据表格、政策	全学科	新闻检索、数据检索下载
新华网	新闻、政策法规、数据图谱	全学科	新闻检索浏览、数据检索浏览
财新网	新闻、政策法规、数据图表	金融类	新闻检索浏览、数据检索下载
EMIS全球新兴市场商业资讯数据库	新闻、报告、数据	能源、化工、汽车、电子、人工智能、地产、保险、医疗、交通、零售、机械制造、教育、旅游等	新闻浏览检索、数据检索下载、报告检索下载
日经数据库	新闻、数据表格、人事信息	经济、金融类	新闻检索浏览、数据浏览检索下载
Financial Times	新闻、分析、评论、数据图表	经济类	新闻检索浏览、数据浏览检索

2) 统计分析类数据库

- EPS DATA

EPS数据成立于2008年,是一家国家高新技术与中关村高新技术的双高企业,专注于数据服务,是专业的数据图书馆解决方案提供商和数据资源提供商。其先后开发出了“EPS数据平台”“EPS知识服务平台”“中国微观经济数据查询系统”“国家战略发展科研支撑平台”“知图学术平台”等。

- 中经网统计数据库

中经网统计数据库是国家信息中心组织开发的经济社会统计数据库

群,包括全国宏观月度库、全国宏观年度库、海关月度库、分省宏观月度库、分省宏观年度库、城市年度库、县域年度库、OECD 月度库和 OECD 年度库 9 个子库,内容涵盖宏观经济、产业经济、区域经济以及世界经济等领域,为政府、高校、金融机构和企业提供全面完备的经济数据支持。

- BvD 全球金融分析与各国宏观经济指标数据库

BvD 全球金融分析与各国宏观经济指标数据库(Bureau van Dijk Electronic Publishing,简称 BvD)是全球知名的财经专业实证数据库,为欧美各国的政府研究部门、金融与证券投资机构、咨询公司、跨国企业、经济与管理类大学、大型公立图书馆等提供全球金融与宏观经济、跨国企业财务经营、企业并购交易等历史与当前的基础分析数据。

- WRDS

WRDS(Wharton Research Data Services)是由宾夕法尼亚大学沃顿商学院于 1993 年开发的金融领域的跨库研究工具,被学术界、政府机构、非营利性组织以及公司的用户广泛使用。该库数据主要来源于德国 2IQ、美国医院协会(American Hospital Association)、美国审计分析公司(Audit Analytics)、美国 Boardex、BvD、美国 Calcbench 等 50 多家公司或者组织的 600 个数据集。该平台不仅提供数据库检索功能,还具有强大的数据分析功能。目前,该平台已经提供了 6 类研究主题、34 个领域的数据分析模板,用户可以利用该平台上的数据进行相关主题分析,分析结果可以保存为文本、表格、压缩文件包和多种数据软件的可读形式。

- Web of Science Data Citation Index(DCI)

该平台提供了一个访问全球高质量研究数据的入口。通过 DCI,用户可检索科学、社会科学和人文学科领域的几百个经过评估的数据仓储中的数百万条记录,每一条记录均可链接到数据仓储。

3) 参考工具类数据库

参考工具分为字典、词典、百科全书、年鉴、手册、表谱、知识库、图录等类型(见表 9-9、表 9-10)。

- 人文社科类

表 9-9 百科全书类数据库

数据库名称	覆盖学科	收录数据范围
中国知网工具书总库	人文社会科学、自然科学、工程技术、医学、农学、教育、管理、信息等各个专业领域	汇集了 9 000 余部工具书,2 000 余万词条,100 余万张图片,分为语文、专业和百科分库。收录包括专业词典、汉语语文字词典和其他语种的语文词典、手册、图录图鉴、年表、史书、教材和大部头专著等;也收录了历史、文化、科普、鉴赏、生活等方面的百科全书、辞典、手册、图录等工具书
月旦知识库	法律、教育、人文、艺术、心理、医药、卫生、公共管理等	收录数据包括期刊文献、论著文献、法规、裁判、教学资源、试题篇目、PDF 与 HTML,包括《元照英美法词典》《英汉法律词典》《英汉法律用语大词典》《英汉法律缩略语辞典》,共约 16 000 笔词条;6 600 种中国大陆、台湾两岸常用重要法规,近 500 种重要大陆法规,两岸裁判案例精解以及两岸法学相关试题及部分参考答案等
中国知识产权文献与信息资料库	知识产权	知识产权相关法律法规、案例、学位论文、期刊论文、专著、会议论文、学习专用书、年鉴年报、统计资料、科研项目、人物名录、机构信息、重大事件信息、百科知识等
万方地方志知识服务系统	人文、地理	收录了 1949 年以来的共计 40 000 余册的新方志和新中国成立之前近 80 000 卷的旧方志
Oxford English Dictionary	语言	收录了 1500 多年英语语言历史发展过程中超过 300 万条来自多种资源的引文,对 60 多万条英文词汇的发展予以明确的记录
Britannica Academic	全科	包括 1 000 多个学科的专业词汇、图片、视频
Encyclopedia Britannica	生命科学、自然科学、地理、哲学与宗教、人文艺术、运动与休闲娱乐、工程技术、社会科学	囊括了对人类知识各重要学科的详尽介绍和对历史及当代重要人物、事件的详实叙述

(续表)

数据库名称	覆盖学科	收录数据范围
Max Planck Encyclopedia of Public International Law Online	法学	涉及许多新的条款及国际组织和国际间的合作,涵盖了国际公法各个领域
SAGE 研究方法在线数据库	社会学、行为学、计算机科学、经济学、健康学等	资源涵盖研究方法理论、研究设计、数据收集、数据分析的相关问题、宝贵的理论研究、案例分析等广泛材料;770 多个定量、定性与混合研究方法术语及主题;研究方法领域的 6 部字典、9 部百科全书、6 部收录研究方法领域经典文献的大部头典籍;社会科学"小绿书""小蓝书"系列;20 万余页的专著、期刊和参考文献
Global Plants	植物学	收录包括植物类别标本、分类结构及科学文献等相关数据;收录数据类型有类别标本、绘画、素描及辅助材料

表 9-10 常见历史档案与地理类数据库

系列	数据库名称	覆盖学科	收录数据范围
历史档案类	Declassified Documents Reference System	军事、政治、历史、外交、新闻业、对外和本土政策等	提供 100 000 份档案资料,以及超过 600 000 页的美国政府以前的解密档案
	State Papers Online	经济、政治、外交、法律与法规、宗教政策等	收藏了 16—17 纪英国都铎王朝、斯图亚特王朝国王及女王改立首相和君主时期的英国政府文件,包括政府机关内的档案及英国大臣与君王间的通讯数据之手稿;还收录了历史学家提供的约 300 000 页的访问国王乔治一世、国王乔治二世和国王乔治三世的内容,涵盖了军事、海军、人工、郡县治安官名单及苏格兰和爱尔兰的政府文件等
	Cambridge Archive Editions	民族遗产、国家政治发展、领土和民族问题、领土、法律	收录了 18—20 世纪的关于民族遗产、国家政治发展、领土和民族问题的国家传真文件、地图;东南亚的政治经济报告、中东边界形成、索赔和纠纷,阿拉伯半岛和波斯湾的现代政治发展的史料等;中国、日本、韩国、马六甲海峡等的政治经济报告

(续表)

系列	数据库名称	覆盖学科	收录数据范围
	Churchill archive	政治、历史等	收录超过80万页1874—1965年之间的原始文件。记录了包括丘吉尔私人信件及其与各国政要的往来信件、英国王室的文件及一战、二战时期英国政府的文件等
	Confidential Print	历史、政治、经济等	资料种类有报告、急件、政治领导策略描述报告、每周政治总结、月度经济报告等,内容覆盖美国、加拿大、加勒比地区乃至部分南美地区的全部资料
	ProQuest History Vault	历史、政治、军事	收录了第二次世界大战的战争计划、作战行动、情报、轴心国战争罪行和难民的美国文件;1960—1975年越南战争和美国外交政策;1911—1944年美国军事情报报告;1914—1945年美国机密外交邮件档案;1941—1961年美国战略情报局和美国国务院情报研究报告
	Gale Archive unbound	历史、政治、经济、宗教、哲学、法律、种族研究、女性研究、社会文化、女权主义、国家研究等	1812—1974年中国、美国及东南亚国家军事、经济、政治事件及政府当局的机密文件、通信信息、手稿、研究报告、调解文件等
地理类	古地图数据库	地理、历史	数据库分为坤舆、全国、郡县、山图、水图等十几个大类,目前已经收录古地图3000余张,每年增加1000张左右,其中绝大部分为高清地图
	National Geographic Virtual Library	人文社科	收录1888年至今的《国家地理》杂志中的人、动物、地理环境图片

- 自然科学类

① 微谱数据库。全球最大的核磁共振碳谱数据库,现收录有机化合物110余万个,基本包含已发现的天然产物,适用于药学、化学、生命科学等学科领域,是专门为从事中药现代化研究、有机合成和药物开发等领域研究而设计的工具型数据库。该库提供了五种碳谱($^{13}C-NMR$)数据查询方式,即精确查询、模糊查询、深度查询、基团查询、不精确库查询,以及化合物相关

信息检索,分别为化合物名称检索、分子式检索、作者名称检索、植物名称(属名或种名)检索。

② ISI Chemistry。一个事实型的化学数据库,是专门为满足化学与药学研究人员的需求所设计的数据库。收集了全球核心化学期刊和发明专利的所有最新发现或改进的有机合成方法、化学反应综述和详尽的实验细节、化合物的化学结构和相关性质、化合物制备与合成方法。ISI Chemistry 包括 Index Chemicus(IC)和 Current Chemical Reactions (CCR)两个数据库,目前都集成在 Web of Science 数据库中。

4. 其他网络数据

1) 百度指数/微信指数/头条指数等指数平台

指数平台是以网民行为数据为基础的数据分享平台。在这里,你可以研究关键词搜索趋势、洞察网民兴趣和需求、监测舆情动向、定位受众特征。

2) 各种微信公众号

察言观数、DataCastle 数据城堡、科学知识前沿图谱、区块链大本营等。

★ 请查查看

假如你计划在家乡的省会城市创业,主营业务是与所学专业相关的某类商品或服务(自定)。为做好创业准备,请你针对该区域(省或市)的市场规模、市场特点、主要竞争者情况、政策环境等展开信息调研,在此基础上完成一份市场调研报告。

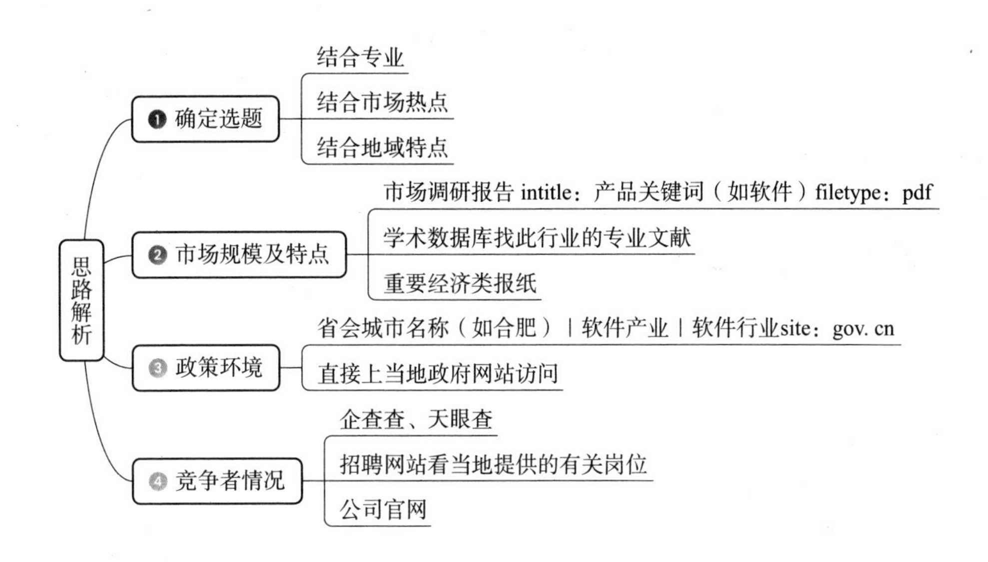
思路解析
❶ 确定选题
结合专业
结合市场热点
结合地域特点
❷ 市场规模及特点
市场调研报告 intitle：产品关键词（如软件）filetype：pdf
学术数据库找此行业的专业文献
重要经济类报纸
❸ 政策环境
省会城市名称（如合肥）| 软件产业 | 软件行业site：gov. cn
直接上当地政府网站访问
❹ 竞争者情况
企查查、天眼查
招聘网站看当地提供的有关岗位
公司官网

参考文献

[1] 黄如花.信息检索(第三版).[M].武汉.武汉大学出版社.2020.

[2] 龚芙蓉,方小利.信息素养与实践.[M].武汉.武汉大学出版社.2021.

[3] 钱震华,杨永建.公众信息素养教育理论与实践[M].上海:上海三联书店,2022.

[4] 萨莉·拉姆奇.如何查找文献[M].北京:北京大学出版社,2018.

[5] 马克.比特素养:信息过载时代的生产力[M].郑奕玲,译.北京:电子工业出版社,2013.

[6] 於兴中.数字素养:从算法社会到网络 3.0[M].上海:上海人民出版社,2022.

[7] 莫提默·J.艾德勒,查尔斯·范多伦,阿德勒,等.如何阅读一本书[M].郝明义,朱衣,译.北京:商务印书馆,2004.

[8] 陈琦,刘儒德.当代教育心理学.第 2 版[M].北京:北京师范大学出版社,2007.

[9] 教育部科学技术委员会学风建设委员会.高等学校科学技术学术规范指南(第二版)[M].北京:中国人民大学出版社,2017.

[10] 张毓晗.信息检索、利用与评估[M].成都:电子科技大学出版社,2020.

[11] Kayvan, Kousha, Mike, et al. ResearchGate: Disseminating; Communicating, and Measuring Scholarship? [J]. Journal of the American Society for Information Science and Technology, 2015,66(5):876 - 889.

[12] Man Ca S, Ranieri M . Implications of social network sites for teaching and learning. Where we are and where we want to go [J]. Education & Information Technologies, 2017,22(2):605 - 622.

[13] Laakso M, Lindman J, Shen C, et al. Research output availability on academic social networks: implications for stakeholders in academic publishing [J]. Electronic

Markets, 2017,27(2):1 - 9.

[14] A global framework of reference on digital literacy skills for indicator 4. 4. 2[EB/OL]. [2023 - 6 - 22]. http://uis. unesco. org/.

[15] Voda A I, Cautisanu C, Gradinaru C, et al. Exploring Digital Literacy Skills in Social Sciences and Humanities Students [J]. SUSTAINABILITY, 2022,14(5).

[16] 陆伟,刘家伟,马永强,等. ChatGPT 为代表的大模型对信息资源管理的影响[J]. 图书情报知识,2023,40(2):6 - 9.

[17] 黄如花,冯婕. 国际数字素养与技能框架的内容分析[J]. 图书与情报,2022(3):73 - 83.

[18] 吕建强,许艳丽. 数字素养全球框架研究及其启示[J]. 图书馆建设,2020(2):119 - 125.

[19] 吴丹,刘静. 人工智能时代的算法素养:内涵剖析与能力框架构建[J]. 中国图书馆学报,2022,48(6):43 - 56.

[20] 中共中央网络安全和信息化委员会办公室. 提升全民数字素养与技能行动纲要[EB/OL]. [2023 - 6 - 4]. http://www. cac. gov. cn/2021-11/05/c_1637708867754305. htm.

[21] 清华大学元宇宙文化实验室. 2023 年 AIGC 发展研究报告 1. 0 版[EB/OL]. [2023 - 7 - 15]. https://accesspath. com/report/5844436/.